Dieser Band gehört zu einem auf 16 Bände angelegten Abriß der deutschen Literatur vom Mittelalter bis zur Gegenwart, dessen Charakteristikum auf dem Wechselspiel von Text, Darstellung und Kommentar beruht.
Die Reihe ist als Einführung vor allem für Schüler und Studenten konzipiert. Sie dient selbstverständlich auch allen anderen Interessierten als Kompendium zum Lernen, als Arbeitsbuch für einen ersten Überblick über literarische Epochen.
Das leitende Prinzip ist rasche Orientierung, Übersicht und Vermittlung der literaturgeschichtlichen Entwicklung durch Aufgliederung in Epochen und Gattungen. Die sich hieraus ergebende Problematik wird in der Einleitung angesprochen, die auch die Grundlinien jedes Bandes gibt. Jedem Kapitel steht eine kurze Einführung als Überblick über den Themen- oder Gattungsbereich voran. Die signifikanten Textbeispiele und ihre interpretatorische Aufschlüsselung werden ergänzt durch bio-bibliographische Daten, durch eine weiterführende Leseliste, ausgewählte Forschungsliteratur und eine synoptische Tabelle, die die Literatur zu den wichtigsten Ereignissen aus Politik, Wirtschaft, Kunst und Wissenschaft in Beziehung setzt.

Die deutsche Literatur

Ein Abriß in Text und Darstellung

Herausgegeben von
Otto F. Best und Hans-Jürgen Schmitt

Band 9

Philipp Reclam jun. Stuttgart

Romantik II

Herausgegeben von
Hans-Jürgen Schmitt

Philipp Reclam jun. Stuttgart

Allgemeine Angaben zu Leben und Werk der Autoren finden sich an den im Inhaltsverzeichnis mit einem Sternchen versehenen Stellen

Universal-Bibliothek Nr. 9633 [4]

Durchgesehene und bibliographisch ergänzte Ausgabe 1978
Schrift: Linotype Garamond-Antiqua. Printed in Germany 1980
Herstellung: Reclam Stuttgart
ISBN 3-15-009633-2

Inhalt

Einleitung

Während der Band *Romantik I* den philosophischen, literatur- und kunstkritischen Auseinandersetzungen (zwischen 1798 und 1804 im Berliner und Jenaer Kreis) zum einen und der rückwärts gewandten Tendenz des nationalen Volksgeistes (Heidelberger Kreis seit 1805) sowie den patriotischen Zügen der Romantik (in Berlin seit 1810) zum andern gewidmet ist, soll der Band *Romantik II* die Dichtung der Romantik aufnehmen. Eine entschiedenere Besinnung auf die dichterischen Formen erfolgte nach den ersten großen Beispielen der frühromantischen Phase durch Wackenroder, Tieck und Novalis eigentlich erst mit der jüngeren und späten Romantik seit etwa 1809/10. Dazwischen liegt, wie ein erratischer Block, der 1805 (eigentlich 1804) anonym erschienene Roman *Nachtwachen von Bonaventura*, der alle Themen der Frühromantik parodierend aufnimmt, um sich satirisch auf die Gegenwart zu beziehen. Gerade dies geschieht bei der romantischen Dichtung sonst kaum. Denn, wie Wolfgang Baumgart bemerkt, hängt die starke Intensivierung der Phantasie im Dichterischen »aufs engste mit der Entwicklung des Zeitbewußtseins zusammen und erscheint fast wie seine Kehrseite«.[1] Wo die Romantiker direkte Kritik an der Zeit übten, waren sie, wie der Band *Romantik I* darlegt, aufgrund der für Deutschland besonders enttäuschenden nachrevolutionären Ereignisse nicht in der Lage, über ein nationales bzw. patriotisches Dichten und Denken hinauszugelangen. Wenn versucht wurde, realistisches Zeitbewußtsein in Dichtung zu überführen, wurde es, wie in Kleists Drama *Hermannsschlacht*, gelegentlich allzu vaterländisch.

Viele Autoren (besonders Fouqué, Friedrich Rückert, Ernst

1. Wolfgang Baumgart: Die Zeit des alten Goethe. In: Annalen der deutschen Literatur. Hrsg. von Heinz Otto Burger. Stuttgart ^{2}1971. S. 573.

Moritz Arndt, Ludwig Uhland, Max von Schenkendorf) schrieben anti-napoleonische Kriegs- und Freiheitsgedichte. Arnim forderte zum Sammeln solcher Lieder auf und verfaßte selbst einen Bogen Kriegslieder, den er 1806 in Göttingen an die durchziehenden Soldaten verteilte. Einzig Eichendorffs Zeitlieder künden in ihrer aufs lyrische Subjekt bezogenen Position überzeugend von der Niedergeschlagenheit und den neuen Hoffnungen Deutschlands.

Schon mit Friedrich Schlegels Aufbruch nach Paris und der Gründung der Zeitschrift *Europa* (1803) bahnt sich eine neue Phase an, in deren Verlauf das Romantische von seiner Gruppenfunktion und dem Kunstlehrecharakter frei wird. »Es wandelt sich in der Richtung, aus der der Begriff gekommen war, als der Jenaer Kreis ihn zum Schlagwort erhob, der des Romanhaften, Phantastischen, und in der er im Laufe des Jahrhunderts wieder so weit verändert wurde, daß nach zwei, drei Generationen ›romantisch‹ nur mehr malerisch oder abenteuerlich oder weltfremd heißen konnte.«[2]

Die Romantik ist wesentlich Romanlehre. Dies gilt als fundamentaler Satz. In ihr verwischen sich auch die Grenzen zwischen Früh- und Spätromantik, denken wir an Tiecks *Franz Sternbalds Wanderungen* und Novalis' *Heinrich von Ofterdingen* aus den ersten und an Eichendorffs *Ahnung und Gegenwart* und E. T. A. Hoffmanns *Kater Murr* aus den letzten Jahren der Epoche. Die Romane führen auf ihre Weise die Tradition von Goethes *Wilhelm Meister* fort, jenes Werks, das nach Friedrich Schlegel zu den drei »großen Tendenzen des Zeitalters« gehört. Im Sinne von Schlegels Bestimmung der progressiven Universalpoesie integriert der romantische Roman alle Formen der Poesie, vermischt Reflexion, Märchen, Erzählung, Gesang. Insofern erweist sich auch die Meinung des späten Tieck als berechtigt, wenn er die Bezeichnung Romantiker ablehnt und sagt, für ihn sei

2. Wolfgang Baumgart, a. a. O., S. 569.

romantisch immer gleich Poesie gewesen. Der »Roman als romantisches Buch«[3] zeigt Projektionen der Dichter, Bilder von einem romantischen Menschentyp, der nicht mit den Autoren selbst zu verwechseln oder gleichzusetzen, vielmehr als ein von Zeit und Realität abgewandter Typus zu verstehen ist. Außer Brentano hat sich keiner der großen romantischen Autoren als Dichter geboren gefühlt, und dieser wiederum hat das Versemachen als »Hundearbeit« bezeichnet. Die romantischen Dichter kommen zwar alle aus wohlsituierten Adels- oder Bürgerfamilien (nur Tieck ist Handwerkersohn), aber ihr äußerer Werdegang verläuft oft diametral zu den dichterischen Bildern. Arnim hat sich, nach vergeblichen Anläufen, in Berlin in den Staatsdienst zu treten, nach 1814 auf seinem Gut Wiepersdorf als Landmann mit Ackerbau, Branntweinbrennerei und dem Bau von Schweineställen herumgeschlagen. Novalis war an der Salinenverwaltung in Weißenfels tätig. Kleist, der unter anderem auch Finanzwissenschaft studiert hatte, bekleidete, nach mehreren mißglückten Versuchen auf verschiedenen Kriegsschauplätzen, zeitweise ein Amt an der Königsberger Domänenkammer. E. T. A. Hoffmann konnte nur eine kurze Lebensspanne ohne seinen Brotberuf auskommen und war schließlich mit Erfolg Kammergerichtsrat. Eichendorff hat 28 Jahre im Staatsdienst ein ödes Beamtendasein geführt. Chamisso hat naturwissenschaftliche Studien getrieben und war am Botanischen Garten in Berlin angestellt. Am Ende der Romantik, im Schwäbischen Romantikerkreis, beginnen dann die Verfälschungen, indem etwa Justinus Kerner an Uhland schreibt, wenn man sich »Novalis als Amtshauptmann oder als Salzbeisitzer denkt, das ist entsetzlich!!!«[4]
Romantische Dichtung ist auf einen Gegenentwurf zum All-

3. Walter Killy: Der Roman als romantisches Buch. In: W. K., Romane des 19. Jahrhunderts. Wirklichkeit und Kunstcharakter. München 1963. S. 36 ff.

4. Mitgeteilt bei Franz Schultz: Klassik und Romantik der Deutschen. Teil 2. Stuttgart [3]1959. S. 148.

tag angelegt. Hatte nicht Novalis paradox im 16. *Blütenstaub*-Fragment formuliert: »Nach innen geht der geheimnisvolle Weg. In uns, oder nirgends ist die Ewigkeit mit ihren Welten, die Vergangenheit und Zukunft.« Diese Dichtung war auf eine neue »Lebensstimmung« aus, sie suchte einen neuen Sinn und Gehalt des Lebens. Die Romantiker wollten den Menschen »entbürgerlichen, ihn dichtend und denkend ins ›Abenteuer‹ führen«.[5] Besonders gilt das auch für das Märchen, dem eine wesentliche Funktion innerhalb der romantischen Bewegung zukommt. Wackenroder, Tieck, Novalis, Brentano, Hoffmann haben Märchen geschrieben. Und für einige ist von da nur ein Schritt zur Märchenerzählung oder zur Novelle, die gerade in der Romantik einen überraschenden Aufschwung erleben. An diesem Genre zeigt sich auch besonders eindrucksvoll, daß Romantik und Realismus sich nicht unbedingt ausschließen müssen, wie es der Doppelaspekt von Phantastik und Realistik in Hoffmanns Märchen beweist oder der späte, so ungemein produktive Tieck in seinen Novellen *Der Hexen-Sabbath* und *Des Lebens Überfluß*. Ähnliches gilt für Arnim, für Chamissos *Peter Schlemihl* und vor allem für Kleists Novellen, deren Realismus das Wunderbare und Sagenhafte zu integrieren weiß.

Die romantische Lyrik wird zunächst oft als Volksdichtung verstanden, als etwas, an dem alle Schichten des Volkes teilhaben. Mehr aber ist Lyrik in dieser Epoche Bestandteil des Romans und nicht eine autonome Gattung. Die als Gesang der »Romandichter« entstandene Lyrik erweist sich so sehr als intensive Sprache des Gefühls, daß es falsch wäre, diese Gedichte als klassisch-normativ mit dem Begriff und der Vorstellung von deutscher Lyrik überhaupt gleichzusetzen. Schon Novalis' Hymnen lassen sich auch nicht mit der übrigen romantischen Lyrik vergleichen. Eichendorff hingegen ist immer wieder als »das reinste Abbild des romantischen

5. Franz Schultz, a. a. O., S. 183.

Lyrikers«[6] genannt worden. Neben ihm ragt Brentanos Lyrik als noch artistischer, noch sprachbewußter hervor. Bei ihr zeigt sich sehr deutlich innerhalb der sogenannten Rheinromantik – die im übrigen auch durchaus ihre außerliterarischen, politischen Anlässe hatte – der Übergang zum Balladen- und Romanzenstil, wie er ebenso bereits in den Einlagen des frühen Romans *Godwi (Lureley, Ein Fischer saß im Kahne)* oder in den *Romanzen vom Rosenkranz* zu finden ist.

Von der Lyrik und Balladenkunst her kann die sogenannte Schwäbische Schule als spätromantischer Ableger gelten: Ludwig Uhland (1787–1862), Justinus Kerner (1786–1862), Nikolaus Lenau (1802–50), Gustav Schwab (1792–1850). Mit ihnen haben auch Wilhelm Hauff und Eduard Mörike Beziehungen, im Hause Kerners in Weinsberg finden gesellige Zusammenkünfte statt. Aber dies geschieht doch mehr äußerlich, mehr unter der Voraussetzung landschaftlicher Zusammengehörigkeit als unter der einer großen ideellen Konzeption. Die romantischen Motive wie Reisen, Vergänglichkeit, Schwermut, Einsamkeit tauchen in der Lyrik wieder auf – jetzt schon verdinglicht und in die Nähe gerückt durch ein schwäbisch-biedermeierliches Bewußtsein. Der politisch engagierte Uhland zeigt als einziger Ansätze zu einer realistischen Lyrik, die allerdings noch weit hinter der politischen Lyrik eines Chamisso zurückbleibt.

Das Drama – wir müssen Kleist als Sonderfall zunächst ausklammern – ist die schwächste Leistung der Romantiker. Kaum ein Stück von Tieck, Arnim, Brentano und Eichendorff ist auf der Bühne realisierbar. Für diesen Mißerfolg oder auch nur für dieses Ungenügen kann zweierlei geltend gemacht werden: in der theoretischen Konzeption der Frühromantik gab es keinen speziellen Entwurf für eine einzelne Gattung, sodann gehörte, wie Walter Hinck feststellt, »die schauspielerische Lebensbewältigung und Durchdringung des

6. Franz Schultz, a. a. O., S. 71.

Lebens mit den Formen des Theaters« allgemein zum Generationsproblem in der Frühromantik.[7] Das romantische Theater besteht im wesentlichen deshalb aus Stücken, die vorgelesen wurden; hierbei ragen heraus das Lustspiel bei Brentano und die Literatur- und Theatersatire im Märchentheater bei Tieck, ferner die Chroniken und Puppenspiele von Arnim. Kleists Theater ist mit keinem der genannten vergleichbar. Sein »Enthüllungsdrama«[8] erscheint, obwohl z. T. mit romantischen Elementen arbeitend, von einer ganz anderen Daseinsauffassung her bestimmt.

Im folgenden sind die wichtigsten Autoren und dichterischen Werke im Überblick vorgestellt, wobei auch Beispiele genannt werden, für die wegen der editorischen Beschränkung kein Platz im Band ist.

LUDWIG TIECK (1773–1853) ist zunächst als Herausgeber des schmalen Werkes seines Freundes Wackenroder bekannt geworden, mit dem er, zum Teil durch Eigenes beteiligt, das Manifest der neuen Generation lieferte. Mit dem Roman *Franz Sternbalds Wanderungen* (1798), dessen Held aus der Zeit in die Kunst flieht, schafft Tieck den ersten romantischen Künstlerroman in der Nachfolge und Abwandlung *Wilhelm Meisters.* Diesem ging noch voran der Briefroman *Geschichte des Herrn William Lovell* (1795/96), der von der Tradition des englischen Schauerromans profitierte (wie auch später E. T. A. Hoffmanns *Elixiere des Teufels*) und speziell von den seelenzergliedernden Werken des Samuel Richardson beeinflußt ist. In der Sammlung *Volksmärchen* (1797) findet sich neben Wiederentdecktem auch Tiecks eigene Dichtung, das Märchen *Der blonde Eckbert,* das das Motiv der Waldeinsamkeit mit dem der Geschwisterehe auf

7. Walter Hinck: Das deutsche Lustspiel des 17. und 18. Jahrhunderts und die italienische Komödie. Stuttgart 1965. S. 387.

8. Walter Müller-Seidel: Prinz Friedrich von Homburg. In: Das deutsche Drama vom Barock bis zur Gegenwart. Hrsg. von Benno von Wiese. Bd. 1. Düsseldorf 1958. S. 401.

unheimliche Weise kombiniert; ferner das brillante Märchentheater: *Ritter Blaubart* und *Der gestiefelte Kater*, in dem die Illusionsebene zwischen Zuschauer und Theater zerstört wird. Die Sammlung *Phantasus* (1812) will mit dem Titel ausdrücklich auf den Vorrang der Phantasie hinweisen; hier, wo die Märchennovellen bereits überwiegen, bildet sich die Realität als Gegengewicht zum Märchen aus. Die Rahmenerzählung, in die Lehrgespräche eingelassen sind, inspirierte später E. T. A. Hoffmann zu seiner Sammlung *Serapionsbrüder*.

Tieck, der im übrigen als einziger romantischer Dichter Philologie und Literatur studiert hat, gab auch NOVALIS' (1772–1801) Roman *Heinrich von Ofterdingen* heraus. Dieser Roman von den Schicksalen eines Dichters ist auf Realisierung des Unendlichen in der Poesie aus. In Tiecks Bericht über die Fortsetzung heißt es, es sei Novalis' Absicht gewesen, »das eigentliche Wesen der Poesie aus[zu]sprechen und ihre innerste Absicht [zu] erklären. Darum verwandelt sich Natur, Historie, der Krieg und das bürgerliche Leben mit seinen gewöhnlichsten Vorfällen in Poesie, weil diese der Geist ist, der alle Dinge belebt.«[9] Neben Novalis' erstem größeren Prosaversuch *Die Lehrlinge zu Sais*, dessen Thema, Erkenntnis der Natur und Selbsterkenntnis des Menschen, wie der Roman *Heinrich von Ofterdingen* in der Auseinandersetzung mit Goethes *Wilhelm Meister* entstanden ist, steht der lyrische Zyklus *Die Hymnen an die Nacht* als Sonderfall da. Thema und Sprache sind von Mystik und Pietismus inspiriert, als philosophisches Gedicht in freien Rhythmen gehört das Werk mehr in die Nähe von Hölderlins Hymnendichtung als zur Romantik. So schmal dieses dichterische Werk im Vergleich mit den theoretischen Arbeiten Novalis' ist, steht es doch exemplarisch für die romantische Dichtung überhaupt.

9. Novalis: Heinrich von Ofterdingen. Ein Roman. Textrevision und Nachwort von Wolfgang Frühwald. Stuttgart 1965 u. ö. (Reclams UB Nr. 8939-41.) S. 207.

Clemens Brentano (1778–1842) sei »ein Rätsel, das keine Biographie eröffnen kann«[10], hat Hans Magnus Enzensberger einmal festgestellt. Der Dichter, der weite Strecken seines Lebens nur der Poesie weihte, sagte: »Einer, der von der Poesie lebt, hat das Gleichgewicht verloren.« Vom Liedersammler, vom Lustspielschreiber und Verfasser umfangreicher Theaterstücke, vom Märchenerzähler und virtuosen Lyriker, vom Dichter der *Romanzen vom Rosenkranz*, der 1817 in den Schoß der Kirche zurückkehrt und schließlich im Alter sein Werk zu verleugnen beginnt, gibt es bis heute keine Gesamtausgabe. Brentano hat es verstanden, volkstümlich Märchen für Kinder zu erzählen, in seinen beiden großen Zyklen, den *Rheinmärchen* und *Italienischen Märchen.* Die Rheinmotive seiner Lieder und Balladen haben ihn vor allen anderen bekannt gemacht. Seine Phantasie entzündete sich immer wieder an deutschen, italienischen, spanischen Vorlagen und läßt sie spielerisch, witzig weiterwuchern. Die zwischen 1802 und 1806 in der Urfassung entstandene Novelle *Die Chronika des fahrenden Schülers* zeigt Brentanos enthusiastische Hinwendung zum Mittelalter; mit Bedacht wird eine altmodische Frömmigkeit gewählt, in der sich Zauberwelt und poetisiertes Christentum vereinen. Die kunstvoll angelegte *Geschichte vom braven Kasperl und dem schönen Annerl* (1838) verknüpft realistisch-bäuerliche Welt mit geheimnisvoller Fügung des Schicksals, die wiederum ganz ins Wunderbare mündet. In Brentanos Lyrik schließlich findet sich ein Reichtum an Formen wie nirgends sonst in der Romantik: vom einfachen volksnahen Lied über die kunstvolle Romanze und Ballade bis zum Gedicht mit artistischer Struktur.

Den Ausgangspunkt für die Lyrik hatte Brentano mit seinem engsten Freund Achim von Arnim (1781–1831) gemeinsam in der Sammlung *Des Knaben Wunderhorn* gelegt. Brentano ist hier überraschenderweise philologisch getreuer

10. Clemens Brentano: Gedichte, Erzählungen, Briefe. Hrsg. von Hans Magnus Enzensberger. Frankfurt a. M. 1958. S. 195.

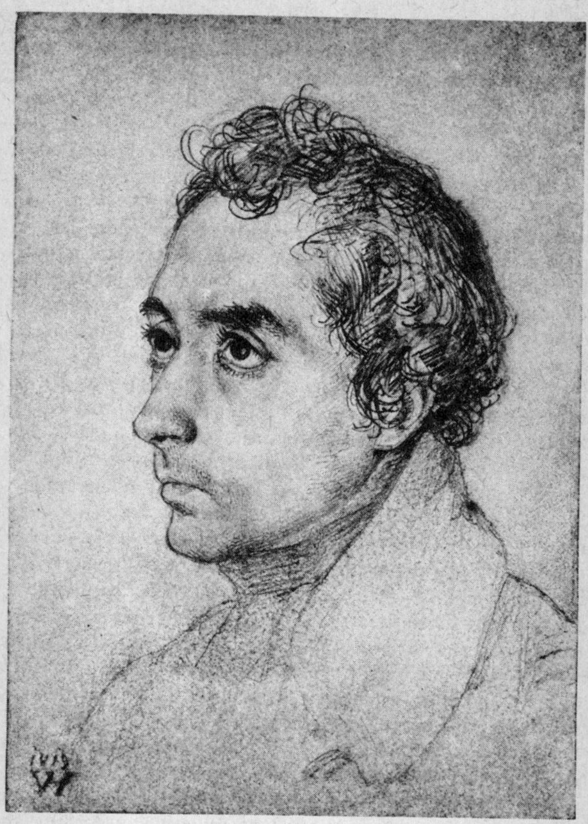

Clemens Brentano. Zeichnung von Wilhelm Hensel, 1819 (Nationalgalerie Berlin)

vorgegangen als Arnim; man spürt bei ihm über den konkreten Anlaß hinaus ein historisches Interesse, das Geschichte in Dichtung einbringt, sie durch Dichtung verwandeln will, um sie als Spiegel der Gegenwart vorzuhalten. Arnims erster Roman *Armut, Reichtum, Schuld und Buße der Gräfin Dolores* von 1810 führt einen Schritt weg vom romantischen Künstlerroman und hin zum Zeitroman. Als scharfer Beobachter aus dem Hintergrund hat er hier die politischen und sozialen Umwälzungen der Zeit interpretiert, aber freilich noch nicht realistisch eingearbeitet, sondern symbolisiert am Beispiel der Geschichte einer Ehe, die er als Grundlage und Ordnung für die Restauration der Gesellschaft versteht. In dem späteren, nur zu zwei Teilen vollendeten Roman *Die Kronenwächter* (1817) lassen sich erste Ansätze für einen historischen Roman erkennen. Die Verbindung von Phantastik, Realistik und Historie ist auch ein wesentliches Kennzeichen von Arnims Novellenkunst, z. B. in *Isabella von Ägypten* (Untertitel: *Kaiser Karl des Fünften erste Jugendliebe*). Arnim weiß das Alte mit dem Neuen zu verbinden, und besonders die späten Novellen, wie *Die Einquartierung im Pfarrhaus*, *Der tolle Invalide auf dem Fort Ratonneau* oder *Die Majoratsherren* sind überzeugende Beispiele in ihrer Mischung aus realistischer Zeitkritik und Phantastik.

Joseph von Eichendorff (1788–1857) zeigt nicht die Zerrissenheit eines Brentano oder E. T. A. Hoffmann, gegen deren Verlorenheit steht bei ihm die Katholizität. Der Graf Friedrich sucht am Ende von *Ahnung und Gegenwart* (1815) sein Heil im Kloster. Im Gegensatz zu dem Bildungs- und Erziehungsroman fehlt hier das Bunte und Abenteuerliche und die den Helden bestimmende Bildungsidee. Eine immer wiederkehrende Vokabel seiner Dichtung, die mit ihrem schmalen Vorrat von Motiven und Bildern von Anfang an schon fertig zu sein scheint, ist aber der Ausdruck »verworren«; diese Dichtung spiegelt keineswegs eine in sich ruhende abgesicherte Existenz, sie ist immer auf der Suche nach der Grundmelodie, nach der eigentlichen Bedeutung des Lebens, das Eichendorff zunächst »verworren« entgegentritt. Die Musik dieser Dichtung kann die Welt verwandeln; daß dies aber mittels Sprache geschieht, also ein bewußter Akt ist und nicht freiweg naives Sagen, deutet darauf, daß Eichendorff den Bruch mit der Realität mitkomponiert. Seine exemplarische Erzählung *Aus dem Leben eines Taugenichts* sollte nicht zu sehr nur idyllisch interpretiert und der Taugenichts als Prototyp des romantischen Träumers verstanden werden. Die Ironie liegt gerade darin, daß der Taugenichts nicht nur Taugenichts ist, sondern sich nicht dem Leistungsprinzip der humorlosen Arbeitswelt bedingungslos ergeben hat. Eichendorffs Humor ist als natürliche Reaktion gegen die Zeit zu sehen. Innerhalb seiner Erzählkunst, die – wie im *Marmorbild* – zum Symbolhaften drängt, bildet die Novelle *Das Schloß Dürande* (1837) in ihrer fast kleistisch gerafften Erzählweise eine Ausnahme. Eichendorff, oft der letzte Ritter der Romantik genannt, ist selbst schon zu ihr in kritische Distanz geraten. Von daher erklären sich seine aufschlußreichen späten Schriften *Über die ethische und religiöse Bedeutung der neueren romantischen Poesie in Deutschland* (1847) und *Geschichte der poetischen Literatur Deutschlands* (1857).

Den romantischen Zentren und Gruppen am fernsten stehen Kleist und E. T. A. Hoffmann. HEINRICH VON KLEIST (1777 bis 1811) hatte durch seine *Berliner Abendblätter* und die »Christlich-deutsche Tischgesellschaft« nur eine vorübergehende Beziehung zu den Romantikern. Seine Novellen und seine Dramen lassen sich weder der Romantik noch der Klassik ganz zuschlagen, obschon zumindest in einigen Fällen eine Nähe zur romantischen Welt nachweisbar ist: das Märchenhafte im Drama *Käthchen von Heilbronn,* der somnambule Prinz von Homburg, die Ohnmacht der Marquise von O... oder die Raserei der Penthesilea. Der Abstand von der Klassik ist noch deutlicher, wenn man ihr Kleistsche Gefühlsverwirrung und Kleistsches Chaos gegenüberstellt. Die Kant-Krise – mit Erkenntnis ist nichts zu erreichen –, die Enttäuschung über die französische Gesellschaft, betrachtet aus der Optik seiner Rousseau-Lektüre[11] (Paris 1801), bewirken in Kleist jene Rückzugsgefechte aus der bewußt gesuchten Realität und die Suche nach einer neuen Ordnung des Lebens in der Kunst. Diese Konfliktsituation geht in seine Dramen und Novellen ein. Kleists Dramen geben Einblicke in die wechselnden Gefühlslagen ihrer Helden, das Geschehen entwickelt sich aus dem seelischen Innenraum, dem eigentlichen Schauplatz, immer wieder verschärft durch die Dialektik von Ich und Welt, Leidenschaft und Haß, persönlicher Gefühlsentscheidung und übergeordnetem Gesetz (der Staatsordnung oder der Realität). Die Erzählung *Michael Kohlhaas* entwickelt sich aus dem empfindlichen Rechtsgefühl der Hauptfigur, Zug um Zug findet dabei die Aufdeckung eines morschen Rechtssystems und eines überholten Obrigkeitsverhaltens statt. Im *Erdbeben in Chili* setzt die Naturkatastrophe die Strafverfolgung aus. Und während die Marquise von O... nur ihrem Gefühl folgt, decouvriert sie die faule Struktur der Gesellschaftsordnung. Immer wieder geht es bei Kleist um Ehre, Glaube und Recht. Die Komödie *Der zerbrochne Krug* (1811), in der sich der Dorfrichter Adam selbst entlarvt, reicht bereits weit über die Romantik hinaus, und Hans Mayer hat nicht unrecht, wenn er in Kleist den bürgerlichen Aufklärer sieht. Zumindest wird man sich auf den Satz von Walter Müller-Seidel einigen können, daß Kleists Dichtung nicht in die Epoche der Romantik hineinführt, sondern aus ihr hinaus.[12]

Ähnliches gilt für E. T. A. Hoffmann (1776–1822) und gilt auch wieder nicht für ihn. Er ist überhaupt erst durch Eduard Hitzig und Zacharias Werner auf die Romantik

11. Vgl. Hans Mayer: Heinrich von Kleist. Der geschichtliche Augenblick. In: H. M., Zur deutschen Klassik und Romantik. Pfullingen 1963. S. 185 f.

12. Walter Müller-Seidel: Kleists Weg zur Dichtung. In: Die deutsche Romantik. Hrsg. von Hans Steffen. Göttingen 1967. S. 112 f.

aufmerksam gemacht worden. Patriotentum steht dem Mann fern, der zwischen Posen, Warschau, Bamberg, Dresden und Berlin hin und her geschickt wird. Hoffmann kommt von der Musik erst relativ spät in der Bamberger Zeit über die Musikschriftstellerei zur Erzählung. Aber schon in Königsberg versuchte er, in der Kunst eine Möglichkeit der Existenz zu finden. Zeitverhältnisse, gesellschaftliche Intrigen und ökonomische Misere (die Pleite des Bamberger Theaters) engen eine reine Künstlerexistenz ein, bis zuletzt, kurz vor Hoffmanns Tod, der Berliner Polizeiinspektor gar die Druckstöcke zum *Meister Floh* (1822) beschlagnahmen läßt. Hoffmanns Karriere als Jurist darf nicht darüber hinwegtäuschen, daß sie sich notgedrungen unter dem Zwang eines Brotberufs ergab. Im Mittelpunkt seiner Überlegungen steht die Kunst; Kunst und Gesellschaft, Künstlertum und Realität werden von daher zur zentralen Thematik seines Werkes, in dem sich die dualistische Ineinssetzung von Phantastischem und Realistischem als Wesenszug herausstellt. In der ersten Erzählung Hoffmanns, im *Ritter Gluck* (entstanden 1807 bis 1808), ist die erzählerische Motivation des ganzen Werkes gleichsam vorweggenommen. Eine überreizte Phantasie führt Realität in Irrealität, Traum in Realität über, wie kaum anders in *Das Majorat, Klein Zaches* oder auch in dem Märchen *Nußknacker und Mausekönig*. Phantastischer Realismus ist das Stichwort für Hoffmanns Verfahrensweise, es bietet sich im Erzählungsband *Fantasiestücke in Callots Manier* (1814/15) an, benannt nach dem lothringischen Maler Jacques Callot, von dessen grotesken Zeichnungen Hoffmann nachhaltig beeindruckt war. Das »Mißverhältnis des inneren Gemüts mit dem äußeren Leben«, der künstlerische Mensch, der von den Gefahren der Anpassung an die äußeren Lebensformen bedroht ist, ist das Thema des dritten großen Erzählungsbandes *Die Serapionsbrüder*, der – nach dem Band *Nachtstücke* von 1817 – zwischen 1819 und 1821 erschien. Diese Sammlung von Gesprächen, Reflexionen, Geschichten, Märchen und Novellen hat in der Anlage ihren

Vorläufer in Tiecks *Phantasus*, auf den sich Hoffmann auch ausdrücklich beruft. Das »serapiontische Prinzip«, die zentrale Auffassung Hoffmanns, bestimmt sich darin, ob und wie der Geist (die Phantasie) ins Wirkliche zu überführen sei. Zeit und Raum hängen vom Entwurf der inneren Kräfte des Menschen ab. Für Hoffmann selbst ist in diesem Band die Romantik schon wieder Vorlage, ironisches Zitat, Verwandlung des Vorhandenen in neue Formen; hier verbindet sich das Grotesk-Phantastische mit dem Wahnsinnigen und Spießbürgerlichen, die automatenhafte Erstarrung mit dem Ideal der Schönheit. Das Märchenhafte wird ins Leben eingebaut, das Alltägliche mit dem Märchenhaften konfrontiert (vgl. auch die Märchentheorie am Ende von *Brautwahl*). Die genuin-künstlerische Vollendung bildet Hoffmanns Doppelroman *Kater Murr* (1820–22), in dem das Schicksal des Kapellmeisters Johannes Kreisler, der bereits in den *Fantasiestücken* auftritt, mit dem philiströsen Katerschicksal kontrastiert und korrespondiert. Die Parodie des Bildungsromans, wie sie im Murr-Teil fraglos vorherrscht, schlägt in Kritik an der Gesellschaft um; das war bisher, wie bereits erwähnt, nur in den *Nachtwachen von Bonaventura* zu bemerken gewesen. Denn Gesellschaftskritik als für den Roman wesensbestimmend wird erst spät im 19. Jahrhundert bei Fontane eingelöst. Aber mit diesem exemplarischen Werk Hoffmanns ist nicht nur ein Wende- und Endpunkt in der romantischen Literatur erreicht: Rückblickend macht es vielmehr deutlich, daß die Gestaltung von Ich und Welt bzw. von Mensch und Gesellschaft noch nicht direkt realistisch, sondern nur auf dem »Umweg« einer Phantasiesteigerung möglich war, einer Phantasiesteigerung, die eine Fülle von Formen und Werken im Verlauf von gut zwanzig Jahren (von etwa 1800 bis 1822) hervorbrachte. Die Gebilde von Traum und Sehnsucht, die Darstellung von Groteske und Phantasmagorie, die Entdeckung der Seelenabgründe, des Unbewußten – dies alles war Gegenentwurf zum Alltag oder die ihn antizipierende Fluchtbewegung.

I. Prosa vom Wunderbaren

Das Märchen ist in der Romantik die höchste Form der Poesie genannt worden. Daß die Auslegung vom Volksmärchen nicht so zu verstehen ist, als habe das Volk diese Märchen selbst gedichtet, ist in »Romantik I« anläßlich des Vorworts der Grimmschen »Kinder- und Hausmärchen« bereits gesagt worden. Die Sturm-und-Drang-Epoche hatte mit Herder die Aufnahme von Feenmärchen und morgenländischen Erzählungen in die Romantik vorbereitet. Schon 1730 werden durch August Bohse Übersetzungen orientalischer Märchen bekannt. Seit den sechziger Jahren häufen sich dann Bearbeitungen und Übersetzungen. Wieland hatte im »Teutschen Merkur« im Oktober 1777 festgestellt, das Publikum wolle überhaupt nichts mehr anderes als Märchen lesen. So war das Märchen eine überaus beliebte Gattung (in seiner Wirkung vielleicht vergleichbar mit der Short story im 20. Jahrhundert). Die Sammlungen von Grimm und Bechstein, die Märchendichtungen der Romantiker trafen auf ein waches Interesse.

Wenn man Unterscheidungen zwischen Volks- und Kunstmärchen treffen will, ist folgendes festzustellen: Das Märchen im Sinne der Grimmschen Volksmärchen kann als kleine einfache Erzählung meist wunderbaren Inhalts bezeichnet werden (Volker Klotz), es hat seine eigenen Spielregeln, seine eigene Weltordnung. Das Gattungsgesetz dieser Form ist geradezu identisch mit einer gerechten Weltordnung. Auch die grausigste Geschichte geht gut aus und ist so erzählt, daß sie der kindlichen Vorstellung faßbar wird. Ein bestimmter Vorrat von Motiven und Formeln wird immer wieder eingesetzt; die Natur ist typisiert durch ihre totale Beseelung. Dagegen ist das Kunstmärchen mehr darauf angelegt, Wunderbares so einzusetzen, daß es in einem spielerischen Bezug zur gewöhnlichen Welt etwas enthüllt, durch einen kritischen Perspektivismus Wahrheiten darstellt, die der realen Geschichte entgegengesetzt scheinen. Novalis hatte erklärt: »Die Welt des Märchens ist durchaus entgegengesetzte Welt der Welt der Wahrheit (wenn man darunter die der Geschichte versteht) – und eben darum ihr so durchaus ähnlich.«

Innerhalb der Kunstmärchen kann man wiederum bestimmte Typen unterscheiden (vgl. Hugo Moser): 1. Kunstmärchen im Ton und Stil der Volksmärchen, naiv erzählt. Brentanos Märchen sind hierfür charakteristisch. Das Gute wird belohnt, das Böse bestraft, die Tierwelt vermenschlicht, die Natur durchgängig beseelend verwandelt. Die Märchengerechtigkeit steht einer indirekten Wirklichkeit gegenüber. 2. Das Ideen tragende Kunstmärchen. Goethe liefert mit seinem »Märchen« (1795) am Schluß der »Unterhaltungen deutscher Ausgewanderten« den Prototyp eines Kunstmärchens, das real Erfaßbares ausschließt. Novalis nannte es eine »erzählte Oper«. Neben »Hyazinth und Rosenblüte« sind dessen Märchen im »Heinrich von Ofterdingen«, vor allem das Klingsohr-Märchen, durch ihre übergreifende Symbolik strukturbestimmend (ebenso Arnims »Hausmärchen« im Roman »Die Kronenwächter«, das genau die Mitte des Romans bildet). Das Ideen tragende Märchen wäre demnach das absolute Kunstmärchen ohne Wirklichkeitsbezüge. 3. Die Märchenerzählungen Tiecks und Hoffmanns sowie Chamissos »Schlemihl«. Hier ragt das Märchenhafte ins gewöhnliche Leben hinein, verknüpft sich mit ihm, scheint das Schicksal der Menschen zu bestimmen; es handelt sich immer um wirkliche Menschen der Bürgerwelt, nicht um allegorische Namen (wie Radlauf) oder um Märchennamen (Hyazinth und Rosenblüte). Das Wunderbare als Abweichung von der Realität läßt uns diese erst durch die ironische oder desillusionierende Distanz erkennen. Als künstlerische Ausdrucksform dient es den Romantikern zur Überwindung des Bruchs von realer und geträumter Welt.

Eichendorffs Novellen sind selbständiger ausgeprägt: Natur als verzauberte und bannende Kulisse ruft märchenhaft phantastische Effekte und Verwandlungsprozesse hervor, an denen die Geschichte entziffert werden muß. Arnims Novellen schildern in einem gerafften spontanen Erzählduktus wunderbare Begebenheiten, die einen realen Grund haben. Kleists Anekdoten liegen von ihrem Wahrheitsgehalt her im Bereich des Möglichen, wirken aber wunderbar dadurch, daß sie gerade Abweichungen von realen Vorgängen schildern.

WACKENRODER/TIECK

Ein wunderbares morgenländisches Märchen von einem nackten Heiligen

Dieses Märchen ist in den von Tieck 1799 edierten nachgelassenen Schriften Wackenroders »Phantasien über die Kunst für Freunde der Kunst« enthalten. Die Autorschaft ist nicht ganz geklärt. Während Marianne Thalmann das Märchen im Zusammenhang mit der Geschichte vom Tonkünstler Berglinger aus den »Herzensergießungen« sieht, der die Kunst als Medium göttlicher Überhöhung und Einswerdung feiert, neigt man seit den Untersuchungen Werner Kohlschmidts mehr dazu, Tieck als Verfasser zu bestimmen. Denn die Form des Märchens, seine morgenländische Lokalisierung sowie die Zeitangstthematik sind Wackenroder schwerlich zuzuschlagen, entsprechen jedoch Tiecks Märchenmustern und Daseinsauffassung. Der erste Abschnitt nimmt gleich die Problematik vorweg und umfaßt den gesamten Spannungsablauf. Das Märchengeschehen spielt im Morgenland, der »Heimat alles Wunderbaren« – und nicht etwa in Europa. Es wird in eine geographische Ferne verlegt, die damit allerdings, dialektisch begriffen, Schauplatz einer Gegenwartsproblematik ist. Romantisch muß man die Auf-

fassung vom »Altertume« und von der »Kindheit« als Quellen unverfälschter »Ahndungen« und Zeichen nennen, ebenso die gegenaufklärerische Wendung vom Verstand, »der sich für klüger hält«, statt eines Verstandes, der sich als Perspektivismus begreift und alles verwandelt durch spontane innere Bereitschaft. Die Theorie des Erkennens geht zugleich ineins mit der des Existierens. So entfaltet das Märchen die Vorstellung eines Daseins. Zur romantischen Dialektik gehört, daß der Ort des Heiligen zwar eine abgelegene Felsenhöhle ist, diese Lokalisierung aber gleichsam außerhalb der Zeit erst die Problematik der Zeitnähe ermöglicht.

Die erlösende Befreiung vom menschlichen Dasein wird auf einer anderen Ebene vorbereitet. Die schöne Mondnacht leitet Erhebung und schließlich Verwandlung des Heiligen durch ätherische Musik ein. So ist dieses Märchen als Allegorie vom verwirrten Menschen angelegt, dessen Erlösung jenseits einer sozialen Orientierung liegt.

Das Morgenland ist die Heimat alles Wunderbaren, in dem Altertume und der Kindheit der dortigen Meinungen findet man auch höchst seltsame Winke und Rätsel, die immer noch dem Verstande, der sich für klüger hält, aufgegeben werden. So wohnen dort in den Einöden oft seltsame Wesen, die wir wahnsinnig nennen, die aber dort als übernatürliche Wesen verehrt werden. Der orientalische Geist betrachtet diese nackten Heiligen als die wunderlichen Behältnisse eines höhern Genius, der aus dem Reiche des Firmaments sich in eine menschliche Gestalt verirrt hat und sich nun nicht nach Menschenweise zu gebärden weiß. Auch sind ja alle Dinge in der Welt so oder anders, nachdem wir sie so oder anders betrachten; der Verstand des Menschen ist eine Wundertinktur, durch deren Berührung alles, was existiert, nach unserm Gefallen verwandelt wird.

So wohnte einer dieser nackten Heiligen in einer abgelegenen Felsenhöhle, der ein kleiner Fluß vorüberströmte. Niemand konnte sagen, wie er dorthin gekommen, seit einigen Jahren

war er dort bemerkt, eine Karawane hatte ihn zuerst entdeckt, und seitdem geschahen häufige Wallfahrten nach seiner einsamen Wohnung.
Dieses wunderliche Geschöpf hatte in seinem Aufenthalte Tag und Nacht keine Ruhe, ihm dünkte immer, er höre unaufhörlich in seinen Ohren das Rad der Zeit seinen sausenden Umschwung nehmen. Er konnte vor dem Getöse nichts tun, nichts vornehmen, die gewaltige Angst, die ihn in immerwährender Arbeit anstrengte, verhinderte ihn, irgend etwas zu sehn und zu hören, als wie sich mit Brausen, mit gewaltigem Sturmwindssausen das fürchterliche Rad drehte und wieder drehte, das bis an die Sterne und hinüber reichte. Wie ein Wasserfall von tausend und abertausend brüllenden Strömen, die vom Himmel herunterstürzten, sich ewig, ewig ohne augenblicklichen Stillstand, ohne die Ruhe einer Sekunde ergossen, so tönte es in seine Ohren, und alle seine Sinne waren mächtig nur darauf hingewandt, seine arbeitende Angst war immer mehr und mehr in den Strudel der wilden Verwirrung ergriffen und hineingerissen, immer ungeheurer verwilderten die einförmigen Töne durcheinander: er konnte nun nicht ruhn, sondern man sah ihn Tag und Nacht in der angestrengtesten, heftigsten Bewegung wie eines Menschen, der bemüht ist, ein ungeheures Rad umzudrehen. Aus seinen abgebrochenen, wilden Reden erfuhr man, daß er sich von dem Rade fortgezogen fühle, daß er dem tobenden, pfeilschnellen Umschwunge mit der ganzen Anstrengung seines Körpers zu Hülfe kommen wolle, damit die Zeit ja nicht in die Gefahr komme, nur einen Augenblick stillzustehn. Wenn man ihn fragte, was er tue, so schrie er wie in einem Krampf die Worte heraus: »Ihr Unglückseligen! hört ihr denn nicht das rauschende Rad der Zeit?« Und dann drehte und arbeitete er wieder noch heftiger, daß sein Schweiß auf die Erde floß, und mit verzerrten Gebärden legte er die Hand auf sein pochendes Herz, als wolle er fühlen, ob das große Räderwerk in seinem ewigen Gange sei. Er wütete, wenn er sah, daß die Wanderer, die zu ihm

wallfahrteten, ganz ruhig standen und ihm zusahen oder hin- und widergingen und miteinander sprachen. Er zitterte vor Heftigkeit und zeigte ihnen den unaufhaltsamen Umschwung des ewigen Rades, das einförmige, taktmäßige Fortsausen der Zeit; er knirschte mit den Zähnen, daß sie von dem Getriebe, in dem auch sie verwickelt und fortgezogen würden, nichts fühlten und bemerkten, er schleuderte sie von sich, wenn sie ihm in der Raserei zu nahe kamen. Wollten sie sich nicht in Gefahr setzen, so mußten sie seine angestrengte Bewegung lebhaft nachahmen. Aber noch viel wilder und gefährlicher wurde seine Raserei, wenn es sich zutrug, daß in seiner Nähe irgendeine körperliche Arbeit vorgenommen wurde, wenn ein Mensch, der ihn nicht kannte, etwa bei seiner Höhle Kräuter sammelte oder Holz fällte. Dann pflegte er wild aufzulachen, daß unter dem gräßlichen Fortrollen der Zeit noch jemand an diese kleinlichen irdischen Beschäftigungen denken konnte; wie ein Tigertier war er dann mit einem einzigen Sprunge aus seiner Höhle, und wenn er den Unglücklichen erhaschen konnte, schlug er ihn mit einem einzigen Schlage tot zu Boden. Schnell sprang er dann in seine Höhle zurück und drehte noch heftiger als zuvor das Rad der Zeit; er wütete aber noch lange fort, und sprach in abgebrochenen Reden, wie es den Menschen möglich sei, noch etwas anders zu treiben, ein taktloses Geschäft vorzunehmen.

Er war nicht imstande, seinen Arm nach irgendeinem Gegenstande auszustrecken oder etwas mit der Hand zu ergreifen; er konnte keinen Schritt mit den Füßen tun wie andre Menschen. Eine zitternde Angst flog durch alle seine Nerven, wenn er nur ein einzigmal versuchen wollte, den schwindlichten Wirbel zu unterbrechen. Nur manchmal in schönen Nächten, wenn der Mond auf einmal vor die Öffnung seiner finstern Höhle trat, hielt er plötzlich inne, sank auf den Boden, warf sich umher und winselte vor Verzweiflung; auch weinte er bitterlich wie ein Kind, daß das Sausen des mächtigen Zeitrades ihm nicht Ruhe lasse, irgend etwas auf

Erden zu tun, zu handeln, zu wirken und zu schaffen. Dann fühlte er eine verzehrende Sehnsucht nach unbekannten schönen Dingen; er bemühte sich, sich aufzurichten und Hände und Füße in eine sanfte und ruhige Bewegung zu bringen, aber vergeblich! Er suchte etwas Bestimmtes, Unbekanntes, was er ergreifen und woran er sich hängen wollte; er wollte sich außerhalb oder in sich vor sich selber retten, aber vergeblich! Sein Weinen und seine Verzweiflung stieg aufs höchste, mit lautem Brüllen sprang er von der Erde auf und drehte wieder an dem gewaltig sausenden Rade der Zeit. Das währte mehrere Jahre fort, Tag und Nacht.

Einst aber war eine wunderschöne, mondhelle Sommernacht, und der Heilige lag wieder weinend und händeringend auf dem Boden seiner Höhle. Die Nacht war entzückend: an dem dunkelblauen Firmamente blinkten die Sterne wie goldene Zierden an einem weit übergebreiteten, beschirmenden Schilde, und der Mond strahlte von den hellen Wangen seines Antlitzes ein sanftes Licht, worin die grüne Erde sich badete. Die Bäume hingen in dem zauberhaften Schein wie wallende Wolken auf ihren Stämmen, und die Wohnungen der Menschen waren in dunkle Felsengestalten und dämmernde Geisterpaläste verwandelt. Die Menschen, nicht mehr vom Sonnenglanze geblendet, wohnten mit ihren Blikken am Firmamente, und ihre Seelen spiegelten sich schön in dem himmlischen Scheine der Mondnacht.

Zwei Liebende, die sich ganz den Wundern der nächtlichen Einsamkeit ergeben wollten, fuhren in dieser Nacht auf einem leichten Nachen den Fluß herauf, der der Felsenhöhle des Heiligen vorüberströmte. Der durchdringende Mondstrahl hatte den Liebenden die innersten, dunkelsten Tiefen ihrer Seelen erhellt und aufgelöst, ihre leisesten Gefühle zerflossen und wogten vereinigt in uferlosen Strömen daher. Aus dem Nachen wallte eine ätherische Musik in den Raum des Himmels empor, süße Hörner, und ich weiß nicht welche andre zauberische Instrumente, zogen eine schwimmende

Welt von Tönen hervor, und in den auf- und niederwallenden Tönen vernahm man folgenden Gesang:

Süße Ahndungsschauer gleiten
Über Fluß und Flur dahin,
Mondesstrahlen hold bereiten
Lager liebetrunknem Sinn.
Ach, wie ziehn, wie flüstern die Wogen,
Spiegelt in Wellen der Himmelsbogen.

Liebe in dem Firmamente,
Unter uns in blanker Flut,
Zündet Sternglanz, keiner brennte,
Gäbe Liebe nicht den Mut:
Uns, vom Himmelsodem gefächelt,
Himmel und Wasser und Erde lächelt.

Mondschein liegt auf allen Blumen,
Alle Palmen schlummern schon,
In der Waldung Heiligtumen
Waltet, klingt der Liebe Ton:
Schlafend verkündigen alle Töne,
Palmen und Blumen der Liebe Schöne.

Mit dem ersten Tone der Musik und des Gesanges war dem nackten Heiligen das sausende Rad der Zeit verschwunden. Es waren die ersten Töne, die in diese Einöde fielen; die unbekannte Sehnsucht war gestillt, der Zauber gelöst, der verirrte Genius aus seiner irdischen Hülle befreit. Die Gestalt des Heiligen war verschwunden, eine engelschöne Geisterbildung, aus leichtem Dufte gewebt, schwebte aus der Höhle, streckte die schlanken Arme sehnsuchtsvoll zum Himmel empor und hob sich nach den Tönen der Musik in tanzender Bewegung von dem Boden in die Höhe. Immer höher und höher in die Lüfte schwebte die helle Luftgestalt, von den sanftschwellenden Tönen der Hörner und des Gesanges emporgehoben; – mit himmlischer Fröhlichkeit tanzte die Gestalt hier und dort, hin und wider auf den weißen

Gewölken, die im Luftraume schwammen, immer höher schwang er sich mit tanzenden Füßen in den Himmel hinauf und flog endlich in geschlängelten Windungen zwischen den Sternen umher; da klangen alle Sterne und dröhnten einen hellstrahlenden, himmlischen Ton durch die Lüfte, bis der Genius sich in das unendliche Firmament verlor.
Reisende Karawanen sahen erstaunend die nächtliche Wundererscheinung, und die Liebenden wähnten, den Genius der Liebe und der Musik zu erblicken.

LUDWIG TIECK

Der blonde Eckbert

Das Märchen »Der blonde Eckbert« eröffnet den »Phantasus, eine Sammlung von Märchen, Erzählungen, Schauspielen und Novellen«, drei Bände, Berlin 1812–16 (entstanden ist der »Eckbert« 1796 und erschienen zuerst 1797 in der Sammlung »Volksmärchen«). Die Märchen sind wie bei Boccaccio und Chaucer in eine Rahmenhandlung eingebaut, eine Darbietungsform des Erzählens, die dann wieder auf E. T. A. Hoffmanns »Serapionsbrüder«, wie dieser selbst im Vorwort andeutet, von Einfluß war. Tieck läßt in seiner Sammlung deutlich werden, daß das Wunderbare, wenn es als Wesenszug des Märchens gelten solle, mit besonderen Kategorien unsere Existenz erschließen könne. Hier im »Eckbert« fixiert er eine Gegend geographisch, um dem Leser eine konkrete Nähe zu suggerieren, die dann im Laufe der Erzählung mehr und mehr in eine bodenlose seelische Ferne umschlägt. Vorbedingung für die Entstehung des Märchens ist bei Tieck das Heraustreiben eines Gefühls, die Einsamkeit des Märchenhelden oder der einzelnen Märchenfiguren, wie Eckbert, Walther und Bertha. Ihr Vertrauen zueinander geschieht in der Einsamkeit unter Ausschluß der Gesellschaft. Das geradezu Gesellschaftsfeindliche dieser Welt (in Berthas Geschichte, in der sie sich aus dem Alltäglichen ins Märchen rettet, wird dies besonders anschaulich gemacht) wird durch die Ausschließlichkeit, mit der die Kräfte des Gemüts sich als Gegenwelt entfalten, bestätigt. Zurückhaltung, Einbildungskraft, Reizbarkeit herrschen vor. Tiecks wechselnde Gefühlslagen prägen den Märchencharakter mit. Die Skala zwischen Rührung und Schauereffekt erweist sich im übrigen auch als Bestandteil der Trivialliteratur der Zeit; sie wird vom Leser erkannt und goutiert. Hinzu kommt das Zusammenwirken von Alltäglichem und Wunderbarem, von Natur und Seelenlandschaft. Das Motiv der Waldeinsamkeit enthüllt sich Eckbert erst am Ende durch jene Vermischung, die ihm die ganze Doppelbödigkeit erst durchschaubar macht: »Jetzt war es um das Bewußtsein, um die Sinne Eckberts geschehn; er konnte sich nicht aus dem Rätsel herausfinden, ob er jetzt träume oder ehemals von einem Weibe Bertha geträumt habe; das Wunderbarste vermischte sich mit dem Gewöhnlichsten, die Welt um ihn her war verzaubert und er keines Gedankens, keiner Erinnerung mächtig.«

In einer Gegend des Harzes wohnte ein Ritter, den man gewöhnlich nur den blonden Eckbert nannte. Er war ohngefähr vierzig Jahr alt, kaum von mittler Größe, und kurze, hellblonde Haare lagen schlicht und dicht an seinem blassen, eingefallenen Gesichte. Er lebte sehr ruhig für sich und war niemals in den Fehden seiner Nachbarn verwickelt, auch sah man ihn nur selten außerhalb den Ringmauern seines kleinen Schlosses. Sein Weib liebte die Einsamkeit ebensosehr, und beide schienen sich von Herzen zu lieben, nur klagten sie gewöhnlich darüber, daß der Himmel ihre Ehe mit keinen Kindern segnen wolle.
Nur selten wurde Eckbert von Gästen besucht, und wenn es auch geschah, so wurde ihretwegen fast nichts in dem ge-

wöhnlichen Gange des Lebens geändert, die Mäßigkeit wohnte dort, und die Sparsamkeit selbst schien alles anzuordnen. Eckbert war alsdann heiter und aufgeräumt, nur wenn er allein war, bemerkte man an ihm eine gewisse Verschlossenheit, eine stille, zurückhaltende Melancholie.

Niemand kam so häufig auf die Burg als Philipp Walther, ein Mann, dem sich Eckbert angeschlossen hatte, weil er an diesem ohngefähr dieselbe Art zu denken fand, der auch er am meisten zugetan war. Dieser wohnte eigentlich in Franken, hielt sich aber oft über ein halbes Jahr in der Nähe von Eckberts Burg auf, sammelte Kräuter und Steine und beschäftigte sich damit, sie in Ordnung zu bringen; er lebte von einem kleinen Vermögen und war von niemand abhängig. Eckbert begleitete ihn oft auf seinen einsamen Spaziergängen, und mit jedem Jahr entspann sich zwischen ihnen eine innigere Freundschaft.

Es gibt Stunden, in denen es den Menschen ängstigt, wenn er vor seinem Freunde ein Geheimnis haben soll, was er bis dahin oft mit vieler Sorgfalt verborgen hat; die Seele fühlt dann einen unwiderstehlichen Trieb, sich ganz mitzuteilen, dem Freunde auch das Innerste aufzuschließen, damit er um so mehr unser Freund werde. In diesen Augenblicken geben sich die zarten Seelen einander zu erkennen, und zuweilen geschieht es wohl auch, daß einer vor der Bekanntschaft des andern zurückschreckt.

Es war schon im Herbst, als Eckbert an einem neblichten Abend mit seinem Freunde und seinem Weibe Bertha um das Feuer eines Kamines saß. Die Flamme warf einen hellen Schein durch das Gemach und spielte oben an der Decke, die Nacht sah schwarz zu den Fenstern herein, und die Bäume draußen schüttelten sich vor nasser Kälte. Walther klagte über den weiten Rückweg, den er habe, und Eckbert schlug ihm vor, bei ihm zu bleiben, die halbe Nacht unter traulichen Gesprächen hinzubringen und dann noch in einem Gemache des Hauses bis am Morgen zu schlafen. Walther ging den Vorschlag ein, und nun ward Wein und die Abendmahlzeit hereingebracht, das Feuer durch Holz vermehrt und das Gespräch der Freunde heitrer und vertraulicher.

Als das Abendessen abgetragen war und sich die Knechte wieder entfernt hatten, nahm Eckbert die Hand Walthers und sagte: »Freund, Ihr solltet Euch einmal von meiner Frau die Geschichte ihrer Jugend erzählen lassen, die seltsam genug ist.« – »Gern«, sagte Walther, und man setzte sich wieder um den Kamin.

Es war jetzt gerade Mitternacht, der Mond sah abwechselnd durch die vorüberflatternden Wolken. »Ihr müßt mich nicht für zudringlich halten«, fing Bertha an, »mein Mann sagt, daß Ihr so edel denkt, daß es unrecht sei, Euch etwas zu verhehlen. Nur haltet meine Erzählung für kein Märchen, so sonderbar sie auch klingen mag.

Ich bin in einem Dorfe geboren, mein Vater war ein armer Hirte. Die Haushaltung bei meinen Eltern war nicht zum besten bestellt, sie wußten sehr oft nicht, wo sie das Brot hernehmen sollten. Was mich aber noch weit mehr jammerte, war, daß mein Vater und meine Mutter sich oft über ihre Armut entzweiten und einer dem andern dann bittere Vorwürfe machte. Sonst hört' ich beständig von mir, daß ich ein einfältiges, dummes Kind sei, das nicht das unbedeutendste Geschäft auszurichten wisse, und wirklich war ich äußerst ungeschickt und unbeholfen, ich ließ alles aus den Händen fallen, ich lernte weder nähen noch spinnen, ich konnte nichts in der Wirtschaft helfen, nur die Not meiner Eltern verstand ich sehr gut. Oft saß ich dann im Winkel und füllte meine Vorstellungen damit an, wie ich ihnen helfen wollte, wenn ich plötzlich reich würde, wie ich sie mit Gold und Silber überschütten und mich an ihrem Erstaunen laben möchte; dann sah ich Geister heraufschweben, die mir unterirdische Schätze entdeckten oder mir kleine Kiesel gaben, die sich in Edelsteine verwandelten, kurz, die wunderbarsten Phantasien beschäftigten mich, und wenn ich nun aufstehn mußte, um irgend etwas zu helfen oder zu tragen, so zeigte ich mich noch viel ungeschickter, weil mir der Kopf von allen den seltsamen Vorstellungen schwindelte.

Mein Vater war immer sehr ergrimmt auf mich, daß ich eine so ganz unnütze Last des Hauswesens sei; er behandelte mich daher oft ziemlich grausam, und es war selten, daß ich ein freundliches Wort von ihm vernahm. So war ich ungefähr acht Jahr alt geworden, und es wurden nun ernstliche Anstalten gemacht, daß ich etwas tun oder lernen sollte. Mein Vater glaubte, es wäre nur Eigensinn oder Trägheit von mir, um meine Tage in Müßiggang hinzubringen, genug, er setzte mir mit Drohungen unbeschreiblich zu; da diese aber doch nichts fruchteten, züchtigte er mich auf die grausamste Art, indem er sagte, daß diese Strafe mit jedem Tage wiederkehren sollte, weil ich doch nur ein unnützes Geschöpf sei.

Die ganze Nacht hindurch weint' ich herzlich, ich fühlte mich so außerordentlich verlassen, ich hatte ein solches Mitleid mit mir selber, daß ich zu sterben wünschte. Ich fürchtete den Anbruch des Tages, ich wußte durchaus nicht, was ich anfangen sollte, ich wünschte mir alle mögliche Geschicklichkeit und konnte gar nicht begreifen, warum ich einfältiger sei als die übrigen Kinder meiner Bekanntschaft. Ich war der Verzweiflung nahe.

Als der Tag graute, stand ich auf und eröffnete, fast ohne daß ich es wußte, die Tür unsrer kleinen Hütte. Ich stand auf dem freien Felde, bald darauf war ich in einem Walde, in den der Tag kaum noch hineinblickte. Ich lief immerfort, ohne mich umzusehen, ich fühlte keine Müdigkeit, denn ich glaubte immer, mein Vater würde mich noch wieder einholen und, durch meine Flucht gereizt, mich noch grausamer behandeln.

Als ich aus dem Walde wieder heraustrat, stand die Sonne schon ziemlich hoch; ich sah jetzt etwas Dunkles vor mir liegen, welches ein dichter Nebel bedeckte. Bald mußte ich über Hügel klettern, bald durch einen zwischen Felsen gewundenen Weg gehn, und ich erriet nun, daß ich mich wohl in dem benachbarten Gebirge befinden müsse, worüber ich anfing, mich in der Einsamkeit zu fürchten. Denn ich hatte in der Ebene noch keine Berge gesehen, und das bloße Wort Gebirge, wenn ich davon hatte reden hören, war meinem kindischen Ohr ein fürchterlicher Ton gewesen. Ich hatte nicht das Herz, zurückzugehen, meine Angst trieb mich vorwärts; oft sah ich mich erschrocken um, wenn der Wind über mir weg durch die Bäume fuhr oder ein ferner Holzschlag weit durch den stillen Morgen hintönte. Als mir Köhler und Bergleute endlich begegneten und ich eine fremde Aussprache hörte, wäre ich vor Entsetzen fast in Ohnmacht gesunken.

Ich kam durch mehrere Dörfer und bettelte, weil ich jetzt Hunger und Durst empfand; ich half mir so ziemlich mit meinen Antworten durch, wenn ich gefragt wurde. So war ich ohngefähr vier Tage fortgewandert, als ich auf einen kleinen Fußsteig geriet, der mich von der großen Straße immer mehr entfernte. Die Felsen um mich her gewannen jetzt eine andre, weit seltsamere Gestalt. Es waren Klippen, so aufeinander gepackt, daß es das Ansehn hatte, als wenn sie der erste Windstoß durcheinanderwerfen würde. Ich wußte nicht, ob ich weitergehen sollte. Ich hatte des Nachts immer im Walde geschlafen, denn es war gerade zur schönsten Jahrszeit, oder in abgelegenen Schäferhütten; hier traf ich aber keine menschliche Wohnung und konnte auch nicht vermuten, in dieser Wildnis auf eine zu stoßen; die Felsen wurden immer furchtbarer, ich mußte oft dicht an schwindlichten Abgründen vorbeigehen, und endlich hörte sogar der Weg unter meinen Füßen auf. Ich war ganz trostlos, ich weinte und schrie, und in den Felsentälern hallte meine Stimme auf eine schreckliche Art zurück. Nun brach die Nacht herein, und ich suchte mir eine Moosstelle aus, um dort zu ruhen. Ich konnte nicht schlafen; in der Nacht hörte ich die seltsamsten Töne, bald hielt ich es für wilde Tiere, bald für den Wind, der durch die Felsen klage, bald für fremde Vögel. Ich betete, und ich schlief nur spät gegen Morgen ein.

Ich erwachte, als mir der Tag ins Gesicht schien. Vor mir war ein steiler Felsen; ich kletterte in der Hoffnung hinauf, von dort den Ausgang aus der Wildnis zu entdecken und vielleicht Wohnungen oder Menschen gewahr zu werden. Als ich aber oben stand, war alles, soweit nur mein Auge reichte, ebenso wie um mich her, alles war mit einem neblichten Dufte überzogen, der Tag war grau und trübe, und keinen Baum, keine Wiese, selbst kein Gebüsch konnte mein Auge erspähn, einzelne Sträucher ausgenommen, die einsam und betrübt in engen Felsenritzen emporgeschossen waren. Es ist unbeschreiblich, welche Sehnsucht ich empfand, nur eines Menschen ansichtig zu werden, wäre es auch, daß ich mich vor ihm hätte fürchten müssen. Zugleich fühlte ich einen peinigenden Hunger, ich setzte mich nieder und beschloß zu sterben. Aber nach einiger Zeit trug die Lust zu leben dennoch den Sieg davon, ich raffte mich auf und ging unter Tränen, unter abgebrochenen Seufzern den ganzen Tag hindurch; am Ende war ich mir meiner kaum noch bewußt, ich war müde und erschöpft, ich wünschte kaum noch zu leben und fürchtete doch den Tod.

Gegen Abend schien die Gegend umher etwas freundlicher zu werden, meine Gedanken, meine Wünsche lebten wieder auf, die Lust zum Leben erwachte in allen meinen Adern. Ich glaubte jetzt das Gesause einer Mühle aus der Ferne zu hören, ich verdoppelte meine Schritte, und wie wohl, wie leicht ward mir, als ich endlich wirklich die Grenzen der öden Felsen erreichte; ich sah Wälder und Wiesen mit fernen, angenehmen Bergen wieder vor mir liegen. Mir war, als wenn ich aus der Hölle in ein Paradies getreten wäre, die Einsamkeit und meine Hülflosigkeit schienen mir nun gar nicht fürchterlich.

Statt der gehofften Mühle stieß ich auf einen Wasserfall, der meine Freude freilich um vieles minderte; ich schöpfte mit der Hand einen Trunk aus dem Bache, als mir plötzlich war, als höre ich in einiger Entfernung ein leises Husten. Nie bin ich so angenehm überrascht worden als in diesem Augenblick, ich ging näher und ward an der Ecke des Waldes eine alte Frau gewahr, die auszuruhen schien. Sie war fast ganz schwarz gekleidet, und eine schwarze Kappe bedeckte ihren Kopf und einen großen Teil des Gesichtes, in der Hand hielt sie einen Krückenstock.

Ich näherte mich ihr und bat um ihre Hülfe, sie ließ mich neben sich niedersitzen und gab mir Brot und etwas Wein. Indem ich aß, sang sie mit kreischendem Ton ein geistliches Lied. Als sie geendet hatte, sagte sie mir, ich möchte ihr folgen.

Ich war über diesen Antrag sehr erfreut, so wunderlich mir auch die Stimme und das Wesen der Alten vorkam. Mit ihrem Krückenstocke ging sie ziemlich behende, und bei jedem Schritte verzog sie ihr Gesicht so, daß ich im Anfange darüber lachen mußte. Die wilden Felsen traten immer weiter hinter uns zurück, wir gingen über eine angenehme Wiese und dann durch einen ziemlich langen Wald. Als wir heraustraten, ging die Sonne gerade unter, und ich werde den Anblick und die Empfindung dieses Abends nie vergessen. In das sanfteste Rot und Gold war alles verschmolzen, die Bäume standen mit ihren Wipfeln in der Abendröte, und über den Feldern lag der entzückende Schein, die Wälder und die Blätter der Bäume standen still, der reine Himmel sah aus wie ein aufgeschlossenes Paradies, und das Rieseln der Quellen und von Zeit zu Zeit das Flüstern der Bäume tönte durch die heitre Stille wie in wehmütiger Freude. Meine junge Seele bekam jetzt zuerst eine Ahndung von der Welt und ihren Begebenheiten. Ich vergaß mich und meine Führerin, mein Geist und meine Augen schwärmten nur zwischen den goldenen Wolken.

Wir stiegen nun einen Hügel hinan, der mit Birken bepflanzt war, von oben sah man in ein grünes Tal voller Birken hinein, und unten mitten in den Bäumen lag eine kleine Hütte. Ein munteres Bellen kam uns entgegen, und

bald sprang ein kleiner behender Hund die Alte an und wedelte; dann kam er zu mir, besah mich von allen Seiten und kehrte mit freundlichen Gebärden zur Alten zurück.
Als wir vom Hügel hinuntergingen, hörte ich einen wunderbaren Gesang, der aus der Hütte zu kommen schien, wie von einem Vogel; es sang also:

›Waldeinsamkeit,
Die mich erfreut,
So morgen wie heut
In ew'ger Zeit,
O wie mich freut
Waldeinsamkeit.‹

Diese wenigen Worte wurden beständig wiederholt; wenn ich es beschreiben soll, so war es fast, als wenn Waldhorn und Schalmeie ganz in der Ferne durcheinander spielen.
Meine Neugier war außerordentlich gespannt; ohne daß ich auf den Befehl der Alten wartete, trat ich mit in die Hütte. Die Dämmerung war schon eingebrochen, alles war ordentlich aufgeräumt, einige Becher standen auf einem Wandschranke, fremdartige Gefäße auf einem Tische, in einem glänzenden Käfig hing ein Vogel am Fenster, und er war es wirklich, der die Worte sang. Die Alte keichte und hustete, sie schien sich gar nicht wieder erholen zu können, bald streichelte sie den kleinen Hund, bald sprach sie mit dem Vogel, der ihr nur mit seinem gewöhnlichen Liede Antwort gab; übrigens tat sie gar nicht, als wenn ich zugegen wäre. Indem ich sie so betrachtete, überlief mich mancher Schauer, denn ihr Gesicht war in einer ewigen Bewegung, indem sie dazu wie vor Alter mit dem Kopfe schüttelte, so daß ich durchaus nicht wissen konnte, wie ihr eigentliches Aussehn beschaffen war.
Als sie sich erholt hatte, zündete sie Licht an, deckte einen ganz kleinen Tisch und trug das Abendessen auf. Jetzt sah sie sich nach mir um und hieß mir einen von den geflochtenen Rohrstühlen nehmen. So saß ich ihr nun dicht gegen-

über, und das Licht stand zwischen uns. Sie faltete ihre knöchernen Hände und betete laut, indem sie ihre Gesichtsverzerrungen machte, so daß es mich beinahe wieder zum Lachen gebracht hätte; aber ich nahm mich sehr in acht, um sie nicht zu erbosen.

Nach dem Abendessen betete sie wieder, und dann wies sie mir in einer niedrigen und engen Kammer ein Bett an; sie schlief in der Stube. Ich blieb nicht lange munter, ich war halb betäubt, aber in der Nacht wachte ich einigemal auf, und dann hörte ich die Alte husten und mit dem Hunde sprechen, und den Vogel dazwischen, der im Traum zu sein schien und immer nur einzelne Worte von seinem Liede sang. Das machte mit den Birken, die vor dem Fenster rauschten, und mit dem Gesang einer entfernten Nachtigall ein so wunderbares Gemisch, daß es mir immer nicht war, als sei ich erwacht, sondern als fiele ich nur in einen andern, noch seltsamern Traum.

Am Morgen weckte mich die Alte und wies mich bald nachher zur Arbeit an. Ich mußte spinnen, und ich begriff es nun auch bald, dabei hatte ich noch für den Hund und für den Vogel zu sorgen. Ich lernte mich schnell in die Wirtschaft finden, und alle Gegenstände umher wurden mir bekannt; nun war mir, als müßte alles so sein, ich dachte gar nicht mehr daran, daß die Alte etwas Seltsames an sich habe, daß die Wohnung abenteuerlich und von allen Menschen entfernt liege und daß an dem Vogel etwas Außerordentliches sei. Seine Schönheit fiel mir zwar immer auf, denn seine Federn glänzten mit allen möglichen Farben, das schönste Hellblau und das brennendste Rot wechselten an seinem Halse und Leibe, und wenn er sang, blähte er sich stolz auf, so daß sich seine Federn noch prächtiger zeigten.

Oft ging die Alte aus und kam erst am Abend zurück, ich ging ihr dann mit dem Hunde entgegen, und sie nannte mich Kind und Tochter. Ich ward ihr endlich von Herzen gut, wie sich unser Sinn denn an alles, besonders in der Kindheit, gewöhnt. In den Abendstunden lehrte sie mich lesen, ich fand mich leicht in die Kunst, und es ward nachher in meiner Einsamkeit eine Quelle von unendlichem Vergnügen, denn sie hatte einige alte geschriebene Bücher, die wunderbare Geschichten enthielten.

Die Erinnerung an meine damalige Lebensart ist mir noch bis jetzt immer seltsam: von keinem menschlichen Geschöpfe besucht, nur in einem so kleinen Familienzirkel einheimisch, denn der Hund und der Vogel machten denselben Eindruck auf mich, den sonst nur längst gekannte Freunde hervorbringen. Ich habe mich immer nicht wieder auf den seltsamen Namen des Hundes besinnen können, so oft ich ihn auch damals nannte.

Vier Jahre hatte ich so mit der Alten gelebt, und ich mochte ohngefähr zwölf Jahr alt sein, als sie mir endlich mehr vertraute und mir ein Geheimnis entdeckte. Der Vogel legte nämlich an jedem Tage ein Ei, in dem sich eine Perl' oder ein Edelstein befand. Ich hatte schon immer bemerkt, daß sie heimlich in dem Käfige wirtschafte, mich aber nie genauer darum bekümmert. Sie trug mir jetzt das Geschäft auf, in ihrer Abwesenheit diese Eier zu nehmen und in den fremdartigen Gefäßen wohl zu verwahren. Sie ließ mir meine Nahrung zurück und blieb nun länger aus, Wochen, Monate; mein Rädchen schnurrte, der Hund bellte, der wunderbare Vogel sang, und dabei war alles so still in der Gegend umher, daß ich mich in der ganzen Zeit keines Sturmwindes, keines Gewitters erinnere. Kein Mensch verirrte sich dorthin, kein Wild kam unserer Behausung nahe, ich war zufrieden und arbeitete mich von einem Tage zum andern hinüber. – Der Mensch wäre vielleicht recht glücklich, wenn er so ungestört sein Leben bis ans Ende fortführen könnte.

Aus dem wenigen, was ich las, bildete ich mir ganz wunderliche Vorstellungen von der Welt und den Menschen, alles war von mir und meiner Gesellschaft hergenommen: wenn von lustigen Leuten die Rede war, konnte ich sie mir nicht anders vorstellen wie den kleinen Spitz, prächtige Damen sahen immer wie der Vogel aus, alle alte Frauen wie meine wunderliche Alte. Ich hatte auch von Liebe etwas gelesen und spielte nun in meiner Phantasie seltsame Geschichten mit mir selber. Ich dachte mir den schönsten Ritter von der Welt, ich schmückte ihn mit allen Vortrefflichkeiten aus, ohne eigentlich zu wissen, wie er nun nach allen meinen Bemühungen aussah: aber ich konnte ein rechtes Mitleid mit mir selber haben, wenn er mich nicht wiederliebte; dann sagte ich lange, rührende Reden in Gedanken her, zuweilen auch wohl laut, um ihn nur zu gewinnen. – Ihr lächelt! wir sind jetzt freilich alle über diese Zeit der Jugend hinüber.

Es war mir jetzt lieber, wenn ich allein war, denn alsdann war ich selbst die Gebieterin im Hause. Der Hund liebte mich sehr und tat alles, was ich wollte; der Vogel antwortete mir mit seinem Liede auf alle meine Fragen, mein Rädchen drehte sich immer munter, und so fühlte ich im Grunde nie einen Wunsch nach Veränderung. Wenn die Alte von ihren langen Wanderungen zurückkam, lobte sie meine Aufmerksamkeit, sie sagte, daß ihre Haushaltung, seit ich dazu gehöre, weit ordentlicher geführt werde, sie freute sich über mein Wachstum und mein gesundes Aussehen, kurz, sie ging ganz mit mir wie mit einer Tochter um.

›Du bist brav, mein Kind!‹ sagte sie einst zu mir mit einem schnarrenden Tone; ›wenn du so fortfährst, wird es dir auch immer gut gehen: aber nie gedeiht es, wenn man von der rechten Bahn abweicht, die Strafe folgt nach, wenn auch noch so spät.‹ – Indem sie das sagte, achtete ich eben nicht sehr darauf, denn ich war in allen meinen Bewegungen und meinem ganzen Wesen sehr lebhaft; aber in der Nacht fiel es mir wieder ein, und ich konnte nicht begreifen, was sie damit hatte sagen wollen. Ich überlegte alle Worte genau, ich hatte wohl von Reichtümern gelesen, und am Ende fiel mir ein, daß ihre Perlen und Edelsteine wohl etwas Kostbares sein könnten. Dieser Gedanke wurde mir bald noch deutlicher. Aber was konnte sie mit der rechten Bahn meinen? Ganz konnte ich den Sinn ihrer Worte noch immer nicht fassen.

Ich war jetzt vierzehn Jahr alt, und es ist ein Unglück für den Menschen, daß er seinen Verstand nur darum bekömmt, um die Unschuld seiner Seele zu verlieren. Ich begriff nämlich wohl, daß es nur auf mich ankomme, in der Abwesenheit der Alten den Vogel und die Kleinodien zu nehmen und damit die Welt, von der ich gelesen hatte, aufzusuchen. Zugleich war es mir dann vielleicht möglich, den überaus schönen Ritter anzutreffen, der mir immer noch im Gedächtnisse lag.

Im Anfange war dieser Gedanke nichts weiter als jeder andre Gedanke, aber wenn ich so an meinem Rade saß, so kam er mir immer wider Willen zurück, und ich verlor mich so in ihm, daß ich mich schon herrlich geschmückt sah und Ritter und Prinzen um mich her. Wenn ich mich so vergessen hatte, konnte ich ordentlich betrübt werden, wenn ich wieder aufschaute und mich in der kleinen Wohnung antraf. Übrigens, wenn ich meine Geschäfte tat, bekümmerte sich die Alte nicht weiter um mein Wesen.

An einem Tage ging meine Wirtin wieder fort und sagte mir, daß sie diesmal länger als gewöhnlich ausbleiben werde, ich solle ja auf alles ordentlich achtgeben und mir die Zeit nicht lang werden lassen. Ich nahm mit einer gewissen Bangigkeit von ihr Abschied, denn es war mir, als würde ich sie nicht wiedersehen. Ich sah ihr lange nach und wußte selbst nicht, warum ich so beängstigt war; es war fast, als wenn mein Vorhaben schon vor mir stände, ohne mich dessen deutlich bewußt zu sein.

Nie hab ich des Hundes und des Vogels mit einer solchen Emsigkeit gepflegt; sie lagen mir näher am Herzen als sonst. Die Alte war schon einige Tage abwesend, als ich mit dem festen Vorsatze aufstand, mit dem Vogel die Hütte zu verlassen und die sogenannte Welt aufzusuchen. Es war mir enge und bedrängt zu Sinne, ich wünschte wieder da zu bleiben, und doch war mir der Gedanke widerwärtig, es war ein seltsamer Kampf in meiner Seele, wie ein Streiten von zwei widerspenstigen Geistern in mir. In einem Augenblicke kam mir die ruhige Einsamkeit so schön vor, dann entzückte mich wieder die Vorstellung einer neuen Welt mit allen ihren wunderbaren Mannigfaltigkeiten.

Ich wußte nicht, was ich aus mir selber machen sollte, der Hund sprang mir unaufhörlich an, der Sonnenschein breitete sich munter über die Felder aus, die grünen Birken funkelten: ich hatte die Empfindung, als wenn ich etwas sehr Eiliges zu tun hätte, ich griff also den kleinen Hund, band ihn in der Stube fest und nahm dann den Käfig mit dem Vogel unter den Arm. Der Hund krümmte sich und winselte über diese ungewohnte Behandlung, er sah mich mit bittenden Augen an, aber ich fürchtete mich, ihn mit mir zu nehmen. Noch nahm ich eins von den Gefäßen, das mit Edelsteinen angefüllt war, und steckte es zu mir, die übrigen ließ ich stehn.

Der Vogel drehte den Kopf auf eine wunderliche Weise, als ich mit ihm zur Tür hinaustrat; der Hund strengte sich sehr an, mir nachzukommen, aber er mußte zurückbleiben.

Ich vermied den Weg nach den wilden Felsen und ging nach der entgegengesetzten Seite. Der Hund bellte und winselte immerfort, und es rührte mich recht inniglich; der Vogel wollte einigemal zu singen anfangen, aber da er getragen ward, mußte es ihm wohl unbequem fallen.

Sowie ich weiter ging, hörte ich das Bellen immer schwächer, und endlich hörte es ganz auf. Ich weinte und wäre beinahe wieder umgekehrt, aber die Sucht, etwas Neues zu sehen, trieb mich vorwärts.

Schon war ich über die Berge und durch einige Wälder gekommen, als es Abend ward und ich in einem Dorfe einkehren mußte. Ich war sehr blöde, als ich in die Schenke trat, man wies mir eine Stube und ein Bette an, ich schlief ziemlich ruhig, nur daß ich von der Alten träumte, die mir drohte.

Meine Reise war ziemlich einförmig, aber je weiter ich ging, je mehr ängstigte mich die Vorstellung von der Alten und dem kleinen Hunde; ich dachte daran, daß er wahrscheinlich ohne meine Hülfe verhungern müsse; im Walde glaubt' ich oft, die Alte würde mir plötzlich entgegentreten. So legte ich unter Tränen und Seufzern den Weg zurück; so oft ich ruhte und den Käfig auf den Boden stellte, sang der Vogel sein wunderliches Lied, und ich erinnerte mich dabei recht lebhaft des schönen verlassenen Aufenthalts. Wie die menschliche Natur vergeßlich ist, so glaubt' ich jetzt, meine vormalige Reise in der Kindheit sei nicht so trübselig gewesen als meine jetzige; ich wünschte wieder in derselben Lage zu sein.

Ich hatte einige Edelsteine verkauft und kam nun nach einer Wanderschaft von vielen Tagen in einem Dorfe an. Schon beim Eintritt ward mir wundersam zumute, ich erschrak und wußte nicht worüber; aber bald erkannt' ich mich, denn es war dasselbe Dorf, in welchem ich geboren war. Wie ward ich überrascht! Wie liefen mir vor Freuden, wegen tausend seltsamer Erinnerungen, die Tränen von den Wangen! Vieles war verändert, es waren neue Häuser entstanden, andre, die man damals erst errichtet hatte, waren jetzt verfallen, ich traf auch Brandstellen; alles war weit kleiner, gedrängter, als ich erwartet hatte. Unendlich freute ich mich darauf, meine Eltern nun nach so manchen Jahren wiederzusehn; ich fand das kleine Haus, die wohlbekannte Schwelle, der Griff der Tür war noch ganz so wie damals, es war mir, als hätte ich sie nur gestern angelehnt; mein Herz klopfte ungestüm, ich öffnete sie hastig – aber ganz fremde Gesichter saßen in der Stube umher und stierten mich an. Ich fragte nach dem Schäfer Martin, und man sagte mir, er sei schon seit drei Jahren mit seiner Frau gestorben. – Ich trat schnell zurück und ging laut weinend aus dem Dorfe hinaus.

Ich hatte es mir so schön gedacht, sie mit meinem Reichtume zu überraschen; durch den seltsamsten Zufall war es nun wirklich geworden, was ich in der Kindheit immer nur träumte – und jetzt war alles umsonst, sie konnten sich nicht mit mir freuen, und das, worauf ich am meisten immer im Leben gehofft hatte, war für mich auf ewig verloren.

In einer angenehmen Stadt mietete ich mir ein kleines Haus mit einem Garten und nahm eine Aufwärterin zu mir. So wunderbar, als ich es vermutet hatte, kam mir die Welt nicht vor, aber ich vergaß die Alte und meinen ehemaligen Aufenthalt etwas mehr, und so lebt' ich im ganzen recht zufrieden.

Der Vogel hatte schon seit lange nicht mehr gesungen; ich erschrak daher nicht wenig, als er in einer Nacht plötzlich wieder anfing, und zwar mit einem veränderten Liede. Er sang:

›Waldeinsamkeit,
Wie liegst du weit!
Oh, dich gereut
Einst mit der Zeit. –
Ach, einz'ge Freud',
Waldeinsamkeit.‹

Ich konnte die Nacht hindurch nicht schlafen, alles fiel mir von neuem in die Gedanken, und mehr als jemals fühlt' ich, daß ich Unrecht getan hatte. Als ich aufstand, war mir der Anblick des Vogels sehr zuwider, er sah immer nach mir hin, und seine Gegenwart ängstigte mich. Er hörte nun mit seinem Liede gar nicht wieder auf, und er sang es lauter und schallender, als er es sonst gewohnt gewesen war. Je mehr ich ihn betrachtete, je bänger machte er mich; ich öffnete endlich den Käfig, steckte die Hand hinein und faßte seinen Hals, herzhaft drückte ich die Finger zusammen, er sah mich bittend an, ich ließ los, aber er war schon gestorben. – Ich begrub ihn im Garten.

Jetzt wandelte mich oft eine Furcht vor meiner Aufwärterin an, ich dachte an mich selbst zurück und glaubte, daß sie mich auch einst berauben oder wohl gar ermorden könne. – Schon lange kannt' ich einen jungen Ritter, der mir überaus gefiel, ich gab ihm meine Hand – und hiermit, Herr Walther, ist meine Geschichte geendigt.«

»Ihr hättet sie damals sehn sollen«, fiel Eckbert hastig ein –

»ihre Jugend, ihre Schönheit, und welch einen unbegreiflichen Reiz ihr ihre einsame Erziehung gegeben hatte. Sie kam mir vor wie ein Wunder, und ich liebte sie ganz über alles Maß. Ich hatte kein Vermögen, aber durch ihre Liebe kam ich in diesen Wohlstand; wir zogen hierher, und unsre Verbindung hat uns bis jetzt noch keinen Augenblick gereut.«

»Aber über unser Schwatzen«, fing Bertha wieder an, »ist es schon tief in die Nacht geworden – wir wollen uns schlafen legen.«

Sie stand auf und ging nach ihrer Kammer. Walther wünschte ihr mit einem Handkusse eine gute Nacht und sagte: »Edle Frau, ich danke Euch, ich kann mir Euch recht vorstellen, mit dem seltsamen Vogel, und wie Ihr den kleinen *Strohmian* füttert.«

Auch Walther legte sich schlafen, nur Eckbert ging noch unruhig im Saale auf und ab. – »Ist der Mensch nicht ein Tor?« fing er endlich an; »ich bin erst die Veranlassung, daß meine Frau ihre Geschichte erzählt, und jetzt gereut mich diese Vertraulichkeit! – Wird er sie nicht mißbrauchen? Wird er sie nicht andern mitteilen? Wird er nicht vielleicht, denn das ist die Natur des Menschen, eine unselige Habsucht nach unsern Edelgesteinen empfinden und deswegen Plane anlegen und sich verstellen?«

Es fiel ihm ein, daß Walther nicht so herzlich von ihm Abschied genommen hatte, als es nach einer solchen Vertraulichkeit wohl natürlich gewesen wäre. Wenn die Seele erst einmal zum Argwohn gespannt ist, so trifft sie auch in allen Kleinigkeiten Bestätigungen an. Dann warf sich Eckbert wieder sein unedles Mißtrauen gegen seinen wackern Freund vor und konnte doch nicht davon zurückkehren. Er schlug sich die ganze Nacht mit diesen Vorstellungen herum und schlief nur wenig.

Bertha war krank und konnte nicht zum Frühstück erscheinen; Walther schien sich nicht viel darum zu kümmern und verließ auch den Ritter ziemlich gleichgültig. Eckbert konnte sein Betragen nicht begreifen; er besuchte seine Gattin, sie lag in einer Fieberhitze und sagte, die Erzählung in der Nacht müsse sie auf diese Art gespannt haben.

Seit diesem Abend besuchte Walther nur selten die Burg seines Freundes, und wenn er auch kam, ging er nach einigen unbedeutenden Worten wieder weg. Eckbert ward durch dieses Betragen im äußersten Grade gepeinigt; er ließ sich zwar gegen Bertha und Walther nichts davon merken, aber jeder mußte doch seine innerliche Unruhe an ihm gewahr werden.

Mit Berthas Krankheit ward es immer bedenklicher; der Arzt ward ängstlich, die Röte von ihren Wangen war verschwunden, und ihre Augen wurden immer glühender. – An einem Morgen ließ sie ihren Mann an ihr Bette rufen, die Mägde mußten sich entfernen.

»Lieber Mann«, fing sie an, »ich muß dir etwas entdecken, das mich fast um meinen Verstand gebracht hat, das meine Gesundheit zerrüttet, so eine unbedeutende Kleinigkeit es auch an sich scheinen möchte. – Du weißt, daß ich mich immer nicht, sooft ich von meiner Kindheit sprach, trotz aller angewandten Mühe auf den Namen des kleinen Hundes besinnen konnte, mit welchem ich so lange umging; an jenem Abend sagte Walther beim Abschiede plötzlich zu mir: ›Ich kann mir Euch recht vorstellen, wie Ihr den kleinen *Strohmian* füttert.‹ Ist das Zufall? Hat er den Namen erraten, weiß er ihn, und hat er ihn mit Vorsatz genannt? Und wie hängt dieser Mensch dann mit meinem Schicksale zusammen? Zuweilen kämpfe ich mit mir, als ob ich mir diese Seltsamkeit nur einbilde, aber es ist gewiß, nur zu gewiß. Ein gewaltiges Entsetzen befiel mich, als mir ein fremder Mensch so zu meinen Erinnerungen half. Was sagst du, Eckbert?«

Eckbert sah seine leidende Gattin mit einem tiefen Gefühle an; er schwieg und dachte bei sich nach, dann sagte er ihr einige tröstende Worte und verließ sie. In einem abgelegenen Gemache ging er in unbeschreiblicher Unruhe auf und ab.

Walther war seit vielen Jahren sein einziger Umgang gewesen, und doch war dieser Mensch jetzt der einzige in der Welt, dessen Dasein ihn drückte und peinigte. Es schien ihm, als würde ihm froh und leicht sein, wenn nur dieses einzige Wesen aus seinem Wege gerückt werden könnte. Er nahm seine Armbrust, um sich zu zerstreuen und auf die Jagd zu gehen.

Es war ein rauher stürmischer Wintertag, tiefer Schnee lag auf den Bergen und bog die Zweige der Bäume nieder. Er streifte umher, der Schweiß stand ihm auf der Stirne, er traf auf kein Wild, und das vermehrte seinen Unmut. Plötzlich sah er sich etwas in der Ferne bewegen, es war Walther, der Moos von den Bäumen sammelte; ohne zu wissen, was er tat, legte er an, Walther sah sich um und drohte mit einer stummen Gebärde, aber indem flog der Bolzen ab, und Walther stürzte nieder.

Eckbert fühlte sich leicht und beruhigt, und doch trieb ihn ein Schauder nach seiner Burg zurück; er hatte einen großen Weg zu machen, denn er war weit hinein in die Wälder verirrt. – Als er ankam, war Bertha schon gestorben; sie hatte vor ihrem Tode noch viel von Walther und der Alten gesprochen.

Eckbert lebte nun eine lange Zeit in der größten Einsamkeit; er war schon sonst immer schwermütig gewesen, weil ihn die seltsame Geschichte seiner Gattin beunruhigte und er irgendeinen unglücklichen Vorfall, der sich ereignen könnte, befürchtete; aber jetzt war er ganz mit sich zerfallen. Die Ermordung seines Freundes stand ihm unaufhörlich vor Augen, er lebte unter ewigen inneren Vorwürfen.

Um sich zu zerstreuen, begab er sich zuweilen nach der nächsten großen Stadt, wo er Gesellschaften und Feste besuchte. Er wünschte durch irgendeinen Freund die Leere in seiner Seele auszufüllen, und wenn er dann wieder an Walther zurückdachte, so erschrak er vor dem Gedanken, einen Freund zu finden; denn er war überzeugt, daß er nur unglücklich mit jedwedem Freunde sein könne. Er hatte so lange mit Bertha in einer schönen Ruhe gelebt, die Freundschaft Walthers hatte ihn so manches Jahr hindurch beglückt, und jetzt waren beide so plötzlich dahingerafft, daß ihm sein Leben in manchen Augenblicken mehr wie ein seltsames Märchen als wie ein wirklicher Lebenslauf erschien.

Ein junger Ritter, Hugo, schloß sich an den stillen, betrübten Eckbert und schien eine wahrhafte Zuneigung gegen ihn zu empfinden. Eckbert fand sich auf eine wunderbare Art überrascht, er kam der Freundschaft des Ritters um so schneller entgegen, je weniger er sie vermutet hatte. Beide waren nun häufig beisammen, der Fremde erzeigte Eckbert alle möglichen Gefälligkeiten, einer ritt fast nicht mehr ohne den andern aus, in allen Gesellschaften trafen sie sich, kurz, sie schienen unzertrennlich.

Eckbert war immer nur auf kurze Augenblicke froh, denn er fühlte es deutlich, daß ihn Hugo nur aus einem Irrtume liebe; jener kannte ihn nicht, wußte seine Geschichte nicht, und er fühlte wieder denselben Drang, sich ihm ganz mitzuteilen, damit er versichert sein könne, ob jener auch wahrhaft sein Freund sei. Dann hielten ihn wieder Bedenklichkeiten und die Furcht, verabscheut zu werden, zurück. In manchen Stunden war er so sehr von seiner Nichtswürdigkeit überzeugt, daß er glaubte, kein Mensch, für den er nicht ein völliger Fremdling sei, könne ihn seiner Achtung würdigen. Aber dennoch konnte er sich nicht widerstehn; auf einem einsamen Spazierritte entdeckte er seinem Freunde seine ganze Geschichte und fragte ihn dann, ob er wohl einen Mörder lieben könne. Hugo war gerührt und suchte ihn zu trösten; Eckbert folgte ihm mit leichterm Herzen zur Stadt.

Es schien aber seine Verdammnis zu sein, gerade in der Stunde des Vertrauens Argwohn zu schöpfen, denn kaum waren sie in den Saal getreten, als ihm beim Schein der vielen Lichter die Mienen seines Freundes nicht gefielen. Er glaubte ein hämisches Lächeln zu bemerken, es fiel ihm auf, daß er nur wenig mit ihm spreche, daß er mit den Anwesenden viel rede und seiner gar nicht zu achten scheine. Ein alter Ritter war in der Gesellschaft, der sich immer als den Gegner Eckberts gezeigt und sich oft nach seinem Reichtum und seiner Frau auf eine eigne Weise erkundigt hatte; zu diesem gesellte sich Hugo, und beide sprachen eine Zeitlang heimlich, indem sie nach Eckbert hindeuteten. Dieser sah jetzt seinen Argwohn bestätigt, er glaubte sich verraten, und eine schreckliche Wut bemeisterte sich seiner. Indem er noch immer hinstarrte, sah er plötzlich Walthers Gesicht, alle seine Mienen, die ganze, ihm so wohlbekannte Gestalt, er sah noch immer hin und ward überzeugt, daß niemand als *Walther* mit dem Alten spreche. – Sein Entsetzen war unbeschreiblich; außer sich stürzte er hinaus, verließ noch in der Nacht die Stadt und kehrte nach vielen Irrwegen auf seine Burg zurück.

Wie ein unruhiger Geist eilte er jetzt von Gemach zu Gemach, kein Gedanke hielt ihm stand, er verfiel von entsetzlichen Vorstellungen auf noch entsetzlichere, und kein Schlaf kam in seine Augen. Oft dachte er, daß er wahnsinnig sei und sich nur selber durch seine Einbildung alles erschaffe; dann erinnerte er sich wieder der Züge Walthers, und alles ward ihm immer mehr ein Rätsel. Er beschloß, eine Reise zu machen, um seine Vorstellungen wieder zu ordnen; den Gedanken an Freundschaft, den Wunsch nach Umgang hatte er nun auf ewig aufgegeben.

Er zog fort, ohne sich einen bestimmten Weg vorzusetzen, ja er betrachtete die Gegenden nur wenig, die vor ihm lagen. Als er im stärksten Trabe seines Pferdes einige Tage so fortgeeilt war, sah er sich plötzlich in einem Gewinde von Felsen verirrt, in denen sich nirgend ein Ausweg entdecken ließ. Endlich traf er auf einen Bauer, der ihm einen Pfad, einem Wasserfall vorüber, zeigte; er wollte ihm zur Danksagung einige Münzen geben, der Bauer aber schlug sie aus. – »Was gilt's«, sagte Eckbert zu sich selber, »ich könnte mir wieder einbilden, daß dies niemand anders als Walther sei?« – Und indem sah er sich noch einmal um, und es war niemand anders als Walther. – Eckbert spornte sein Roß, so schnell es nur laufen konnte, durch Wiesen und Wälder, bis es erschöpft unter ihm zusammenstürzte. – Unbekümmert darüber setzte er nun seine Reise zu Fuß fort.

Er stieg träumend einen Hügel hinan; es war, als wenn er ein nahes, munteres Bellen vernahm, Birken säuselten dazwischen, und er hörte mit wunderlichen Tönen ein Lied singen:

»Waldeinsamkeit
Mich wieder freut,
Mir geschieht kein Leid,
Hier wohnt kein Neid,
Von neuem mich freut
Waldeinsamkeit.«

Jetzt war es um das Bewußtsein, um die Sinne Eckberts geschehn; er konnte sich nicht aus dem Rätsel herausfinden, ob er jetzt träume oder ehemals von einem Weibe Bertha geträumt habe; das Wunderbarste vermischte sich mit dem Gewöhnlichsten, die Welt um ihn her war verzaubert und er keines Gedankens, keiner Erinnerung mächtig.

Eine krummgebückte Alte schlich hustend mit einer Krücke den Hügel heran. »Bringst du mir meinen Vogel? Meine Perlen? Meinen Hund?« schrie sie ihm entgegen. »Siehe, das Unrecht bestraft sich selbst: niemand als ich war dein Freund Walther, dein Hugo.«

»Gott im Himmel!« sagte Eckbert stille vor sich hin – »in welcher entsetzlichen Einsamkeit hab ich dann mein Leben hingebracht!«

»Und Bertha war deine Schwester.«

Eckbert fiel zu Boden.

»Warum verließ sie mich tückisch? Sonst hätte sich alles gut und schön geendet, ihre Probezeit war ja schon vorüber. Sie war die Tochter eines Ritters, die er bei einem Hirten erziehn ließ, die Tochter deines Vaters.«

»Warum hab ich diesen schrecklichen Gedanken immer geahndet?« rief Eckbert aus.

»Weil du in früher Jugend deinen Vater einst davon erzählen hörtest; er durfte seiner Frau wegen diese Tochter nicht bei sich erziehn lassen, denn sie war von einem andern Weibe.«

Eckbert lag wahnsinnig und verscheidend auf dem Boden; dumpf und verworren hörte er die Alte sprechen, den Hund bellen und den Vogel sein Lied wiederholen.

NOVALIS

Hyazinth und Rosenblüte

Die »Lehrlinge zu Sais« ist Novalis' erste größere Prosaarbeit (1798). Studien von Goethes »Wilhelm Meister« gingen ihr voran. Es war in der Zeit, als Novalis in Freiberg an der Bergakademie studierte; auf der Fahrt dorthin lernte er in Leipzig Schelling kennen. Schillers Gedicht »Das verschleierte Bild zu Sais« (1795) war inzwischen weithin bekannt. Thema der »Lehrlinge« ist die Frage nach dem Zusammenhang von Naturerkenntnis und Selbsterkenntnis. Das Märchen »Hyazinth und Rosenblüte« ist im Abschnitt »Natur« an einer Stelle eingelassen, wo der Lehrling »mit Bangigkeit« Fragen der Zeit vernimmt, die ihm eine Antwort geben sollen, wie zur Erkenntnis zu gelangen sei. Doch statt weiterer wissenschaftlicher Erörterungen erfährt er das Märchen. Dieses Märchen wendet sich an die Lehrlinge in der Nähe des Meisters und soll sie einweihen in das Verstehen der »inneren Musik der Natur«. Darum wird es in eine unbestimmte Zeit entrückt, um gleich zu Beginn seine eigene künstliche Welt, seine eigene Märchenlogik einsichtig zu machen (vgl. z. B. den Satz »Die Gans erzählte Märchen,

der Bach klimperte eine Ballade dazwischen, ein großer dicker Stein machte lächerliche Bocksprünge . . .«). Die beiden Menschen tragen Märchennamen und nicht Namen der bürgerlichen Welt.
Hyazinth wandert, wie der Held des Volksmärchens, dem Glück, seiner Erlösung entgegen; er durchläuft verschiedene Stationen einer inneren Wandlung, wobei er seine Weltabgewandtheit aufgibt und schließlich in der Liebe zu Rosenblüte die Welt wiederfindet.
Novalis' Märchen wäre also in dem Sinne als Kunstmärchen zu definieren, indem es eine Idee erst voll austrägt.

Vor langen Zeiten lebte weit gegen Abend[1] ein blutjunger Mensch. Er war sehr gut, aber auch über die Maßen wunderlich. Er grämte sich unaufhörlich um nichts und wieder nichts, ging immer still für sich hin, setzte sich einsam, wenn die andern spielten und fröhlich waren, und hing seltsamen Dingen nach. Höhlen und Wälder waren sein liebster Aufenthalt, und dann sprach er immerfort mit Tieren und Vögeln, mit Bäumen und Felsen, natürlich kein vernünftiges Wort, lauter närrisches Zeug zum Totlachen. Er blieb aber immer mürrisch und ernsthaft, ungeachtet sich das Eichhörnchen, die Meerkatze, der Papagei und der Gimpel alle Mühe gaben, ihn zu zerstreuen und ihn auf den richtigen Weg zu weisen. Die Gans erzählte Märchen, der Bach klimperte eine Ballade dazwischen, ein großer dicker Stein machte lächerliche Bocksprünge, die Rose schlich sich freundlich hinter ihm herum, kroch durch seine Locken, und der Efeu streichelte ihm die sorgenvolle Stirn. Allein der Mißmut und Ernst waren hartnäckig. Seine Eltern waren sehr betrübt, sie wußten nicht, was sie anfangen sollten. Er war gesund und aß, nie hatten sie ihn beleidigt, er war auch bis vor wenig Jahren fröhlich und lustig gewesen wie keiner; bei allen Spielen voran, von allen Mädchen gern gesehn. Er war recht bildschön, sah aus wie gemalt, tanzte wie ein Schatz.

1. *im Westen, wo die Sonne untergeht.*

Unter den Mädchen war eine, ein köstliches, bildschönes Kind, sah aus wie Wachs, Haare wie goldne Seide, kirschrote Lippen, wie ein Püppchen gewachsen, brandrabenschwarze Augen. Wer sie sah, hätte mögen vergehn, so lieblich war sie. Damals war Rosenblüte, so hieß sie, dem bildschönen Hyazinth, so hieß er, von Herzen gut, und er hatte sie lieb zum Sterben. Die andern Kinder wußten's nicht. Ein Veilchen hatte es ihnen zuerst gesagt, die Hauskätzchen hatten es wohl gemerkt, die Häuser ihrer Eltern lagen nahe beisammen. Wenn nun Hyazinth die Nacht an seinem Fenster stand und Rosenblüte an ihrem und die Kätzchen auf den Mäusefang da vorbeiliefen, da sahen sie die beiden stehn und lachten und kicherten oft so laut, daß sie es hörten und böse wurden. Das Veilchen hatte es der Erdbeere im Vertrauen gesagt, die sagte es ihrer Freundin, der Stachelbeere, die ließ nun das Sticheln nicht, wenn Hyazinth gegangen kam; so erfuhr's denn bald der ganze Garten und der Wald, und wenn Hyazinth ausging, so rief's von allen Seiten: »Rosenblütchen ist mein Schätzchen!« Nun ärgerte sich Hyazinth und mußte doch auch wieder aus Herzensgrunde lachen, wenn das Eidechschen geschlüpft kam, sich auf einen warmen Stein setzte, mit dem Schwänzchen wedelte und sang:

Rosenblütchen, das gute Kind,
Ist geworden auf einmal blind,
Denkt, die Mutter sei Hyazinth,
Fällt ihm um den Hals geschwind;
Merkt sie aber das fremde Gesicht,
Denkt nur an, da erschrickt sie nicht,
Fährt, als merkte sie kein Wort,
Immer nur mit Küssen fort.

Ach! wie bald war die Herrlichkeit vorbei. Es kam ein Mann aus fremden Landen gegangen, der war erstaunlich weit gereist, hatte einen langen Bart, tiefe Augen, entsetzliche Augenbrauen, ein wunderliches Kleid mit vielen Falten und seltsame Figuren hineingewebt. Er setzte sich vor das Haus, das Hyazinths Eltern gehörte. Nun war Hyazinth sehr neugierig und setzte sich zu ihm und holte ihm Brot und Wein. Da tat er seinen weißen Bart voneinander und erzählte bis tief in die Nacht, und Hyazinth wich und wankte nicht und wurde auch nicht müde zuzuhören. Soviel man nachher vernahm, so hat er viel von fremden Ländern, unbekannten Gegenden, von erstaunlich wunderbaren Sachen erzählt und ist drei Tage dageblieben und mit Hyazinth in tiefe Schachten hinuntergekrochen. Rosenblütchen hat genug den alten Hexenmeister verwünscht, denn Hyazinth ist ganz versessen auf seine Gespräche gewesen und hat sich um nichts bekümmert; kaum daß er ein wenig Speise zu sich genommen. Endlich hat jener sich fortgemacht, doch dem Hyazinth ein Büchelchen dagelassen, das kein Mensch lesen konnte. Dieser hat ihm noch Früchte, Brot und Wein mitgegeben und ihn weit weg begleitet. Und dann ist er tiefsinnig zurückgekommen und hat einen ganz neuen Lebenswandel begonnen. Rosenblütchen hat recht zum Erbarmen um ihn getan, denn von der Zeit an hat er sich wenig aus ihr gemacht und ist immer für sich geblieben. Nun begab sich's, daß er einmal nach Hause kam und war wie neugeboren. Er fiel seinen Eltern um den Hals und weinte. »Ich muß fort in fremde Lande«, sagte er, »die alte wunderliche Frau im Walde hat mir erzählt, wie ich gesund werden müßte, das Buch hat sie ins Feuer geworfen und hat mich getrieben, zu euch zu gehn und euch um euren Segen zu bitten. Vielleicht komme ich bald, vielleicht nie wieder. Grüßt Rosenblütchen. Ich hätte sie gern gesprochen, ich weiß nicht, wie mir ist, es drängt mich fort; wenn ich an die alten Zeiten zurückdenken will, so kommen gleich mächtigere Gedanken dazwischen, die Ruhe ist fort, Herz und Liebe mit, ich muß sie suchen gehn. Ich wollt euch gern sagen, wohin, ich weiß selbst nicht, dahin, wo die Mutter der Dinge wohnt, die verschleierte Jungfrau. Nach der ist mein Gemüt entzündet. Lebt wohl.« Er riß sich los und ging fort. Seine

Eltern wehklagten und vergossen Tränen, Rosenblütchen blieb in ihrer Kammer und weinte bitterlich. Hyazinth lief nun, was er konnte, durch Täler und Wildnisse, über Berge und Ströme, dem geheimnisvollen Lande zu. Er fragte überall nach der heiligen Göttin (Isis) Menschen und Tiere, Felsen und Bäume. Manche lachten, manche schwiegen, nirgends erhielt er Bescheid. Im Anfange kam er durch rauhes, wildes Land, Nebel und Wolken warfen sich ihm in den Weg, es stürmte immerfort; dann fand er unabsehliche Sandwüsten, glühenden Staub, und wie er wandelte, so veränderte sich auch sein Gemüt, die Zeit wurde ihm lang, und die innre Unruhe legte sich, er wurde sanfter und das gewaltige Treiben in ihm allgemach zu einem leisen, aber starken Zuge, in den sein ganzes Gemüt sich auflöste. Es lag wie viele Jahre hinter ihm. Nun wurde die Gegend auch wieder reicher und mannigfaltiger, die Luft lau und blau, der Weg ebener, grüne Büsche lockten ihn mit anmutigen Schatten, aber er verstand ihre Sprache nicht, sie schienen auch nicht zu sprechen, und doch erfüllten sie auch sein Herz mit grünen Farben und kühlem, stillem Wesen. Immer höher wuchs jene süße Sehnsucht in ihm, und immer breiter und saftiger wurden die Blätter, immer lauter und lustiger die Vögel und Tiere, balsamischer die Früchte, dunkler der Himmel, wärmer die Luft und heißer seine Liebe, die Zeit ging immer schneller, als sähe sie sich nahe am Ziele. Eines Tages begegnete er einem kristallnen Quell und einer Menge Blumen, die kamen in ein Tal herunter zwischen schwarzen himmelhohen Säulen. Sie grüßten ihn freundlich mit bekannten Worten. »Liebe Landsleute«, sagte er, »wo find ich wohl den geheiligten Wohnsitz der Isis? Hier herum muß er sein, und ihr seid vielleicht hier bekannter als ich.« – »Wir gehn auch nur hier durch«, antworteten die Blumen; »eine Geisterfamilie ist auf der Reise, und wir bereiten ihr Weg und Quartier, indes sind wir vor kurzem durch eine Gegend gekommen, da hörten wir ihren Namen nennen. Gehe nur aufwärts, wo wir herkommen, so wirst du schon mehr erfahren.« Die Blumen und die Quelle lächelten, wie sie das sagten, boten ihm einen frischen Trunk und gingen weiter. Hyazinth folgte ihrem Rat, frug und frug und kam endlich zu jener längst gesuchten Wohnung, die unter Palmen und andern köstlichen Gewächsen versteckt lag. Sein Herz klopfte in unendlicher Sehnsucht, und die süßeste Bangigkeit durchdrang ihn in dieser Behausung der ewigen Jahreszeiten. Unter himmlischen Wohlgedüften entschlummerte er, weil ihn nur der Traum in das Allerheiligste führen durfte. Wunderlich führte ihn der Traum durch unendliche Gemächer voll seltsamer Sachen auf lauter reizenden Klängen und in abwechselnden Akkorden. Es dünkte ihm alles so bekannt und doch in niegesehener Herrlichkeit, da schwand auch der letzte irdische Anflug, wie in Luft verzehrt, und er stand vor der himmlischen Jungfrau, da hob er den leichten, glänzenden Schleier, und Rosenblütchen sank in seine Arme. Eine ferne Musik umgab die Geheimnisse des liebenden Wiedersehns, die Ergießungen der Sehnsucht, und schloß alles Fremde von diesem entzückenden Orte aus. Hyazinth lebte nachher noch lange mit Rosenblütchen unter seinen frohen Eltern und Gespielen, und unzählige Enkel dankten der alten wunderlichen Frau für ihren Rat und ihr Feuer; denn damals bekamen die Menschen so viel Kinder, als sie wollten.

CLEMENS BRENTANO

Das Märchen von dem Rhein und dem Müller Radlauf (Auszug)

Die Entstehungszeit von Brentanos Märchen ist nicht genau fixierbar; außer »Gockel, Hinkel und Gackeleia« wurde von ihm kein Märchen veröffentlicht. 1809/10 begann er, Material für die »Italienischen Märchen« zu sammeln. An die

Brüder Grimm schrieb er am 3. September 1810: »Ich habe jetzt angefangen Kindermärchen zu schreiben und Ihr könnt mir eine große Liebe erweisen, wenn Ihr mir mitteilt, was Ihr derart besitzt. Da ich sie ganz frei nach meiner Art behandle, so entgeht Euch nichts dadurch.« Die »Rheinmärchen« sind noch später entstanden, so daß man sie etwa um 1815 ansetzt. Der »Müller Radlauf« bildet den Auftakt der »Rheinmärchen«, die sehr kunstvoll angelegt sind: Radlauf, schließlich König geworden, beginnt mit der ersten Fortsetzung, dem Vater Rhein wird das nächste Märchen erzählt, um die Prinzessin Ameleya und die Mainzer Kinder, die auf seinem Grund liegen, wieder auszulösen. Brentano fühlt sich überlieferten Märchenstoffen und Sagen verpflichtet; im »Müller Radlauf« verwendet er die Sagen vom Rattenfänger von Hameln, vom Bischof Hatto von Mainz und dem Binger Mäuseturm sowie die ausgestaltete Loreleysage. Aber schon wie in den Wunderhorn-Liedern verwandelt er die Stoffe auch hier in seinem drauflosfabulierenden Duktus, wahrt aber dabei den volkstümlichen Charakter. Wie in Grimms Märchen herrscht die gerechte Weltordnung, nach der auch das Schlimmste schließlich noch gut endet, das Gute über das Böse siegt. In Brentanos Verwandlungsprozeß werden die Tiere Figuren des magischen Bereichs, ohne daß die Natur insgesamt dämonisiert wird; Elementargeister wie der Vater Rhein werden andererseits geradezu verbürgerlicht. Eine Entfremdung von Natur und Mensch findet nicht statt. Es entsteht eher ein komischer Effekt durch die Verbindung von hoher und niederer Welt, von Mensch und Tier, Mensch und Natur, Bürgerwelt und Königswelt. Der Sinn seiner Märchen liegt nicht nur im Ausspielen des Wunderbaren und dessen absoluter Trennung von der Realität. Er gibt ihm einen durchaus erzieherischen Zug gegenüber der ungerechten Wirklichkeit. Radlauf erfüllt seine Aufgaben und baut auf das Wort des Königs. Dieser wird wortbrüchig und muß schließlich wegen seiner bösen Taten Radlauf weichen. Radlauf handelt stets wie er träumt, und alles wird gut. Hier hat der Traum fast noch eine aufklärerische Funktion, während sonst der Traum in der romantischen Dichtung immer zum Ursprung zurückführt.

Wie der Müller Radlauf dem Rhein ein Lied sang und einen Traum hatte

Im Rheingau, wo jetzt Rüdesheim liegt, stand vor undenklichen Zeiten eine einsame Mühle am Rhein, umgeben von einer grünen und blumenvollen Wiese. Auf dieser Mühle wohnte Radlauf, ein junger frommer Müllerbursche. Er lebte mit der ganzen Welt in Frieden, gab den Armen gern ein Mäßchen Mehl umsonst und streute seine Brosamen den Fischen und Vögeln aus. Jeden Abend setzte er sich auf den Mühldamm hinaus und hatte da seine Freude an den schönen grünen Wellen des Rheins, an den Ufern, die sich spiegelten, und den Fischen, die vor Lust aus der Flut emporsprangen. Ehe er aber schlafen ging, flocht er immer noch einen schönen Blumenkranz und sang dem alten Rhein ein Lied vor, ihm seine Ehrfurcht zu beweisen. Am Schlusse des Liedes warf er dann den Kranz in die Wellen, die ihn freudig hinuntertrugen, und wenn Radlauf den Kranz nicht mehr schwimmen sah, ging er ruhig nach seiner Mühle, um zu schlafen. Das Lied aber, welches er gewöhnlich sang, lautete also:

Nun gute Nacht! mein Leben,
Du alter, treuer Rhein.
Deine Wellen schweben
Klar im Sternenschein;
Die Welt ist rings entschlafen,
Es singt den Wolkenschafen
Der Mond ein Lied.

Der Schiffer schläft im Nachen
Und träumet von dem Meer;
Du aber, du mußt wachen

Und trägst das Schiff einher.
Du führst ein freies Leben,
Durchtanzest bei den Reben
Die ernste Nacht.

Wer dich gesehn, lernt lachen;
Du bist so freudenreich,
Du labst das Herz der Schwachen
Und machst den Armen reich.
Du spiegelst hohe Schlösser
Und füllest große Fässer
Mit edlem Wein.

Auch manchen lehrst du weinen,
Dem du sein Lieb entführt;
Gott wolle die vereinen,
Die solche Sehnsucht rührt:
Sie irren in den Hainen,
Und von den Echosteinen
Erschallt ihr Weh.

Und manchen lehret beten
Dein tiefer Felsengrund;
Wer dich im Zorn betreten,
Den ziehst du in den Schlund:
Wo deine Strudel brausen,
Wo deine Wirbel sausen,
Da beten sie.

Mich aber lehrst du singen:
Wenn dich mein Aug ersieht,
Ein freudeselig Klingen
Mir durch den Busen zieht;
Treib fromm mir meine Mühle,
Jetzt scheid ich in der Kühle
Und schlummre ein.

Ihr lieben Sterne, decket
Mir meinen Vater zu,

Bis mich die Sonne wecket,
Bis dahin mahle du:
Wirds gut, will ich dich preisen,
Dann sing in höhern Weisen
Ich dir ein Lied.

Nun werf ich dir zum Spiele
Den Kranz in deine Flut:
Trag ihn zu seinem Ziele,
Wo dieser Tag auch ruht.
Gut Nacht, ich muß mich wenden,
Muß nun mein Singen enden,
Gut Nacht, mein Rhein!

Dieses Lied und der Kranz freuten den alten Rhein immer gar sehr; er gewann den Müller Radlauf darum gar lieb und trieb ihm sein Rad gar ordentlich, nicht zu langsam und nicht zu geschwind.

Einstens träumte dem Müller: er gehe auf seine Wiese und wolle dem alten Rhein den gewöhnlichen Blumenkranz winden, er finde aber auf der Wiese gar keine anderen Blumen als nur Rittersporn und Kaiserkronen und Königskerzen und Schwertlilien und Ehrenpreis und dergleichen vornehme ritterliche Gewächse; er aber scheue sich mit seinen bürgerlichen Händen nicht, breche die edlen Blumen nach Herzenslust und freue sich, seinem alten Freund, dem adlichsten der Flüsse, einen recht prächtigen Kranz daraus zu winden. Als er nun diesen im Traume in die Wellen warf, tauchte unter demselben ein alter, sehr ernsthafter und doch liebreicher Mann aus der Flut; sein grünes Schilfhaar war mit einer goldenen Rebenkrone umgeben, in deren Zweigen der Blumenkranz Radlaufs ruhte. In den Armen hielt er ein wunderschönes Jungfräulein und setzte sie vor Radlauf, der am Ufer niedergekniet war, auf den Strand. Die Jungfrau, träumte er weiter, habe sich ihm freundlich genaht, ihm eine köstliche alte Krone aufgesetzt und ihn dann an der Hand aufgehoben, um ihn nach seiner Mühle zu begleiten. Aber da er mit ihr über die Wiese gegangen, sei auch gar kein anderes Kraut mehr darauf zu sehen gewesen als nur Mausohr, worüber sie beide sehr erschrocken seien; denn das Mausohr sei dermaßen gewachsen, daß es sie ganz umklammert habe; dann aber sei ein Kraut, Katzenschwanz, emporgeschossen, und rings an allen Hecken und Bäumen so viele Weiden- und Palmkätzchen, wie sie am Palmsonntag in der Kirche eingesegnet werden, und habe das Mausohr ganz wieder verschlungen. Während alledem sah er im Traume den alten Wassermann in dem Rheine zornig herumspringen und ganze Berge von Wellen in die Höhe werfen, und seine Mühle schimmerte ihm wie ein Schloß am Bergfuß entgegen. Darüber erwachte der Müller in großen Ängsten.

Wie des Müllers Traum wahr geworden

Der Traum war so lebhaft gewesen, daß Radlauf sich die Augen nicht lange rieb. Er sprang von seinem Lager und eilte hinaus auf die Wiese, um nach den vornehmen Blumen zu sehen, von denen er geträumt hatte. Da aber war alles wie sonst: Gänseblümchen die Menge und hier und da ein frisches Maiglöckchen und viel Butterblumen, auch im Schatten noch einige Veilchen. Die Sonne guckte eben mit den äußersten Spitzen ihrer goldenen Augenwimpern über den Rochusberg, welcher der Mühle gegenüber jenseits des Rheins lag, hervor. Radlauf trat auf den Mühldamm hinaus, den Rhein zu beobachten; denn sein Traum stand ihm so klar vor Augen, daß er glaubte, es müsse alle Augenblicke der alte Wassermann hervortauchen und ihm die schöne Prinzessin entgegenreichen.

Wie er so auf die Wellen niedersah, hörte er auf einmal eine herrliche Musik; da zitterte ihm das Herz vor Freude, und er dachte schon, das könne etwas bedeuten. Als aber plötzlich Pauken und Trompeten durch die Luft tönten und aus dem Echo widerschmetterten: hob er seine Blicke den Rhein aufwärts und sah von Mainz herab ein goldenes

Schiff fahren, worauf der König und die Königin von Mainz nebst ihrer Tochter, der Prinzessin Ameleya, saßen, umgeben von vielen Hofdamen, Kammerherren, Rittern und Musikanten.

Merkwürdig war in dieser Gesellschaft, daß der größte Teil der Dienerschaft keinen Anteil an der Musik zu nehmen schien; denn der ganze Hofstaat hatte nur Ohren für das Schnurren und Spinnen einer großen Katze mit funkelnden Augen, die auf dem Schoße der Königin ruhte und mit dem Schweife wedelte. Alle schienen hierin eine Vorbedeutung großer Ereignisse zu sehen.

Die mächtigen Leute hatten damals den Brauch, gewisse bedeutungsvolle Tiere als Hof- und Leibtiere mit sich herumzuführen, welche lebendige Würdeträger innerlicher Eigenschaften und Geistesrichtungen ihres Stammes oder ihrer Person waren. Manche führten Löwen, Adler, Bären, Leoparden, Falken, Schwäne, Kraniche und dergleichen Tiere bei sich, diese alte Königin aber eine Katze. Diese Tiere waren zu einer großen Ruhe und Gleichmütigkeit erzogen und durften nur im äußersten Fall durch ein bescheidenes, vieldeutiges Zeichen ihre innere Gemütsstimmung bemerklich machen. Denn von ihrem Betragen hing Glück und Leben von Land und Leuten ab; weil sie als Barometer für den Erfolg einer jeden Staatsangelegenheit betrachtet wurden, nach deren Äußerungen man Krieg und Frieden, Bündnisse und Heiraten schloß. Ging aber ein solcher Handel schief: so setzte man das Tier ab, jagte es in den Wald oder brachte es sonst beiseite und nahm ein anderes an dessen Stelle. Manchmal bei großen Veränderungen nahm man größere, mächtigere Tiere an die Stelle; so kamen Tiger, Leoparden und Löwen an die Stelle der Katzen. Es waren diese Gebräuche mit der alten Zeichendeuterei verwandt, nach welcher berühmte Helden vor jedem wichtigen Geschäft erst aus dem Fluge der Vögel, dem Lauf der Tiere, dem Fressen der Hühner Glück und Unglück vorhersehen wollten. In späteren Zeiten wuchsen die Leidenschaften der Menschen so, daß kein Tier mehr groß genug war, sie vorzustellen. Auch waren die Löwen, Adler und Elephanten wegen ihrer Unbändigkeit und Größe unbequem und unanständig; denn die Menschen wurden äußerlich zahmer und weichlicher. Da machten gelehrte Leute die Erfindung, nur die Abbildung der ehemaligen Hof- und Leibtiere mit herumzuführen und statt derselben geschickte, wohlerzogene Menschen anzustellen, welche sich nicht gleich alles merken ließen, damit man sich erst auf jeden Fall gehörig vorbereiten konnte. Es war dieses gewiß eine vortreffliche Erfindung, der wir Ruh und Frieden zu verdanken haben. Aus diesen Abbildungen der Hof- und Leibtiere entstanden die Wappen, und man kann aus den seltsamen Figuren der auf denselben abgebildeten Tiere sich eine Vorstellung machen, wie wunderbar Erziehung und Hofbrauch die ehemaligen Hoftiere zugestutzt hatten. Zu dieser wohltätigen Veränderung sollen die traurigen Begebenheiten mit beigetragen haben, welche durch die wenige Zurückhaltung der großen Katze auf dem Schoße der Königin von Mainz in dieser Geschichte veranlaßt wurden. Wenngleich alle diese abergläubischen alten Händel längst vergessen sind, so ist doch hie und da noch eine Spur übrig geblieben, wie man an den Wollflocken, welche die Vögel zu ihren Nestern von den Dornhecken sammeln, sehen kann, daß vorübergezogene Schafherden sie daran hängen ließen, und so soll das Sprüchwort: ›Es kommt Besuch, denn unsre Katze putzt sich‹, noch von der prophetischen Gewohnheit jener Katze herkommen, sich vor jeder Ankunft hoher Gäste fein sauber zu belecken und zu putzen.

Heute aber war die Aufmerksamkeit nicht ohne Ursache auf das Betragen der Katze gerichtet; denn die königliche Familie fuhr dem versprochenen Bräutigam ihrer einzigen Tochter, der Prinzessin Ameleya, entgegen, dem Prinzen Rattenkahl von Trier, der mit der alten Königin von Trier den Rhein herauffahren sollte.

Es war nicht ganz unbekannt geblieben, daß diese Familie ein Hof- und Leibtier von sehr verschiedener Gemütsart mit sich führte; aber ein altes Staatslied enthielt die Prophezeiung, daß am Bingerloch durch Zusammenkunft von Katz und Ratz eine hohe glückliche Verbindung und eine neue glückliche Zeit eintreten sollte. Das Liedlein sagte folgendes:

Gute Zeit! wenn Ratz und Katz
Einig auf des Rheines Flut
Hingeleiten Schatz zu Schatz,
Alles wird dann werden gut.
Glück, dann hält des Rades Lauf
Hochzeitskranz und Krone auf.

Weil nun die Familie des Prinzen Rattenkahl eine ausgezeichnete Ratze mit sich zu führen pflegte: so hielt man das heutige Begegnen der beiden Schiffe, welche Ratz und Katz und auch den herzallerliebsten Schatz, die Prinzessin Ameleya, mit sich führten, für die Erfüllung jenes alten Reims, und die Hofmusikanten spielten gar keine andere Melodie, was schier langweilig war.

Die schöne Ameleya war sehr begierig, ihren Bräutigam zu sehen, mit welchem ihr ein so großes Glück kommen sollte, und sie hatte sich ganz vornhin auf den Schnabel des Schiffes gesetzt, so daß ihre blonden Locken wie ein goldenes Wimpel wehten. Sie trug ein grünsamtenes Kleid, mit goldenen Träublein gestickt, und spielte mit einem goldenen Ruder nachlässig in den Wellen, während sie dann und wann durch die hohle Hand in das dunkle Felsental hineinsah, in welches sich der Rhein aus dem heiteren und lichten Rheingau ergießt, als wolle er mit seinem feurigen Wein einen kühlen Keller suchen. Radlauf wendete kein Auge von der schönen Prinzessin; denn ihm schien nicht anders, als daß sie die nämliche sei, welche ihn im Traum so sehr erfreut hatte. Dazu kam noch, daß er in dem Gesange von dem Schiffe her, in den Worten ›Schatz, Glück, Rades Lauf‹ immer von einem besonderen Glück zu hören glaubte, das dem Radlauf begegnen sollte.

Da erhob sich aber auf einmal ein starker Wind, und das Schiff der Königin von Trier strich mit vollen Segeln bei dem Binger Loche heraus und war in wenigen Minuten dem Mainzer Schiff sehr nahe. Der Bräutigam, Prinz Rattenkahl, saß auch auf dem Schiffsschnabel, seine Braut desto eher zu erblicken. Aber er sah nicht zum besten aus. Wenn er gleich ein guter Herr von großen persönlichen Eigenschaften sein mochte: so stand ihm doch sein kahler spitzer Kopf, sein sehr dünner aber langer Schnurrbart und der enge Pelz von schwarzen und weißen Mäusefellen mit einem langen Rattenschwanz daran sehr unvorteilhaft. Hinter ihm saß auf einem ledernen Stuhl seine Mutter, die Königin von Trier, eine sehr alte Dame, die so beschäftigt war, die große Staatsratze, die ihr auf einem großen Samtkissen im Schoße lag, mit Zuckerbretzeln zu füttern, daß sie von allem um sie her nichts hörte und nichts sah; denn die Ratze schien besonders unruhig und wollte sich immer verstecken. Nun kamen sich die Schiffe sehr nah, und die Mainzer Musikanten machten einen gewaltigen Lärm mit ihrem alten Staatsgesang, den sie mit Pauken und Trompeten begleiteten.
Nun war der wichtige Augenblick der Erfüllung des alten Staatsreims herangekommen: keine Miene verzog sich auf den beiden Schiffen; hier schaute alles nach der Katze, dort nach der Ratze, welche sich beide auch in äußerster Stille verhielten; man erwartete das große Glück.
Die schöne Ameleya, etwas über das Aussehen ihres Bräutigams verlegen, wendete ihr Köpfchen gegen Radlaufs Mühle hin, und Radlauf rückte auf den äußersten Rand seines Mühldamms. Nun ertönte der alte Staatsreim noch einmal, und die Erfüllung stand nicht länger auf dem Sprung.
Die Katze fuhr wie ein Blitz über die schöne Ameleya weg nach der Ratze in das andere Hochzeitsschiff hinüber, die ebenso geschwind vor ihr in einen Winkel schoß; die alte Königin war mit ihrem Stuhle umgefallen; aber, o Unglück! der schönen Ameleya entfiel das goldene Ruder, sie

bückte sich darnach und stürzte in die Flut, und, plumps! sprang Radlauf mit gleichen Beinen in den Rhein, sie zu retten.

Auf den beiden Schiffen war alles in der größten Verwirrung. Die alte Königin von Trier schrie wie rasend: »Staatsratz! o Staatsratz!« – Die alte Königin von Mainz aber schrie: »Staatskatz! o Staatskatz!« denn der Prinz Rattenkahl trieb diese dermaßen mit dem Ruder im Schiff herum, daß sie sich endlich auf den Mastbaum rettete. Diese Verwirrung mehrten die Musikanten noch, die wie toll und rasend drauflos paukten und trompeteten, worüber der König von Mainz endlich so unwillig ward, daß er den Pauker und zwei Trompeter ins Wasser stieß. Da ward es etwas geräumiger und stiller, und er konnte das Jammern der Hofdamen über das Unglück der Prinzessin Ameleya erst verstehen, und nun erhob er ein großes Wehgeschrei. Er trat auf die Spitze des Schiffs, wo sie hinabgestürzt war, und rief dem Trierischen Prinzen Rattenkahl zu: »O, teuerster Herr Schwiegersohn! retten Sie Ihre Braut!« Rattenkahl aber hörte und sah nichts vor Zorn über die Katze, die er noch immer herumhetzte, um sie aus dem Schiffe zu bringen, und schrie immer mit seiner Mutter zugleich: »Ins Wasser mit der Katze, sie soll ertrinken!«

Da warf der König von Mainz ihm aus Zorn die Krone an den Kopf, aber sie traf ihn nicht und flog in den Rhein.

Nun wendete sich der König zu seinem Gefolge und rief aus: »Wer mir meine Tochter rettet, der soll sie zur Frau haben und meine Krone dazu!«

Die Musikanten wollten platterdings nicht retten und schützten vor: das Wasser verderbe das Gehör, verstimme die Geigen, stehe gar zu tief unter dem Kammerton, habe keine Resonanz und könne man leicht in den tiefen Noten aus dem Takt kommen. Einige Ritter sprangen in den Fluß, aber ihre Waffen zogen sie alle in den Grund. Mehrere Hofdamen jagte der verzweifelte König nun selbst hinein; aber ihre breiten, steifen Röcke hielten sie oben wie Fischkasten, dabei jammerten sie, es komme ihnen kalt an die Beine und sie würden von Fischen gebissen. Hierzu raste der König um seine Tochter, die Königin jammerte um die Katze, die Musikanten spielten und schrieen den Staatsreim in einem betrübten Ton toll durcheinander; denn die Damen und Pauker und Trompeter, die um das Schiff herumschwammen, faßten sie an den Haarzöpfen, um sich herauszuhelfen. Da tat die gehetzte Staatskatze plötzlich einen Satz nach dem Mainzer Schiff, sie hatte aber nicht gut gemessen und fiel ins Wasser, worüber Rattenkahl lachte, daß ihm der Mäusepelz auf den Schultern tanzte, seine Mutter aber, die alte, böse Königin von Trier, vor Freuden in die Hände patschte. Sie hatte sich die ganze Zeit mit ausgebreiteter Schürze in den Winkel des Schiffs vor die Staatsratze gesetzt und, um die Katze von sich zu scheuchen, wie ein Hund gebellt. Die Katze aber wurde von einem schwimmenden Edelknaben mit dem Ellenbogen wieder in das Schiff geschleudert und ist später aus dieser Tat ein ganzer Landesname, Katzenellenbogen, entstanden.

Als aber Rattenkahl noch mit dem Ruder so nach ihr schlug, daß das Wasser dem König von Mainz die ganze Frisur verdarb, kam dieser in einen solchen Grimm, daß er ausrief:

»So wollt ich dann, daß dich das Bingerloch mit Mann und Maus verschlänge und die Felsensteine rings dazu lachten!«

Darauf aber erwiderte die Königin von Trier nichts als mit einer recht spitzigen feinen Stimme: »Ei, daß dich das Mäuschen beiß!«

Die Königin von Mainz herzte und trocknete indes ihre Lieblingskatze, und der König wendete seinen ganzen Zorn nun auf sie, weil er behauptete: diese verwünschte Katze habe all das Unglück herbeigeführt; und sie begannen beinahe schon zu raufen, als der alte Rhein das unartige Betragen all dieser häßlichen Herrschaften nicht mehr länger mit ansehen konnte und plötzlich einen heftigen Sturm in seinen Wellen zu erheben begann. Da flogen die beiden Schiffe wie

Spreu auseinander. Das Mainzer Schiff flog gegen Mainz, das Trierische gegen Koblenz zurück. Da das letzte aber bei Bingen um die Ecke herum fuhr, ward die Verwünschung des Königs von Mainz schon an ihm wahr: der Strudel faßte das Schifflein und drehte es herum wie einen Kreisel, immer geschwinder und geschwinder; da lautete es, als wenn sich ein Riese gurgelte, und auf einmal war das Schiff voll Wasser, und Rattenkahl, seine Mutter und die Ratze verschwanden mit ihm. Die Felsen aber lachten rings dazu: »Klick, klack, klack!« als wenn man mit tausend Peitschen knallte.

So ward der Fluch des Mainzer Königs wahr und der Traum des frommen Müllers Radlauf auch und der alte Staatsreim auch; denn sein Freund, der alte Rhein, trieb dem schwimmenden Radlauf den Schatz, die schöne Ameleya, richtig in die Arme.

Mit ungemeiner Anstrengung arbeitete er, die schon halbtote Prinzessin nach seinem Mühldamm hinzubringen, und da er merkte, daß er selbst auch die Besinnung zu verlieren begann, umfaßte er die Prinzessin fest mit beiden Armen und rief in Gedanken den Vater Rhein um Hülfe an, der ihn nicht verließ und mit Ameleya gleich neben seiner Mühle, auf der schönen Wiese, ans Land warf, wo sie beide ohnmächtig wie tot nebeneinander lagen.

Wie Radlauf die schöne Ameleya in seine Mühle führt

Der Rhein war schon wieder ganz ruhig und spiegelglatt, und die Sonne schien warm hernieder; da erwachte Radlauf aus seiner Betäubung.

Ach! wie war er verwundert, als er die schöne Prinzessin in ihrem grünen goldgestickten Samtrock neben sich im Grase liegen sah.

Schnell sprang er auf und kniete wieder vor ihr nieder und flüsterte: »Ach, allerholdseligste Prinzessin! wollen Sie nicht aufstehen und sich in meine Mühle bemühen?« Da sie aber

kein Zeichen von sich gab, kam er in die größte Angst, und dachte erst, daß sie wohl gar könne ertrunken sein.
Nun besann er sich hin und her, was er für Mittel gehört hatte, Ertrunkene wieder zu sich selbst zu bringen. Aber es wollte ihm keines recht gefallen; er wagte keines aus Schüchternheit anzuwenden; so sehr unwürdig fühlte er sich, die Prinzessin zu berühren.
Das gewöhnliche Mittel, sie auf den Kopf zu stellen, fiel ihm zuerst ein; aber wie konnte er, dem es schon durch Mark und Bein ging, wenn er einen Laib Brot auf der oberen Seite liegen sah, auch nur den Gedanken ertragen, eine Prinzessin auf den Kopf zu stellen? Dann fiel ihm ein, daß man solchen Betäubten Federn unter der Nase verbrenne, um sie durch den scharfen Geruch zu sich zu bringen; aber auch dieses Mittel schien ihm erschrecklich; er hätte sich nie verzeihen können, einer so schönen Nase etwas Häßliches in die Nähe zu bringen. Da er also gar nichts wußte, fing er, neben ihr knieend, von ganzem Herzen zu beten an: der liebe Gott möge die schöne Ameleya doch wieder zum Leben zurückrufen.
Wie er so betend ihr in das liebliche Angesicht schaute, summte eine kleine goldene Biene um sie her und wollte sich eben auf ihren roten Mund, den sie für eine duftende rote Nelke hielt, niederlassen. Da vergaß Radlauf in der Angst, die Biene möge die Prinzessin stechen, alle seine vorige Schüchternheit und gab der schönen Ameleya, als er die Biene verjagen wollte, eine ziemliche Ohrfeige, nach welcher sie mit einem tiefen Seufzer die Augen aufschlug und erwachte.
Radlauf kniete noch zitternd neben ihr und sprach in der tiefsten Ehrerbietung: »O allerholdseligste Prinzessin! verzeihen Sie mir, daß ich Ihnen eine Ohrfeige gegeben, aber ich versichere Dieselben, der Schlag war allein auf eine unverschämte Biene gemünzt, welche Dero lieblichen Mund für etwas anderes, z. B. eine rote Blume ansah und Honig darauf sammeln wollte. Als ich diese nun erschlagen wollte,

entwischte sie unter meiner Hand, und diese hatte das Unglück, der allerholdseligsten Prinzessin Wange nur allzuderb zu berühren. Ich flehe nun um Verzeihung; ist aber mein Verbrechen wirklich so groß, als ich es fühle, so bitte ich Dieselben, mir alsogleich den Tod zu geben.«

Die schöne Ameleya hörte diese Worte des Müllers kaum, so betäubt war sie noch, und da sie sich endlich aufrichtete und auf ihren Füßen fest wie eine schöne Bildsäule am Rhein dastand und gar nichts von der Ohrfeige zu wissen schien, tat er auch weiter keine Erwähnung davon.

Die Prinzessin sah bange den Rhein hinauf, da hörte sie noch in weitester Entfernung eine Trauermusik erschallen, mit welcher das Schiff ihrer Eltern nach Mainz zurückruderte. Das beruhigte einigermaßen ihr Herz; denn wo ihr Bräutigam, der Prinz Rattenkahl, hingekommen sein möge, das kümmerte sie gar nicht, weil sie eigentlich aus Schrecken über dessen unangenehmes Aussehen in das Wasser gefallen war.

Nun kniete sie nieder und dankte Gott von Herzen, daß er sie so wunderbarlich errettet habe, und wandte sich dann zu Radlauf, dem sie nun auch von Herzen dankte und ihn bat, sie in seine Mühle zu führen, damit sie ein wenig schlafen könne.

Radlauf konnte vor Freuden und Entzücken, als die schöne Prinzessin mit ihm sprach, gar kein Wort vorbringen. Er machte bloß eine untertänige Verbeugung, und als sie nach der Mühle zu wandelte, ging er hinter ihr her, teils aus Ehrerbietung, teils damit ihr die vom Rheinwasser noch sehr nasse Schleppe nicht so kalt an die Beine schlagen sollte. Der Prinzessin gefiel diese Artigkeit des Müllers gar sehr, und sie sah dann und wann um und nickte ihm freundlich mit dem Kopf. Er aber sah ganz beschämt an den Boden, und wie erstaunte er nicht, als er überall, wo die schöne Ameleya ihren Fuß auf der Wiese hinsetzte, lauter Ehrenpreis und Königskerzen und Rittersporn und andere adelige Blumen aufblühen sah, worauf er wieder sehr an seinen Traum gedachte.

So traten sie in die klappernde und stäubende Mühle, und als er sie in seine Stube gebracht, redete sie mit großer Freundlichkeit einige Worte zu ihm; doch konnte er ihre Stimme nicht verstehen vor dem Mühlgeräusch, und er wollte sich schon wegbegeben, die Mühle festzustellen, aber sie blieb in demselben Augenblick von selbst stehen, was ihn zu einer andern Zeit gewiß sehr verwundert hätte, ihm jetzt aber gar nicht auffiel, so beschäftigt war er mit seinem vornehmen Besuch und besonders mit dem Gedanken, was in aller Welt er ihr wohl für eine Mahlzeit auftischen sollte.

Radlauf verbeugte sich vor Ameleya und bat sie, sich es bequem zu machen; er legte ihr weiße Tücher über sein Bett, setzte ihr frisches Wasser hin und feine Kleie zum Waschen, auch sein bestes Handtuch und einen ganz neuen buchsbaumenen Kamm, den er selbst geschnitten hatte, wie auch das Brauthemd seiner verstorbenen Mutter und die Hochzeitkleider derselben, damit sich die Prinzessin umkleiden könne; dann machte er ein Feuer auf den Herd, teils ihr etwas zu kochen, teils auch die durchnäßten Kleider zu trocknen.

Alles das tat er still, ohne ein Wörtchen zu sagen. Die Prinzessin war auch ganz still und sah ihm zu, wie er alles so fleißig und bedachtsam und bescheiden besorgte, was ihr etwa angenehm sein könnte. Nun nahm er noch seine eigenen Sonntagskleider aus dem Kasten, hängte sie über den Arm, legte ein Stückchen Kreide auf den Tisch, ließ sich dann auf ein Knie nieder und sprach: »Allerholdseligste Prinzessin! wenn Sie sich der wenigen Bequemlichkeit in der Stube eines armen Müllers bedient haben, geruhen Sie mit dieser Kreide hier an die schwarze Küchentüre Ihre sämtlichen Leibspeisen aufzuzeichnen, damit ich hernach wieder hereinkomme und sehe, womit ich Sie in der Eile zu erquicken vermag.«

Die Prinzessin war durch die Artigkeit des Müllers sehr gerührt, brach die Kreide entzwei und gab dem Müller ein

Stück mit den Worten: »Nimm hin, mein lieber Radlauf! begebe dich in die Küche und schreib auf die andre Seite der Türe deine Leibspeisen, und diejenigen, welche wir beide zugleich werden aufgeschrieben haben, sollst du mir dann bereiten.« Radlauf nahm die Kreide und sprach: »Nicht allein dieses, sondern auch alles andere, was Sie wünschen könnten, schwöre ich Ihnen zuzubereiten, wenn es in meinem Vermögen steht.« Nun machte er eine Verbeugung und begab sich nach der Küche.

FRIEDRICH DE LA MOTTE FOUQUÉ

Geb. 12. Januar 1777 in Brandenburg, gest. 23. Januar 1843 in Berlin. Entstammte einer französischen Hugenottenfamilie. 1794 Leutnant der preußischen Armee. Gehörte 1811 zum Kreis der »Christlich-deutschen Tischgesellschaft« in Berlin. 1813 Freiwilliger in den Freiheitskriegen. Ab 1831 hielt er Vorlesungen über Geschichte der Zeit und Poesie in Halle a. d. Saale. Von Friedrich Wilhelm IV. nach Berlin berufen, wo er 1840–42 mit Karl Ludwig von Alvensleben die *Zeitung für den deutschen Adel* herausgab.

Werke: *Der Held des Nordens* Dr.-Trilogie (1808–10); *Undine* E. (1811); *Der Zauberring* R. (1813); *Der Sängerkrieg auf der Wartburg* Dr. (1828).

Die Reise nach Wien
(Undine, 15. Kapitel)

Fouqué nennt seine »Undine« (1811) im Untertitel eine Erzählung. Sie ist in der Tat nichts weniger als das Märchen vom Doppelwesen Undine, halb Weib, halb Fisch. Daraus ergeben sich der märchenhafte Spannungseffekt und die dämonische Dimension. Ritter Huldbrand hat sich in Liebe mit Undine verbunden, als er in Konflikt gerät durch die neue Anziehungskraft seiner ehemaligen Geliebten Bertalda. Fouqué spart nun den denkbaren realistischen Bericht völlig aus, um in der märchenhaften Verdichtung der inneren Veränderung zwischen Huldbrand und Undine zu erzählen, wie Huldbrand Undine kränkt und verstößt. Dazu sagt er im 13. Kapitel selbst: »Er weiß wohl, daß man es recht kunstgemäß und Schritt vor Schritt entwickeln könnte, [...] man könnte dies alles, weiß der Schreiber, ordentlich ausführen, vielleicht sollte man's auch. Aber das Herz tut ihm dabei allzu weh, denn er hat ähnliche Dinge erlebt und scheut sich in der Erinnerung auch noch vor ihrem Schatten.« Dies wäre der einzig mögliche Bezugspunkt auf eine Wirklichkeit außerhalb des Märchens. Obwohl Huldbrand sich nach Undines Verschwinden mit Bertalda vermählt, wird er in der Hochzeitsnacht dazu getrieben, am Kuß der als Geist wiedergekehrten Undine zu sterben. Die dämonischen Elementargeister erzwingen die Wiedervermählung. Das Wasser in Gestalt seines Boten Kühleborn wirkt hier dämonisch märchenhaft in die Menschenwelt hinein, dringt immer wieder in den Bereich des Ritters, um Undine an ihre wahre Heimat zu erinnern. Fouqué war durch Jakob Böhme (1575 bis 1624) auf eine Schrift des Paracelsus (1493–1541) aufmerksam geworden, die sich mit den Elementargeistern beschäftigte. Indem die Romantiker Feuer, Wasser, Luft und Erde Geisterwesen zudichteten, wird erneut im Gegensatz zu den naturwissenschaftlichen Depoetisierungstendenzen der Zeit die Natur ins Magisch-Dichterische getaucht.

Es lebte sich seit der letzten Begebenheit still und ruhig auf dem Schloß. Der Ritter erkannte mehr und mehr seiner Frauen himmlische Güte, die sich durch ihr Nacheilen und Retten im Schwarztale, wo Kühleborns Gewalt wieder anging, so herrlich offenbart hatte; Undine selbst empfand den Frieden und die Sicherheit, deren ein Gemüt nie ermangelt, solange es mit Besonnenheit fühlt, daß es auf dem rechten Wege sei, und zudem gingen ihr in der neu erwachenden Liebe und Achtung ihres Ehemannes vielfache Schimmer der Hoffnung und Freude auf. Bertalda hingegen zeigte sich dankbar, demütig und scheu, ohne daß sie wieder diese Äußerungen als etwas Verdienstliches angeschlagen hätte. Sooft ihr eines der Eheleute über die Verdeckung des Brunnens oder über die Abenteuer im Schwarztale irgend etwas Erklärendes sagen wollte, bat sie inbrünstig, man möge sie damit verschonen, weil sie wegen des Brunnens allzu viele Beschämung und wegen des Schwarztales allzu viele Schrecken empfinde. Sie erfuhr daher auch von beiden weiter nichts; und wozu schien es auch nötig zu sein? Der Friede und die Freude hatten ja ihren sichtbaren Wohnsitz in Burg Ringstetten genommen. Man ward darüber ganz sicher und meinte, nun könne das Leben gar nichts mehr tragen als anmutige Blumen und Früchte.

In so erlabenden Verhältnissen war der Winter gekommen und vorübergegangen, und der Frühling sah mit seinen hellgrunen Sprossen und seinem lichtblauen Himmel zu den fröhlichen Menschen herein. Ihm war zumut' wie ihnen, und ihnen wie ihm. Was Wunder, daß seine Störche und Schwalben auch in ihnen die Reiselust anregten! Während sie einmal nach den Donauquellen hinab lustwandelten, erzählte Huldbrand von der Herrlichkeit des edlen Stromes, und wie er wachsend durch gesegnete Länder fließe, wie das köstliche Wien an seinen Ufern emporglänze und er überhaupt mit jedem Schritte seiner Fahrt an Macht und Lieblichkeit gewinne. – »Es müßte herrlich sein, ihn so bis Wien einmal hinabzufahren!« brach Bertalda aus, aber gleich darauf in ihre jetzige Demut und Bescheidenheit zurückgesunken, schwieg sie errötend still. Eben dies rührte Undinen sehr, und im lebhaftesten Wunsch, der lieben Freundin eine Lust zu machen, sagte sie: »Wer hindert uns denn, die Reise anzutreten?« – Bertalda hüpfte vor Freuden in die Höhe, und die beiden Frauen begannen sogleich, sich die anmutige Donaufahrt mit den allerhellsten Farben vor die Sinne zu rufen. Auch Huldbrand stimmte fröhlich darin ein; nur sagte er einmal besorgt Undinen ins Ohr: »Aber weiterhin ist Kühleborn wieder gewaltig?« – »Laß ihn nur kommen«, entgegnete sie lachend; »ich bin ja dabei, und vor mir wagt er sich mit keinem Unheil hervor.« Damit war das letzte Hindernis gehoben, man rüstete sich zur Fahrt und trat sie alsbald mit frischem Mut und den heitersten Hoffnungen an.

Wundert euch aber nur nicht, ihr Menschen, wenn es dann immer ganz anders kommt, als man gemeint hat. Die tükkische Macht, die lauert, uns zu verderben, singt ihr auserkornes Opfer gern mit süßen Liedern und goldnen Märchen in den Schlaf. Dagegen pocht der rettende Himmelsbote oftmals scharf und erschreckend an unsre Tür.

Sie waren die ersten Tage ihrer Donaufahrt hindurch außerordentlich vergnügt gewesen. Es ward auch alles immer besser und schöner, so wie sie den stolzen flutenden Strom weiter hinunterschifften. Aber in einer sonst höchst anmutigen Gegend, von deren erfreulichem Anblick sie sich die beste Freude versprochen hatten, fing der unbändige Kühleborn ganz unverhohlen an, seine hier eingreifende Macht zu zeigen. Es blieben zwar bloß Neckereien, weil Undine oftmals in die empörten Wellen oder in die hemmenden Winde hinein schalt und sich dann die Gewalt des Feindseligen augenblicklich in Demut ergab, aber wieder kamen die Angriffe, und wieder brauchte es der Mahnung Undines, so daß die Lustigkeit der kleinen Reisegesellschaft eine gänzliche Störung erlitt. Dabei zischelten sich noch immer die Fährleute zagend in die Ohren und sahen mißtrauisch auf die drei Herrschaften, deren Diener selbsten mehr und mehr etwas Unheimliches zu ahnen begannen und ihre Gebieter mit seltsamen Blicken verfolgten. Huldbrand sagte öfters bei sich im stillen Gemüte: »Das kommt davon, wenn gleich sich nicht zu gleich gesellt, wenn Mensch und Meerfräulein ein wunderliches Bündnis schließen.« Sich entschuldigend, wie wir es denn überhaupt lieben, dachte er freilich oftmals dabei: »Ich habe es ja nicht gewußt, daß sie ein Meerfräulein war. Mein ist das Unheil, das jeden meiner Schritte durch der tollen Verwandtschaft Grillen bannt und stört, aber mein ist nicht die Schuld.« Durch solcherlei Gedanken fühlte er sich einigermaßen gestärkt, aber dagegen ward er immer verdrießlicher, ja feindseliger wider Undinen gestimmt. Er sah sie schon mit mürrischen Blicken an, und die arme Frau verstand deren Bedeutung wohl. Dadurch und durch die beständige Anstrengung wider Kühleborns Listen erschöpft, sank sie gegen Abend, von der sanft gleitenden Barke angenehm gewiegt, in einen tiefen Schlaf.

Kaum aber, daß sie die Augen geschlossen hatte, so wähnte jedermann im Schiffe, nach der Seite, wo er gerade hinaussah, ein ganz abscheuliches Menschenhaupt zu erblicken, das sich aus den Wellen emporhob, nicht wie das eines Schwimmenden, sondern ganz senkrecht, wie auf den Wasserspiegel gerade eingepfählt, aber mitschwimmend, so wie die Barke schwamm. Jeder wollte dem andern zeigen, was ihn erschreckte, und jeder fand zwar auf des andern Gesicht das gleiche Entsetzen, Hand und Auge aber nach einer andern Richtung hinzeigend, als wo ihm selbst das halb lachende, halb dräuende Scheusal vor Augen stand. Wie sie sich nun aber einander darüber verständigen wollten, und alles rief: »Sieh dorthin, nein dorthin!« – da wurden jedwedem die Greuelbilder aller sichtbar, und die ganze Flut um das Schiff her wimmelte von den entsetzlichsten Gestalten. Von dem Geschrei, das sich darüber erhob, erwachte Undine. Vor ihren aufgehenden Augenlichtern verschwand der mißgeschaffenen Gesichter tolle Schar. Aber Huldbrand war empört über so viele häßliche Gaukeleien. Er wäre in wilde Verwünschungen ausgebrochen, nur daß Undine mit den demütigsten Blicken, und ganz leise bittend, sagte: »Um Gott, mein Eheherr, wir sind auf den Fluten, zürne jetzt nicht auf mich.« Der Ritter schwieg, setzte sich und versank in ein tiefes Nachdenken. Undine sagte ihm ins Ohr: »Wär' es nicht besser, mein Liebling, wir ließen die törichte Reise und kehrten nach Burg Ringstetten in Frieden zurück?« Aber Huldbrand murmelte feindselig: »Also ein Gefangener soll ich sein auf meiner eigenen Burg? Und atmen nur können, solange der Brunnen zu ist? So wollt' ich, daß die tolle Verwandtschaft« – Da drückte Undine schmeichelnd ihre schöne Hand auf seine Lippen. Er schwieg auch und hielt sich still, so manches, was ihm Undine früher gesagt hatte, erwägend.

Indessen hatte Bertalda sich allerhand seltsam umschweifenden Gedanken überlassen. Sie wußte vieles von Undines Herkommen und doch nicht alles, und vorzüglich war ihr der furchtbare Kühleborn ein schreckliches, aber noch immer ganz dunkles Rätsel geblieben, so daß sie nicht einmal seinen Namen je vernommen hatte. Über alle diese wunderlichen Dinge nachsinnend, knüpfte sie, ohne sich dessen recht bewußt zu werden, ein goldnes Halsband los, welches ihr Huldbrand auf einer der letzten Tagereisen von einem herumziehenden Handelsmann gekauft hatte, und ließ es dicht über der Oberfläche des Flusses spielen, sich, halb träumend, an dem lichten Schimmer ergötzend, den es in die abendhellen Gewässer warf. Da griff plötzlich eine große Hand aus der Donau herauf, erfaßte das Halsband und fuhr damit unter die Fluten. Bertalda schrie laut auf, und ein höhnisches Gelächter schallte aus den Tiefen des Stroms drein. Nun hielt sich des Ritters Zorn nicht länger. Aufspringend schalt er in die Gewässer hinein, verwünschte alle, die sich in seine Verwandtschaft und sein Leben drängen wollten, und forderte sie auf, Nix oder Sirene, sich vor sein blankes Schwert zu stellen. Bertalda weinte indes um den verlornen, ihr so innig lieben Schmuck und goß mit ihren Tränen Öl in des Ritters Zorn, während Undine ihre Hand über den Schiffesbord in die Wellen getaucht hielt, in einem fort sacht vor sich hinmurmelnd und nur manchmal ihr seltsam heimliches Geflüster unterbrechend, indem sie bittend zu ihrem Eheherrn sprach: »Mein Herzlichlieber, hier schilt mich nicht, schilt alles, was du willst, aber hier mich nicht. Du weißt ja!« – Und wirklich enthielt sich seine vor Zorn stammelnde Zunge noch jedes Wortes unmittelbar wider sie. Da brachte sie mit der feuchten Hand, die sie unter den Wogen gehalten hatte, ein wunderschönes Korallenhalsband hervor, so herrlich blitzend, daß allen davon die Augen fast geblendet wurden. »Nimm hin«, sagte sie, es Bertalden freundlich hinhaltend; »das hab ich dir zum Ersatz bringen lassen, und sei nicht weiter betrübt, du armes Kind.« Aber der Ritter sprang dazwischen. Er riß den schönen Schmuck Undinen aus der Hand, schleuderte ihn wieder in den Fluß und schrie wutentbrannt: »So hast du denn immer Verbindung mit ihnen? Bleib bei ihnen in aller Hexen Namen mit all deinen Geschenken und laß uns Menschen zufrieden, Gauklerin du!« Starren, aber tränenströmenden Blickes sah ihn die arme Undine an, noch immer die Hand ausgestreckt, mit welcher sie Bertalden ihr hübsches Geschenk so freundlich hatte hinreichen wollen. Dann fing sie immer herzlicher an zu weinen wie ein recht unverschuldet und recht bitterlich gekränktes liebes Kind. Endlich sagte sie ganz matt: »Ach, holder Freund, ach, lebe wohl! Sie sollen dir nichts tun; nur bleibe treu, daß ich sie dir abwehren kann. Ach, aber fort muß ich, muß fort auf diese ganze junge Lebenszeit. O weh, o weh, was hast du angerichtet! O weh, o weh!«

Und über den Rand der Barke schwand sie hinaus. – Stieg sie hinüber in die Flut, verströmte sie darin, man wußt' es nicht, es war wie beides und wie keins. Bald aber war sie in die Donau ganz verronnen; nur flüsterten noch kleine Wellchen schluchzend um den Kahn, und fast vernehmlich war's, als sprächen sie: »O weh, o weh! Ach bleibe treu! O weh!« –

Huldbrand aber lag in heißen Tränen auf dem Verdecke des Schiffes, und eine tiefe Ohnmacht hüllte den Unglücklichen bald in ihre mildernden Schleier ein.

E. T. A. HOFFMANN

Der goldne Topf
(9.–11. Vigilie)

»Der goldne Topf« (1813/14) gilt innerhalb der Sammlung »Fantasiestücke in Callots Manier« als die reifste Leistung und über das Hoffmannsche Gesamtwerk hinaus als ein überragendes Beispiel spätromantischer Erzählkunst.
»Feenhaft und wunderbar, aber keck ins gewöhnliche alltägliche Leben tretend und seine Gestalten ergreifend soll das Ganze werden«, schrieb Hoffmann an seinen Freund und Verleger, den Bamberger Weinhändler Carl Friedrich Kunz. Diese Märchenerzählung, die Phantastisches und Realistisches, Traumwelt und Spießbürgertum, Atlantis und Biedermeier-Dresden bald wundersam, bald komisch-ironisch verbindet und wieder trennt – diese Erzählung also schildert, wie der arme, »vom Dämon des Ungeschicks« verfolgte Student Anselmus durch die Liebe zu Serpentina zum Dichter reift.
Das – laut Untertitel – »Märchen aus der neuen Zeit« spielt im philiströsen Biedermeier-Dresden mit gespenstischer Hexerei und magischem Zauber. Lokalitäten werden genau bezeichnet, sie evozieren Atmosphärisches; so die Spießerwelt durch Benennung ganz bestimmter typischer Requisiten. Hoffmann zeigt, daß selbst der Spießer auf seine Weise in der Sphäre des Alltäglichen ins Wunderbare gerät (z. B. in der Punschgesellschaft, das Feuer-Geben des Archivarius Lindhorst durch Fingerschnippen). Nur entsteht mit der Erklärung des Wunderbaren durch den Bürger ein komischer Effekt, wodurch dieser auf sein Spießertum zurückgeworfen wird. Die Festlegung auf eine *Welt wird von Hoffmann ironisiert; auch Anselmus wird der Kritik unterzogen, wenn beispielsweise gesagt ist, daß er von Speziestalern träumt. Serpentina, eine der Töchter aus dem Zauberreich des Ar-*

..rius Lindhorst, die das Prinzip einer reinen, gläubigen ..igkeit verkörpert, wird Anselmus halb träumend, vom Unglück verfolgt, im Rauschen eines Holunderbaums gewahr. Er war von seinem Plan, ins Linkische Bad zu gehen, abgebracht worden durch einen Sturz in den Apfelkorb eines Marktweibes. Dieses Marktweib wird später als Gegenzauberin der Bürgerstochter Veronika beistehen, damit diese den Anselmus für sich gewinnen kann – auch die Phantasie- und Zauberwelt ist in ein gutes und ein böses Prinzip gespalten. In der 8. Vigilie wird das Märchen im Märchen (Fortsetzung der 3. Vigilie) vom Jüngling Phosphorus und der Feuerlilie zu Ende erzählt: das Wunderland Atlantis als Ahnung, Traum, Gefühl baut sich aus der Innerlichkeit reiner Herzen auf, wird Gegenentwurf zum Dasein im Alltag. Der letzte Satz des »Goldnen Topfs« heißt so auch: »Ist denn überhaupt des Anselmus Seligkeit etwas anderes als das Leben in der Poesie, der sich der heilige Einklang aller Wesen als tiefstes Geheimnis der Natur offenbaret?« Der Schlüssel zum imaginären Reich ist damit in die Hand des Dichters selbst gegeben, der dieses aber nur immer wieder durch das Dissonantische von realer und irrealer Welt sichtbar werden lassen kann. So muß eben der Zauberer selbst am Ende dem Dichter, der aus eigener Kraft nicht Atlantis zu schildern vermag, den goldnen Pokal mit dem »angezündeten Arrak, in den ich einigen Zucker geworfen«, darreichen. Märchenhaft wird die Selbsterlösung des Dichters in einem allegorischen Zusammenhang angedeutet.

Neunte Vigilie

Wie der Student Anselmus zu einiger Vernunft gelangte. – Die Punschgesellschaft. – Wie der Student Anselmus den Konrektor Paulmann für einen Schuhu hielt und dieser sich darob sehr erzürnte. – Der Tintenklecks und seine Folgen.

Alles das Seltsame und Wundervolle, welches dem Studenten Anselmus täglich begegnet war, hatte ihn ganz dem gewöhnlichen Leben entrückt. Er sah keinen seiner Freunde mehr und harrte jeden Morgen mit Ungeduld auf die zwölfte Stunde, die ihm sein Paradies aufschloß. Und doch, indem sein ganzes Gemüt der holden Serpentina und den Wundern des Feenreichs bei dem Archivarius Lindhorst zugewandt war, mußte er zuweilen unwillkürlich an Veronika denken, ja manchmal schien es ihm, als träte sie zu ihm hin und gestehe errötend, wie herzlich sie ihn liebe und wie sie danach trachte, ihn den Phantomen, von denen er nur geneckt und verhöhnt werde, zu entreißen. Zuweilen war es, als risse eine fremde, plötzlich auf ihn einbrechende Macht ihn unwiderstehlich hin zur vergessenen Veronika, und er müsse ihr folgen, wohin sie nur wolle, als sei er festgekettet an das Mädchen. Gerade in der Nacht darauf, als er Serpentina zum erstenmal in der Gestalt einer wunderbar holdseligen Jungfrau geschaut, als ihm das wunderbare Geheimnis der Vermählung des Salamanders mit der grünen Schlange offenbar worden, trat ihm Veronika lebhafter vor Augen als jemals. – Ja! – erst als er erwachte, wurde er deutlich gewahr, daß er nur geträumt habe, da er überzeugt gewesen, Veronika sei wirklich bei ihm und klage mit dem Ausdruck eines tiefen Schmerzes, der sein Innerstes durchdrang, daß er ihre innige Liebe den phantastischen Erscheinungen, die nur seine innere Zerrüttung hervorrufe, aufopfern und noch darüber in Unglück und Verderben geraten werde. Veronika war liebenswürdiger, als er sie je gesehen; er konnte sie kaum aus den Gedanken bringen, und dieser Zustand verursachte ihm eine Qual, der er bei einem Morgenspaziergang zu entrinnen hoffte. Eine geheime magische Gewalt zog ihn vor das Pirnaer Tor, und eben wollte er in eine Nebenstraße einbiegen, als der Konrektor Paulmann, hinter ihm herkommend, laut rief: »Ei, ei! – wertester Herr Anselmus! – Amice! – Amice! wo um des Himmels willen stecken Sie denn, Sie lassen sich ja gar nicht mehr sehen – wissen Sie wohl, daß sich Veronika recht sehnt, wieder einmal eins mit Ihnen zu singen? – Nun kommen Sie nur, Sie wollten ja doch zu mir!« Der Student Anselmus ging notgedrungen mit dem Konrektor. Als sie in das Haus traten, kam ihnen Veronika sehr sauber und sorgfältig gekleidet entgegen, so daß der Konrektor Paulmann voll Erstaunen fragte: »Nun, warum so geputzt, hat man denn Besuch erwartet? – aber hier bringe ich den Herrn Anselmus!« – Als der Student Anselmus sittig und artig der Veronika die Hand küßte, fühlte er einen leisen Druck, der wie ein Glutstrom durch alle Fibern und Nerven zuckte. Veronika war die Heiterkeit, die Anmut selbst, und als Paulmann nach seinem Studierzimmer gegangen, wußte sie durch allerhand Neckerei und Schalkheit den Anselmus so hinaufzuschrauben, daß er alle Blödigkeit vergaß und sich zuletzt mit dem ausgelassenen Mädchen im Zimmer herumjagte. Da kam ihm aber wieder einmal der Dämon des Ungeschicks über den Hals, er stieß an den Tisch, und Veronikas niedliches Nähkästchen fiel herab. Anselmus hob es auf, der Deckel war aufgesprungen, und es blinkte ihm ein kleiner runder Metallspiegel entgegen, in den er mit ganz eigner Lust hineinschaute. Veronika schlich sich leise hinter ihn, legte die Hand auf seinen Arm und schaute, sich fest an ihn schmiegend, ihm über die Schulter auch in den Spiegel. Da war es dem Anselmus, als beginne ein Kampf in seinem Innern – Gedanken – Bilder – blitzten hervor und vergingen wieder – der Archivarius Lindhorst – Serpentina – die grüne Schlange – endlich wurde es ruhiger, und alles Verworrene fügte und gestaltete sich zum deutlichen Bewußtsein. Ihm wurde es nun klar, daß er nur beständig an Veronika gedacht, ja daß die Gestalt, welche ihm gestern in dem blauen Zimmer erschienen, auch eben Veronika gewesen und daß die phantastische Sage von der Vermählung des Salamanders mit der grünen Schlange ja nur von ihm geschrieben, keineswegs ihm aber erzählt worden sei. Er wunderte sich selbst über seine Träumereien und schrieb sie lediglich seinem durch die Liebe zu Veronika exaltierten Seelenzustande sowie der Arbeit bei dem Archivarius Lindhorst zu, in dessen Zimmern es noch überdem so sonderbar betäubend dufte. Er mußte herzlich über die tolle Einbildung lachen, in eine kleine Schlange verliebt zu sein und einen wohlbestallten geheimen Archivarius für einen Salamander zu halten. »Ja, ja! – es ist Veronika!« rief er laut, aber indem er den Kopf umwandte, schaute er gerade in Veronikas blaue Augen hinein, in denen Liebe und Sehnsucht strahlten. Ein dumpfes Ach! entfloh ihren Lippen, die in dem Augenblick auf den seinigen brannten. »O ich Glücklicher«, seufzte der entzückte Student, »was ich gestern nur träumte, wird mir heute wirklich und in der Tat zuteil.« »Und willst du mich denn wirklich heiraten, wenn du Hofrat worden?« fragte Veronika. »Allerdings!« antwortete der Student Anselmus; indem knarrte die Tür, und der Konrektor Paulmann trat mit den Worten herein: »Nun, wertester Herr Anselmus, lasse ich Sie heute nicht fort, Sie nehmen vorlieb bei mir mit einer Suppe, und nachher bereitet uns Veronika einen köstlichen Kaffee, den wir mit dem Registrator Heerbrand, welcher herzukommen versprochen, genießen.« »Ach, bester Herr Konrektor«, erwiderte der Student Anselmus, »wissen Sie denn nicht, daß ich zum Archivarius Lindhorst muß, des Abschreibens wegen?« »Schauen Sie, Amice!« sagte der Konrektor Paulmann, indem er ihm die Taschenuhr hinhielt, welche auf halb eins wies. Der Student Anselmus sah nun wohl ein, daß es viel zu spät sei, zu dem Archivarius Lindhorst zu wandern, und fügte sich den Wünschen des Konrektors um so lieber, als er nun die Veronika den ganzen Tag über schauen und wohl manchen verstohlnen Blick, manchen zärtlichen Händedruck zu erhalten, ja wohl gar einen Kuß zu erobern hoffte. So hoch verstiegen sich jetzt die Wünsche des Studenten Anselmus, und es wurde ihm immer behaglicher zumute, je mehr er sich überzeugte, daß er bald von all den phantastischen Einbildungen befreit sein werde, die ihn wirklich ganz und gar zum wahnwitzigen Narren hätten machen können. Der Registrator Heerbrand fand sich wirklich nach Tische ein, und als der Kaffee genossen und die

Dämmerung bereits eingebrochen, gab er schmunzelnd und fröhlich die Hände reibend zu verstehen, er trage etwas mit sich, was durch Veronikas schöne Hände gemischt und in gehörige Form gebracht, gleichsam foliiert und rubriziert, ihnen allen an dem kühlen Oktober-Abende erfreulich sein werde. »So rücken Sie denn nur heraus mit dem geheimnisvollen Wesen, das Sie bei sich tragen, geschätztester Registrator«, rief der Konrektor Paulmann; aber der Registrator Heerbrand griff in die tiefe Tasche seines Matins und brachte in drei Reprisen eine Flasche Arrak, Zitronen und Zucker zum Vorschein. Kaum war eine halbe Stunde vergangen, so dampfte ein köstlicher Punsch auf Paulmanns Tische. Veronika kredenzte das Getränk, und es gab allerlei gemütliche muntre Gespräche unter den Freunden. Aber sowie dem Studenten Anselmus der Geist des Getränks zu Kopfe stieg, kamen auch alle Bilder des Wunderbaren, Seltsamen, was er in kurzer Zeit erlebt, wieder zurück. – Er sah den Archivarius Lindhorst in seinem damastnen Schlafrock, der wie Phosphor erglänzte – er sah das azurblaue Zimmer, die goldnen Palmbäume, ja, es wurde ihm wieder so zumute, als müsse er doch an die Serpentina glauben – es brauste, es gärte in seinem Innern. Veronika reichte ihm ein Glas Punsch, und indem er es faßte, berührte er leise ihre Hand. – »Serpentina! Veronika!« seufzte er in sich hinein. Er versank in tiefe Träume, aber der Registrator Heerbrand rief ganz laut: »Ein wunderlicher alter Mann, aus dem niemand klug wird, bleibt er doch, der Archivarius Lindhorst. – Nun, er soll leben! Stoßen Sie an, Herr Anselmus!« – Da fuhr der Student Anselmus auf aus seinen Träumen und sagte, indem er mit dem Registrator Heerbrand anstieß: »Das kommt daher, verehrungswürdiger Herr Registrator, weil der Herr Archivarius Lindhorst eigentlich ein Salamander ist, der den Garten des Geisterfürsten Phosphorus im Zorn verwüstete, weil ihm die grüne Schlange davongeflogen.« »Wie – was?« fragte der Konrektor Paulmann. »Ja«, fuhr der Student Anselmus fort,

»deshalb muß er nun königlicher Archivarius sein und hier in Dresden mit seinen drei Töchtern wirtschaften, die aber weiter nichts sind als kleine goldgrüne Schlänglein, die sich in Holunderbüschen sonnen, verführerisch singen und die jungen Leute verlocken wie die Sirenen.« – »Herr Anselmus – Herr Anselmus«, rief der Konrektor Paulmann, »rappelt's Ihnen im Kopfe? – was um des Himmels willen schwatzen Sie für ungewaschenes Zeug?« »Er hat recht«, fiel der Registrator Heerbrand ein, »der Kerl, der Archivarius, ist ein verfluchter Salamander, der mit den Fingern feurige Schnippchen schlägt, die einem Löcher in den Überrock brennen wie glühender Schwamm. – Ja, ja, du hast recht, Brüderchen Anselmus, und wer es nicht glaubt, ist mein Feind!« Und damit schlug der Registrator Heerbrand mit der Faust auf den Tisch, daß die Gläser klirrten. »Registrator! – sind Sie rasend?« schrie der erboste Konrektor. – »Herr Studiosus – Herr Studiosus, was richten Sie denn nun wieder an?« – »Ach!« – sagte der Student, »Sie sind auch weiter nichts als ein Vogel – ein Schuhu, der die Toupets frisiert, Herr Konrektor!« »Was? – ich ein Vogel – ein Schuhu – ein Friseur?« – schrie der Konrektor voller Zorn – »Herr, Sie sind toll – toll!« – »Aber die Alte kommt ihm über den Hals«, rief der Registrator Heerbrand. »Ja, die Alte ist mächtig«, fiel der Student Anselmus ein, »unerachtet sie nur von niederer Herkunft, denn ihr Papa ist nichts als ein lumpichter Flederwisch und ihre Mama eine schnöde Runkelrübe, aber ihre meiste Kraft verdankt sie allerlei feindlichen Kreaturen – giftigen Canaillen, von denen sie umgeben.« »Das ist eine abscheuliche Verleumdung«, rief Veronika mit zornglühenden Augen, »die alte Liese ist eine weise Frau und der schwarze Kater keine feindliche Kreatur, sondern ein gebildeter junger Mann von feinen Sitten und ihr Cousin germain.« »Kann *der* Salamander fressen, ohne sich den Bart zu versengen und elendiglich daraufzugehen?« sagte der Registrator Heerbrand. »Nein, nein!« schrie der Student Anselmus, »nun und nimmermehr wird er das können; und die grüne Schlange liebt mich, denn ich bin ein kindliches Gemüt und habe Serpentinas Augen geschaut.« »Die wird der Kater auskratzen«, rief Veronika. »Salamander – Salamander bezwingt sie alle – alle«, brüllte der Konrektor Paulmann in höchster Wut; – »aber bin ich in einem Tollhause? bin ich selbst toll? – was schwatze ich denn für wahnwitziges Zeug? – ja, ich bin auch toll – auch toll!« – Damit sprang der Konrektor Paulmann auf, riß sich die Perücke vom Kopfe und schleuderte sie gegen die Stubendecke, daß die gequetschten Locken ächzten und, im gänzlichen Verderben aufgelöst, den Puder weit umherstäubten. Da ergriffen der Student Anselmus und der Registrator Heerbrand die Punschterrine, die Gläser und warfen sie jubelnd und jauchzend an die Stubendecke, daß die Scherben klirrend und klingend umhersprangen. »Vivat Salamander – pereat – pereat die Alte – zerbrecht den Metallspiegel, hackt dem Kater die Augen aus! – Vöglein – Vöglein aus den Lüften – Eheu – Eheu – Evoe – Salamander!« – So schrien und brüllten die drei wie Besessene durcheinander. Laut weinend sprang Fränzchen davon, aber Veronika lag winselnd vor Jammer und Schmerz auf dem Sofa. Da ging die Tür auf, alles war plötzlich still, und es trat ein kleiner Mann in einem grauen Mäntelchen herein. Sein Gesicht hatte etwas seltsam Gravitätisches, und vorzüglich zeichnete sich die krummgebogene Nase, auf der eine große Brille saß, vor allen jemals gesehenen aus. Auch trug er solch eine besondere Perücke, daß sie eher eine Federmütze zu sein schien. »Ei, schönen guten Abend«, schnarrte das possierliche Männlein, »hier finde ich ja wohl den Studiosum Herrn Anselmus? Gehorsamste Empfehlung vom Herrn Archivarius Lindhorst, und er habe heute vergebens auf den Herrn Anselmus gewartet, aber morgen lasse er schönstens bitten, ja nicht die gewohnte Stunde zu versäumen.« Damit schritt er wieder zur Tür hinaus, und alle sahen nun wohl, daß das gravitätische Männlein eigentlich ein grauer Papagei war. Der Konrektor Paulmann und der Registrator Heerbrand schlugen eine Lache auf, die durch das Zimmer dröhnte, und dazwischen winselte und ächzte Veronika wie von namenlosem Jammer zerrissen, aber den Studenten Anselmus durchzuckte der Wahnsinn des innern Entsetzens, und er rannte bewußtlos zur Tür hinaus durch die Straßen. Mechanisch fand er seine Wohnung, sein Stübchen. Bald darauf trat Veronika friedlich und freundlich zu ihm und fragte, warum er sie denn im Rausch so geängstigt habe, und er möge sich nur vor neuen Einbildungen hüten, wenn er bei dem Archivarius Lindhorst arbeite. »Gute Nacht, gute Nacht, mein lieber Freund«, lispelte leise Veronika und hauchte einen Kuß auf seine Lippen. Er wollte sie mit seinen Armen umfangen, aber die Traumgestalt war verschwunden, und er erwachte heiter und gestärkt. Nun mußte er selbst recht herzlich über die Wirkungen des Punsches lachen, aber indem er an Veronika dachte, fühlte er sich recht von einem behaglichen Gefühl durchdrungen. »Ihr allein«, sprach er zu sich selbst, »habe ich es zu verdanken, daß ich von meinen albernen Grillen zurückgekommen bin. – Wahrhaftig, mir ging es nicht besser als jenem, welcher glaubte, er sei von Glas, oder dem, der die Stube nicht verließ, aus Furcht, von den Hühnern gefressen zu werden, weil er sich einbildete, ein Gerstenkorn zu sein. Aber sowie ich Hofrat worden, heirate ich ohne weiteres die Mademoiselle Paulmann und bin glücklich.« – Als er nun mittags durch den Garten des Archivarius Lindhorst ging, konnte er sich nicht genug wundern, wie ihm das alles sonst so seltsam und wundervoll habe vorkommen können. Er sah nichts als gewöhnliche Scherbenpflanzen, allerlei Geranien, Myrtenstöcke u. dergl. Statt der glänzenden bunten Vögel, die ihn sonst geneckt, flatterten nur einige Sperlinge hin und her, die ein unverständliches unangenehmes Geschrei erhoben, als sie den Anselmus gewahr wurden. Das blaue Zimmer kam ihm auch ganz anders vor, und er begriff nicht, wie ihm das grelle Blau und die unnatürlichen goldnen Stämme der Palmbäume mit den unförmlichen blinkenden Blättern nur einen

Augenblick hatten gefallen können. – Der Archivarius sah ihn mit einem ganz eignen ironischen Lächeln an und fragte: »Nun, wie hat Ihnen gestern der Punsch geschmeckt, werter Anselmus?« »Ach, gewiß hat Ihnen der Papagei«, erwiderte der Student Anselmus ganz beschämt, aber er stockte, denn er dachte nun wieder daran, daß auch die Erscheinung des Papageis wohl nur Blendwerk der befangenen Sinne gewesen. »Ei, ich war ja selbst in der Gesellschaft«, fiel der Archivarius Lindhorst ein, »haben Sie mich denn nicht gesehen? Aber bei dem tollen Unwesen, das ihr triebt, wäre ich beinahe hart beschädigt worden; denn ich saß eben in dem Augenblick noch in der Terrine, als der Registrator danach griff, um sie gegen die Decke zu schleudern, und mußte mich schnell in des Konrektors Pfeifenkopf retirieren. Nun adieu, Herr Anselmus! – sei'n Sie fleißig, auch für den gestrigen versäumten Tag zahle ich den Speziestaler, da Sie bisher so wacker gearbeitet.« »Wie kann der Archivarius nur solch tolles Zeug faseln«, sagte der Student Anselmus zu sich selbst und setzte sich an den Tisch, um die Kopie des Manuskripts zu beginnen, das der Archivarius wie gewöhnlich vor ihm ausgebreitet. Aber er sah auf der Pergamentrolle so viele sonderbare krause Züge und Schnörkel durcheinander, die, ohne dem Auge einen einzigen Ruhepunkt zu geben, den Blick verwirrten, daß es ihm beinahe unmöglich schien, das alles genau nachzumalen. Ja, bei dem Überblick des Ganzen schien das Pergament nur ein bunt geaderter Marmor oder ein mit Moosen durchsprenkelter Stein. – Er wollte dessen unerachtet das Mögliche versuchen und tunkte getrost die Feder ein, aber die Tinte wollte durchaus nicht fließen, er spritzte die Feder ungeduldig aus, und – o Himmel! ein großer Klecks fiel auf das ausgebreitete Original. Zischend und brausend fuhr ein blauer Blitz aus dem Fleck und schlängelte sich krachend durch das Zimmer bis zur Decke hinauf. Da quoll ein dicker Dampf aus den Wänden, die Blätter fingen an zu rauschen, wie vom Sturme geschüttelt, und aus ihnen schossen blinkende Basilisken im flackernden Feuer herab, den Dampf entzündend, daß die Flammenmassen prasselnd sich um den Anselmus wälzten. Die goldnen Stämme der Palmbäume wurden zu Riesenschlangen, die ihre gräßlichen Häupter in schneidendem Metallklange zusammenstießen und mit den geschuppten Leibern den Anselmus umwanden. »Wahnsinniger! erleide nun die Strafe dafür, was du im frechen Frevel tatest!« – So rief die fürchterliche Stimme des gekrönten Salamanders, der über den Schlangen wie ein blendender Strahl in den Flammen erschien, und nun sprühten ihre aufgesperrten Rachen Feuer-Katarakte auf den Anselmus, und es war, als verdichteten sich die Feuerströme um seinen Körper und würden zur festen eiskalten Masse. Aber indem des Anselmus Glieder, enger und enger sich zusammenziehend, erstarrten, vergingen ihm die Gedanken. Als er wieder zu sich selbst kam, konnte er sich nicht regen und bewegen, er war wie von einem glänzenden Schein umgeben, an dem er sich, wollte er nur die Hand erheben oder sonst sich rühren, stieß. – Ach! er saß in einer wohlverstopften Kristallflasche auf einem Repositorium im Bibliothekzimmer des Archivarius Lindhorst.

Zehnte Vigilie

Die Leiden des Studenten Anselmus in der gläsernen Flasche. – Glückliches Leben der Kreuzschüler und Praktikanten. – Die Schlacht im Bibliothek-Zimmer des Archivarius Lindhorst. – Sieg des Salamanders und Befreiung des Studenten Anselmus.

Mit Recht darf ich zweifeln, daß du, günstiger Leser, jemals in einer gläsernen Flasche verschlossen gewesen sein solltest, es sei denn, daß ein lebendiger neckhafter Traum dich einmal mit solchem feeischen Unwesen befangen hätte. War das der Fall, so wirst du das Elend des armen Studenten Anselmus recht lebhaft fühlen; hast du aber auch dergleichen nie geträumt, so schließt dich deine rege Phantasie mir und dem Anselmus zu Gefallen wohl auf einige Augenblicke in das Kristall ein. – Du bist von blendendem Glanze dicht umflossen, alle Gegenstände ringsumher erscheinen dir von strahlenden Regenbogenfarben erleuchtet und umgeben – alles zittert und wankt und dröhnt im Schimmer – du schwimmst regungs- und bewegungslos wie in einem festgefrorenen Äther, der dich einpreßt, so daß der Geist vergebens dem toten Körper gebietet. Immer gewichtiger und gewichtiger drückt die zentnerschwere Last deine Brust – immer mehr und mehr zehrt jeder Atemzug die Lüftchen weg, die im engen Raum noch auf und nieder wallten – deine Pulsadern schwellen auf, und von gräßlicher Angst durchschnitten, zuckt jeder Nerv im Todeskampfe blutend. – Habe Mitleid, günstiger Leser, mit dem Studenten Anselmus, den diese namenlose Marter in seinem gläsernen Gefängnisse ergriff; aber er fühlte wohl, daß der Tod ihn nicht erlösen könne, denn erwachte er nicht aus der tiefen Ohnmacht, in die er im Übermaß seiner Qual versunken, als die Morgensonne in das Zimmer hell und freundlich hineinschien, und fing seine Marter nicht von neuem an? – Er konnte kein Glied regen, aber seine Gedanken schlugen an das Glas, ihn im mißtönenden Klange betäubend, und er vernahm statt der Worte, die der Geist sonst aus dem Innern gesprochen, nur das dumpfe Brausen des Wahnsinns. – Da schrie er auf in Verzweiflung: »O Serpentina – Serpentina, rette mich von dieser Höllenqual!« Und es war, als umwehten ihn leise Seufzer, die legten sich um die Flasche wie grüne durchsichtige Holunderblätter, das Tönen hörte auf, der blendende verwirrende Schein war verschwunden, und er atmete freier. »Bin ich denn nicht an meinem Elende lediglich selbst schuld, ach! habe ich nicht gegen dich selbst, holde, geliebte Serpentina, gefrevelt? – habe ich nicht schnöde Zweifel gegen dich gehegt? habe ich nicht den Glauben verloren und mit ihm alles, alles, was mich hoch beglücken sollte? – Ach, du wirst nun wohl nimmer mein werden, für mich ist der goldne Topf verloren, ich darf seine Wunder nimmermehr schauen. Ach, nur ein einziges Mal möchte ich dich sehen, deine holde süße Stimme hören, liebliche Serpentina!« – So klagte der Student Anselmus, von tiefem schneidendem Schmerz ergriffen, da sagte jemand dicht neben ihm: »Ich weiß gar nicht, was Sie wollen, Herr Studiosus, warum lamentieren Sie so über alle Maßen?« – Der Student Anselmus wurde gewahr, daß neben ihm auf demselben Repositorium noch fünf Flaschen standen, in welchen er drei Kreuzschüler und zwei Praktikanten erblickte. – »Ach, meine Herren und Gefährten im Unglück«, rief er aus, »wie ist es Ihnen denn möglich, so gelassen, ja so vergnügt zu sein, wie ich es an Ihren heitern Mienen bemerke? – Sie sitzen ja doch ebenso gut eingesperrt in gläsernen Flaschen als ich und können sich nicht regen und bewegen, ja nicht einmal was Vernünftiges denken, ohne daß ein Mordlärm entsteht mit Klingen und Schallen und ohne daß es Ihnen im Kopfe ganz schrecklich saust und braust. Aber Sie glauben gewiß nicht an den Salamander und an die grüne Schlange.« »Sie faseln wohl, mein Herr Studiosus«, erwiderte ein Kreuzschüler, »nie haben wir uns besser befunden als jetzt, denn die Speziestaler, welche wir von dem tollen Archivarius erhalten für allerlei konfuse Abschriften, tun uns wohl; wir dürfen jetzt keine italienische Chöre mehr auswendig lernen, wir gehen jetzt alle Tage zu Josephs oder sonst in andere Kneipen, lassen uns das Doppelbier wohlschmecken, sehen auch wohl einem hübschen Mädchen in die Augen, singen wie wirkliche Studenten ›Gaudeamus igitur‹ und sind seelenvergnügt.« – »Die Herren haben ganz recht«, fiel ein Praktikant ein, »auch ich bin mit Speziestalern reichlich versehen, wie hier mein teurer Kollege nebenan, und spaziere fleißig auf den Weinberg, statt bei der leidigen Aktenschreiberei zwischen vier Wänden zu sitzen.« »Aber meine besten, wertesten Herren!« sagte der Student Anselmus, »spüren Sie es denn nicht, daß Sie alle samt und sonders in gläsernen Flaschen sitzen und sich nicht regen und bewegen, viel weniger umherspazieren können?« – Da schlugen die Kreuzschüler und die Praktikanten eine helle Lache auf und schrien: »Der Studiosus ist toll, er bildet sich ein, in einer gläsernen Flasche zu sitzen, und steht auf der Elbbrücke und sieht gerade hinein ins Wasser. Gehen wir nur weiter!« »Ach«, seufzte der Student, »die schauten niemals die holde Serpentina, sie wissen nicht, was Freiheit und Leben in Glauben und Liebe ist, deshalb spüren sie nicht den Druck des Gefängnisses, in das sie der Salamander bannte ihrer Torheit, ihres gemeinen Sinnes wegen, aber ich Unglücklicher werde vergehen in Schmach und Elend, wenn sie, die ich so unaussprechlich liebe, mich nicht rettet.« – Da wehte und säuselte Serpentinas Stimme durch das Zimmer: »Anselmus! – glaube, liebe, hoffe!« – Und jeder Laut strahlte in das Gefängnis des Anselmus hinein, und das Kristall mußte seiner Gewalt weichen und sich ausdehnen, daß die Brust des Gefangenen sich regen und erheben konnte! – Immer mehr verringerte sich die Qual seines Zustandes, und er merkte wohl, daß ihn Serpentina noch liebe und daß nur *sie* es sei, die ihm den Aufenthalt in dem Kristall erträglich mache. Er bekümmerte sich nicht mehr um seine leichtsinnigen Unglücksgefährten, sondern richtete Sinn und Gedanken nur auf die holde Serpentina. – Aber plötzlich entstand von der andern Seite her ein dumpfes widriges Gemurmel. Er konnte bald deutlich bemerken, daß dies Gemurmel von einer alten Kaffeekanne mit halbzerbrochenem Deckel herrührte, die ihm gegenüber auf einem kleinen Schrank hingestellt war. Sowie er schärfer hinschaute, entwickelten sich immer mehr die garstigen Züge eines alten verschrumpften Weibergesichts, und bald stand das Äpfelweib vom Schwarzen Tor vor dem Repositorium. Die grinsete und lachte ihn an und rief mit gellender Stimme: »Ei, ei, Kindchen! – mußt du nun ausharren? – Ins Kristall nun dein Fall! – hab ich dir's nicht längst vorausgesagt?« »Höhne und spotte nur, du verdammtes Hexenweib«, sagte der Student Anselmus, »du bist schuld an allem, aber der Salamander wird dich treffen, du schnöde Runkelrübe!« – »Ho, ho!« erwiderte die Alte, »nur nicht so stolz! Du hast meinen Söhnlein ins Gesicht getreten, du hast mir die Nase verbrannt, aber doch bin ich dir gut, du Schelm, weil du sonst ein artiger Mensch warst, und mein Töchterchen ist dir auch gut. Aus dem Kristall kommst du aber nun einmal nicht, wenn ich dir nicht helfe; hinauflangen zu dir kann ich nicht, aber meine Frau Gevatterin, die Ratte, welche gleich über dir auf dem Boden wohnt, die soll das Brett entzweinagen, auf dem du stehst, dann purzelst du hinunter, und ich fange dich auf in der Schürze, damit du dir die Nase nicht zerschlägst, sondern fein dein glattes Gesichtlein erhältst, und ich trage dich flugs zur Mamsell Veronika, die mußt du heiraten, wenn du Hofrat worden.« »Laß ab von mir, Satans-Geburt«, schrie der Student Anselmus voller Grimm, »nur deine höllischen Künste haben mich zu dem Frevel gereizt, den ich nun abbüßen muß. – Aber geduldig ertrage ich alles, denn nur hier kann ich sein, wo die holde Serpentina mich mit Liebe und Trost umfängt! – Hör es, Alte, und verzweifle! Trotz biete ich deiner Macht, ich liebe ewiglich nur Serpentina – ich will nie Hofrat werden – nie die Veronika schauen, die mich durch dich zum Bösen verlockt! – Kann die grüne Schlange nicht mein werden, so will ich untergehen in Sehnsucht und Schmerz! – Hebe dich weg – hebe dich weg – du schnöder Wechselbalg!« – Da lachte die Alte auf, daß es im Zimmer gellte, und rief: »So sitze denn und verderbe, aber nun ist's Zeit, ans Werk zu gehen, denn mein Geschäft hier ist noch von anderer Art.« – Sie warf den schwarzen Mantel ab und stand da in ekelhafter Nacktheit, dann fuhr sie in Kreisen umher, und große Folianten stürzten herab, aus denen riß sie Pergamentblätter, und diese im künstlichen Gefüge schnell zusammenheftend und auf den Leib ziehend, war sie bald wie in einen seltsamen bunten Schuppenharnisch gekleidet. Feuersprühend sprang der schwarze Kater aus dem Tintenfasse, das auf dem Schreibtische stand, und heulte der Alten entgegen, die laut aufjubelte und mit ihm durch die Tür verschwand. Anselmus merkte, daß sie nach dem blauen Zimmer gegangen, und bald hörte er es in der Ferne zischen und brausen, die Vögel im Garten schrien, der Papagei schnarrte: »Rette – rette – Raub – Raub!« – In dem Augenblick kam die Alte ins Zimmer zurückgesprungen, den goldnen Topf auf dem Arm tragend und mit gräßlicher Gebärde wild durch die Lüfte schreiend: »Glück auf! – Glück auf! – Söhnlein – töte die grüne Schlange! auf, Söhnlein, auf!« – Es war dem Anselmus, als höre er ein tiefes Stöhnen, als höre er Serpentinas Stimme. Da ergriff ihn Entsetzen und Verzweiflung. – Er raffte alle seine Kraft zusammen, er stieß mit Gewalt, als sollten Nerven und Adern zerspringen, gegen das Kristall – ein schneidender Klang fuhr durch das Zimmer, und der Archivarius stand in der Tür in seinem glänzenden damastnen Schlafrock: »Hei, hei! Gesindel, toller Spuk – Hexenwerk – hieher – heisa!« So schrie er. Da richteten sich die schwarzen Haare der Alten wie Borsten empor, ihre glutroten Augen erglänzten von höllischem Feuer, und die spitzigen Zähne des weiten Rachens zusammenbeißend, zischte sie: »Frisch – frisch 'raus – zisch aus, zisch aus«, und lachte und meckerte höhnend und spottend und drückte den goldnen Topf fest an sich und warf daraus Fäuste voll glänzender Erde auf den Archivarius, aber sowie die Erde den Schlafrock berührte, wurden Blumen daraus, die herabfielen. Da flackerten und flammten die Lilien des Schlafrocks empor, und der Archivarius schleuderte die in knisterndem Feuer brennenden Lilien auf die Hexe, die vor Schmerz heulte; aber indem sie in die Höhe sprang und den pergamentnen Harnisch schüttelte, verlöschten die Lilien und zerfielen in Asche. »Frisch darauf, mein Junge!« kreischte die Alte, da fuhr der Kater auf in die Luft und brauste fort nach der Tür über den Archivarius, aber der graue Papagei flatterte ihm entgegen und faßte ihn mit dem krummen Schnabel im Genick, daß rotes feuriges Blut ihm aus dem Halse stürzte, und Serpentinas Stimme rief: »Gerettet! – gerettet!« – Die Alte sprang voller Wut und Verzweiflung auf den Archivarius los, sie warf den Topf hinter sich und wollte, die langen Finger der dürren Fäuste emporspreizend, den Archivarius umkrallen, aber dieser riß schnell den Schlafrock herunter und schleuderte ihn der Alten entgegen. Da zischten und sprühten und brausten blaue knisternde Flammen aus den Pergamentblättern, und die Alte wälzte sich im heulenden Jammer und trachtete immer mehr [Erde] aus dem Topfe zu greifen, immer mehr Pergamentblätter aus den Büchern zu erhaschen, um die lodernden Flammen zu ersticken, und wenn es ihr gelang, Erde oder Pergamentblätter auf sich zu stürzen, verlöschte das Feuer. Aber nun fuhren wie aus dem Innern des Archivarius flackernde zischende Strahlen auf die Alte. »Hei, hei! drauf und dran – Sieg dem Salamander!« dröhnte die Stimme des Archivarius durch das Zimmer, und hundert Blitze schlängelten sich in feurigen Kreisen um die kreischende Alte. Sausend und brausend fuhren in wütendem Kampfe Kater und Papagei umher, aber endlich schlug der Papagei mit den starken Fittichen den Kater zu Boden, und mit den Krallen ihn durchspießend und festhaltend, daß er in der Todesnot gräßlich heulte und ächzte, hackte er ihm mit dem scharfen Schnabel die glühenden Augen aus, daß der brennende Gischt herausspritzte. – Dicker Qualm strömte da empor, wo die Alte, zur Erde niedergestürzt, unter dem Schlafrock gelegen, ihr Geheul, ihr entsetzliches schneidendes Jammergeschrei verhallte in weiter Ferne. Der Rauch, der sich mit durchdringendem Gestank verbreitet, verdampfte, der Archivarius hob den Schlafrock auf, und unter demselben lag eine garstige Runkelrübe. »Verehrter Herr Archivarius, hier bringe ich den überwundenen Feind«, sprach der Papagei, indem er dem Archivarius Lindhorst ein schwarzes Haar im Schnabel darreichte. »Sehr gut, mein Lieber«, antwortete der Archivarius, »hier liegt auch meine überwundene Feindin, besorgen Sie gütigst nunmehr das übrige; noch heute erhalten Sie als ein kleines Douceur sechs Kokusnüsse und eine neue Brille, da, wie ich sehe, der Kater Ihnen die Gläser schändlich zerbrochen.« »Lebenslang der Ihrige, verehrungswürdiger Freund und Gönner!« versetzte der Papagei sehr vergnügt, nahm die Runkelrübe in den Schnabel und flatterte damit zum Fenster hinaus, das ihm der Archivarius Lindhorst geöffnet. Dieser ergriff den goldnen Topf und rief stark: »Serpentina, Serpentina!« – Aber wie nun der Student Anselmus, hoch erfreut über den Untergang des schnöden Weibes, das ihn ins Verderben gestürzt, den Archivarius anblickte, da war es wieder die hohe majestätische Gestalt des Geisterfürsten, die mit unbeschreiblicher Anmut und Würde zu ihm hinaufschaute. – »Anselmus«, sprach der Geisterfürst, »nicht du, sondern nur ein feindliches Prinzip, das zerstörend in dein Inneres zu dringen und dich mit dir selbst zu entzweien trachtete, war schuld an deinem Unglauben. – Du hast deine Treue bewährt, sei frei und glücklich.« Ein Blitz zuckte durch das Innere des Anselmus, der herrliche Dreiklang der Kristallglocken ertönte stärker und mächtiger, als er ihn je vernommen – seine Fibern und Nerven erbebten – aber immer mehr anschwellend, dröhnte der Akkord durch das Zimmer, das Glas, welches den Anselmus umschlossen, zersprang, und er stürzte in die Arme der holden, lieblichen Serpentina.

Die folgende »Eilfte Vigilie« beginnt dann mit dem Absatz: »Aber sagen Sie mir nur, wertester Registrator! wie uns gestern der vermaledeite Punsch so in den Kopf steigen und zu allerlei Allotriis treiben konnte?« – Dies sprach der Konrektor Paulmann, indem er am andern Morgen in das Zimmer trat, das noch voll zerbrochener Scherben lag und in dessen Mitte die unglückliche Perücke, in ihre ursprüngliche Bestandteile aufgelöset, im Punsche umherschwamm. Als der Student Anselmus zur Tür hinausgerannt war, kreuzten und wackelten der Konrektor Paulmann und der Registrator Heerbrand durch das Zimmer, schreiend wie Besessene und mit den Köpfen aneinander rennend, bis Fränzchen den schwindlichten Papa mit vieler Mühe ins Bett brachte und der Registrator in höchster Ermattung aufs Sofa sank, welches Veronika, ins Schlafzimmer flüchtend, verlassen. Der

Registrator Heerbrand hatte sein blaues Schnupftuch um den Kopf gewickelt, sah ganz blaß und melancholisch aus und stöhnte: »Ach, werter Konrektor, nicht der Punsch, den Mamsell Veronika köstlich bereitet, nein! – sondern lediglich der verdammte Student ist an all dem Unwesen schuld. Merken Sie denn nicht, daß er schon längst mente captus ist?

JOSEPH VON EICHENDORFF

Das Marmorbild (Auszug)

Die Novelle »Das Marmorbild« (1819 erschienen) ist eine Allegorie auf die in Naturbildern verborgene Geschichte. Der jugendliche Held Florio gerät durch den unheimlichen Ritter Donati, einen Verwandten der schönen Unbekannten, immer stärker in deren Bann, durch traumhafte Ahnung und Erinnerung. In sich versunken folgt er dem Ritter; Schloß und Natur verwandeln sich für ihn in immer buntere Bilder, was ihn zu immer neuer Trunkenheit führt. Der Mondschein bereitet die zauberische Begegnung und Verwandlung vor. Die Verzauberung ist Rückführung zum Ursprung, der wiederum für Eichendorff den Entwurf aller Zukunft bedeutet. Solange Trümmer und Ruinen von der Natur überwuchert sind, zieht sich die Geschichte in sich zurück. In dem Augenblick aber, in dem das Venusbild erwacht, wird für Florio der Grund des Lebens sichtbar. Darum erinnert er sich an seine Jugend. »›Laßt nur das!‹ sagte hier die Dame wie in Zerstreuung, ›ein jeder glaubt, mich schon einmal gesehen zu haben, denn mein Bild dämmert und blüht wohl in allen Jugendträumen mit herauf.‹«
Wenn die Geschichte durch Poesie ihr Geheimnis preisgegeben hat, vernichtet sie zugleich die Poesie. »Geschichte

wird realisierte Poesie und Poesie beschworene, gegenwärtige Geschichte« (Wilhelm Emrich). Der märchenhaft grauenvolle Verwandlungsprozeß der Marmorbilder enthüllt sich als schreckliche Gegenwart. Florios Ausruf »Herr Gott, laß mich nicht verlorengehen in der Welt« ist die Bewußtwerdung der selbst provozierten Bannung des Dichters. Die Befreiung aus den dunklen Nächten ist nur durch die göttliche Hilfe von oben möglich. So sieht Eichendorff die Lösung der inneren Spannung von heidnischer Magie und christlicher Erlösungstendenz.

Mehrere Tage waren seitdem vergangen, da befand sich Florio eines Nachmittags bei Donati auf seinem Landhause vor der Stadt. An einem mit Früchten und kühlem Wein besetzten Tische verbrachten sie die schwülen Stunden unter anmutigen Gesprächen, bis die Sonne schon tief hinabgesunken war. Währenddes ließ Donati seinen Diener auf der Gitarre spielen, der ihr gar liebliche Töne zu entlocken wußte. Die großen, weiten Fenster standen dabei offen, durch welche die lauen Abendlüfte den Duft vielfacher Blumen, mit denen das Fenster besetzt war, hineinwehten. Draußen lag die Stadt im farbigen Duft zwischen den Gärten und Weinbergen, von denen ein fröhliches Schallen durch die Fenster heraufkam. Florio war innerlichst vergnügt, denn er gedachte im stillen immerfort der schönen Frau.

Währenddes ließen sich draußen Waldhörner aus der Ferne vernehmen. Bald näher, bald weit, gaben sie einander unablässig anmutig Antwort von den grünen Bergen. Donati trat ans Fenster. »Das ist die Dame«, sagte er, »die Ihr in dem schönen Garten gesehen habt, sie kehrt soeben von der Jagd nach ihrem Schlosse zurück.« Florio blickte hinaus. Da sah er das Fräulein auf einem schönen Zelter unten über den grünen Anger ziehen. Ein Falke, mit einer goldenen Schnur an ihrem Gürtel befestigt, saß auf ihrer Hand, ein Edelstein an ihrer Brust warf in der Abendsonne lange grünlichgoldene

Scheine über die Wiese hin. Sie nickte freundlich zu ihm herauf.

»Das Fräulein ist nur selten zu Hause«, sagte Donati, »wenn es Euch gefällig wäre, so könnten wir sie noch heute besuchen.« Florio fuhr bei diesen Worten freudig aus dem träumerischen Schauen, in das er versunken stand, er hätte dem Ritter um den Hals fallen mögen. – Und bald saßen beide draußen zu Pferde.

Sie waren noch nicht lange geritten, als sich der Palast mit seiner heitern Säulenpracht vor ihnen erhob, ringsum von dem schönen Garten wie von einem fröhlichen Blumenkranz umgeben. Von Zeit zu Zeit schwangen sich Wasserstrahlen von den vielen Springbrunnen wie jauchzend bis über die Wipfel der Gebüsche, hell im Abendgolde funkelnd. – Florio verwunderte sich, wie er bisher niemals den Garten wiederfinden konnte. Sein Herz schlug laut vor Entzücken und Erwartung, als sie endlich bei dem Schlosse anlangten.

Mehrere Diener eilten herbei, ihnen die Pferde abzunehmen. Das Schloß selbst war ganz von Marmor, und seltsam, fast wie ein heidnischer Tempel erbaut. Das schöne Ebenmaß aller Teile, die wie jugendliche Gedanken hochaufstrebenden Säulen, die künstlichen Verzierungen, sämtliche Geschichten aus einer fröhlichen, lange versunkenen Welt darstellend, die schönen, marmornen Götterbilder endlich, die überall in den Nischen umherstanden, alles erfreute die Seele mit einer unbeschreiblichen Heiterkeit. Sie betraten nun die weite Halle, die durch das ganze Schloß hindurchging. Zwischen den luftigen Säulen glänzte und wehte ihnen überall der Garten duftig entgegen.

Auf den breiten, glattpolierten Stufen, die in den Garten hinabführten, trafen sie endlich auch die schöne Herrin des Palastes, die sie mit großer Anmut willkommen hieß. Sie ruhte, halb liegend, auf einem Ruhebett von köstlichen Stoffen. Das Jagdkleid hatte sie abgelegt, ein himmelblaues Gewand, von einem wunderbar zierlichen Gürtel zusammengehalten, umschloß die schönen Glieder. Ein Mädchen, neben ihr kniend, hielt ihr einen reichverzierten Spiegel vor, während mehrere andere beschäftigt waren, ihre anmutige Gebieterin mit Rosen zu schmücken. Zu ihren Füßen war ein Kreis von Jungfrauen auf dem Rasen gelagert, die sangen mit abwechselnden Stimmen zur Laute, bald hinreißend fröhlich, bald leise klagend, wie Nachtigallen in warmen Sommernächten einander Antwort geben.

In dem Garten selbst sah man überall ein erfrischendes Wehen und Regen. Viele fremde Herren und Damen wandelten da zwischen den Rosengebüschen und Wasserkünsten in artigen Gesprächen auf und nieder. Reichgeschmückte Edelknaben reichten Wein und mit Blumen verdeckte Orangen und Früchte in silbernen Schalen umher. Weiter in der Ferne, wie die Lautenklänge und die Abendstrahlen über die Blumenfelder dahinglitten, erhoben sich hin und her schöne Mädchen, wie aus Mittagsträumen erwachend, schüttelten die dunkeln Locken aus der Stirn, wuschen sich die Augen in den klaren Springbrunnen und mischten sich dann auch in den fröhlichen Schwarm.

Florios Blicke schweiften wie geblendet über die bunten Bilder, immer mit neuer Trunkenheit wieder zu der schönen Herrin des Schlosses zurückkehrend. Diese ließ sich in ihrem kleinen, anmutigen Geschäft nicht stören. Bald etwas an ihrem dunkeln, duftenden Lockengeflechte verbessernd, bald wieder im Spiegel sich betrachtend, sprach sie dabei fortwährend zu dem Jüngling, mit gleichgültigen Dingen in zierlichen Worten holdselig spielend. Zuweilen wandte sie sich plötzlich um und blickte ihn unter den Rosenkränzen so unbeschreiblich lieblich an, daß es ihm durch die innerste Seele ging.

Die Nacht hatte indes schon angefangen, zwischen die fliegenden Abendlichter hinein zu dunkeln, das lustige Schallen im Garten wurde nach und nach zum leisen Liebesgeflüster, der Mondschein legte sich zauberisch über die schönen Bilder. Da erhob sich die Dame von ihrem blumigen Sitze und faßte Florio freundlich bei der Hand, um ihn in das Innere ihres Schlosses zu führen, von dem er bewundernd gesprochen. Viele von den andern folgten ihnen nach. Sie gingen einige Stufen auf und nieder, die ganze Gesellschaft zerstreute sich inzwischen lustig lachend und scherzend durch die vielfachen Säulengänge, auch Donati war im Schwarme verloren, und bald befand sich Florio mit der Dame allein in einem der prächtigsten Gemächer des Schlosses.

Die schöne Führerin ließ sich hier auf mehrere am Boden liegende seidene Kissen nieder. Sie warf dabei, zierlich wechselnd, ihren weiten, blütenweißen Schleier in die mannigfaltigsten Richtungen, immer schönere Formen bald enthüllend, bald lose verbergend. Florio betrachtete sie mit flammenden Augen. Da begann auf einmal draußen in dem Garten ein wunderschöner Gesang. Es war ein altes, frommes Lied, das er in seiner Kindheit oft gehört und seitdem über den wechselnden Bildern der Reise fast vergessen hatte. Er wurde ganz zerstreut, denn es kam ihm zugleich vor, als wäre es Fortunatos Stimme. – »Kennt Ihr den Sänger?« fragte er rasch die Dame. Diese schien ordentlich erschrocken und verneinte es verwirrt. Dann saß sie lange im stummen Nachsinnen da.

Florio hatte unterdes Zeit und Freiheit, die wunderlichen Verzierungen des Gemaches genau zu betrachten. Es war nur matt durch einige Kerzen beleuchtet, die von zwei ungeheuren, aus der Wand hervorragenden Armen gehalten wurden. Hohe ausländische Blumen, die in künstlichen Krügen umherstanden, verbreiteten einen berauschenden Duft. Gegenüber stand eine alte Reihe marmorner Bildsäulen, über deren reizende Formen die schwankenden Lichter lüstern auf und nieder schweiften. Die übrigen Wände füllten köstliche Tapeten mit in Seide gewirkten lebensgroßen Historien von ausnehmender Frische.

Mit Verwunderung glaubte Florio, in allen den Damen, die er in diesen letzteren Schildereien erblickte, die schöne Herrin des Hauses deutlich wiederzuerkennen. Bald erschien sie, den Falken auf der Hand, wie er sie vorhin gesehen hatte, mit einem jungen Ritter auf die Jagd reitend, bald war sie in einem prächtigen Rosengarten vorgestellt, wie ein anderer schöner Edelknabe auf den Knien zu ihren Füßen lag.

Da flog es ihn plötzlich wie von den Klängen des Liedes draußen an, daß er zu Hause in früher Kindheit oftmals ein solches Bild gesehen, eine wunderschöne Dame in derselben Kleidung, einen Ritter zu ihren Füßen, hinten einen weiten Garten mit vielen Springbrunnen und künstlich geschnittenen Alleen, gerade wie vorhin der Garten draußen erschienen. Auch Abbildungen von Lucca und anderen berühmten Städten erinnerte er sich dort gesehen zu haben.

Er erzählte es nicht ohne tiefe Bewegung der Dame. »Damals«, sagte er, in Erinnerungen verloren, »wenn ich so an schwülen Nachmittagen in dem einsamen Lusthause unseres Gartens vor den alten Bildern stand und die wunderlichen Türme der Städte, die Brücken und Alleen betrachtete, wie da prächtige Karossen fuhren und stattliche Kavaliers einherritten, die Damen in den Wagen begrüßend – da dachte ich nicht, daß das alles einmal lebendig werden würde um mich herum. Mein Vater trat dabei oft zu mir und erzählte mir manch lustiges Abenteuer, das ihm auf seinen jugendlichen Heeresfahrten in der und jener von den abgemalten Städten begegnet. Dann pflegte er gewöhnlich lange Zeit nachdenklich in dem stillen Garten auf und ab zu gehen. – Ich aber warf mich in das tiefste Gras und sah stundenlang zu, wie Wolken über die schwüle Gegend wegzogen. Die Gräser und Blumen schwankten leise hin und her über mir, als wollten sie seltsame Träume weben, die Bienen summten dazwischen so sommerhaft und in einem fort – ach! das ist alles wie ein Meer von Stille, in dem das Herz vor Wehmut untergehen möchte!« – »Laßt nur das!« sagte hier die Dame wie in Zerstreuung, »ein jeder glaubt, mich schon einmal gesehen zu haben, denn mein Bild dämmert und blüht wohl in allen Jugendträumen mit herauf.« Sie streichelte dabei beschwichtigend dem schönen Jüngling die braunen Locken aus der klaren Stirn. – Florio aber stand auf, sein Herz war zu voll und tief bewegt, er trat ans offene Fenster. Da rauschten die Bäume, hin und her schlug eine Nachtigall, in der Ferne blitzte es zuweilen. Über den stillen Garten weg zog immerfort der Gesang wie ein klarer, kühler Strom, aus dem die alten Jugendträume herauftauchten. Die Gewalt dieser Töne hatte seine ganze Seele in tiefe Gedanken versenkt, er kam sich auf einmal hier so fremd und wie aus sich selber verirrt vor. Selbst die letzten Worte der Dame, die er sich nicht recht zu deuten wußte, beängstigten ihn sonderbar – da sagte er leise aus tiefstem Grunde der Seele: »Herr Gott, laß mich nicht verlorengehen in der Welt!« Kaum hatte er die Worte innerlichst ausgesprochen, als sich draußen ein trüber Wind, wie von dem herannahenden Gewitter, erhob und ihn verwirrend anwehte. Zu gleicher Zeit bemerkte er an dem Fenstergesimse Gras und einzelne Büschel von Kräutern, wie auf altem Gemäuer. Eine Schlange fuhr zischend daraus hervor und stürzte mit dem grünlichgoldenen Schweife sich ringelnd in den Abgrund hinunter.

Erschrocken verließ Florio das Fenster und kehrte zu der Dame zurück. Diese saß unbeweglich still, als lauschte sie. Dann stand sie rasch auf, ging ans Fenster und sprach mit anmutiger Stimme scheltend in die Nacht hinaus. Florio konnte aber nichts verstehen, denn der Sturm riß die Worte gleich mit sich fort. – Das Gewitter schien indes immer näher zu kommen, der Wind, zwischen dem noch immerfort einzelne Töne des Gesanges herzzerreißend heraufflogen, strich pfeifend durch das ganze Haus und drohte die wild hin und her flackernden Kerzen zu verlöschen. Ein langer Blitz erleuchtete soeben das dämmernde Gemach. Da fuhr Florio plötzlich einige Schritte zurück, denn es war ihm, als stände die Dame starr, mit geschlossenen Augen und ganz weißem Antlitze und Armen vor ihm. – Mit dem flüchtigen Blitzesscheine jedoch verschwand auch das schreckliche Gesicht wieder, wie es entstanden. Die alte Dämmerung füllte wieder das Gemach, die Dame sah ihn wieder lächelnd an wie vorhin, aber stillschweigend und wehmütig wie mit schwer verhaltenen Tränen.

Florio hatte indes, im Schreck zurücktaumelnd, eines von den steinernen Bildern, die an der Wand herumstanden, angestoßen. In demselben Augenblicke begann dasselbe sich zu rühren, die Regung teilte sich schnell den andern mit, und bald erhoben sich alle die Bilder mit furchtbarem Schweigen von ihrem Gestelle. Florio zog seinen Degen und warf einen ungewissen Blick auf die Dame. Als er aber bemerkte, daß dieselbe bei den indes immer gewaltiger verschwellenden Tönen des Gesanges im Garten immer bleicher und bleicher wurde, gleich einer versinkenden Abendröte, worin endlich auch die lieblich spielenden Augensterne unterzugehen schienen, da erfaßte ihn ein tödliches Grauen. Denn auch die hohen Blumen in den Gefäßen fingen an, sich wie buntgefleckte bäumende Schlangen gräßlich durcheinander zu winden, alle Ritter auf den Wandtapeten sahen auf einmal aus wie er und lachten ihn hämisch an; die beiden Arme, welche die Kerzen hielten, rangen und reckten sich immer länger, als wolle ein ungeheurer Mann aus der Wand sich hervorarbeiten, der Saal füllte sich mehr und mehr, die Flammen des Blitzes warfen gräßliche Scheine zwischen die Gestalten, durch deren Gewimmel Florio die steinernen Bilder mit solcher Gewalt auf sich losdringen sah, daß ihm die Haare zu Berge standen. Das Grausen überwältigte alle seine Sinne, er stürzte verworren aus dem Zimmer durch die öden, widerhallenden Gemächer und Säulengänge hinab.

Unten im Garten lag seitwärts der stille Weiher, den er in jener ersten Nacht gesehen, mit dem marmornen Venusbilde. – Der Sänger Fortunato, so kam es ihm vor, fuhr abgewendet und hoch aufrecht stehend im Kahne mitten auf dem Weiher, noch einzelne Akkorde in seine Gitarre greifend. – Florio aber hielt auch diese Erscheinung für ein verwirrendes Blendwerk der Nacht und eilte fort und fort, ohne sich umzusehen, bis Weiher, Garten und Palast weit hinter ihm versunken waren. Die Stadt ruhte, hell vom Monde beschienen, vor ihm. Fernab am Horizonte verhallte nur ein leichtes Gewitter, es war eine prächtig klare Sommernacht.

Schon flogen einzelne Lichtstreifen über den Morgenhimmel, als er vor den Toren ankam. Er suchte dort heftig Donatis Wohnung auf, ihn wegen der Begebenheiten dieser Nacht zur Rede zu stellen. Das Landhaus lag auf einem der höchsten Plätze mit der Aussicht über die Stadt und die ganze umliegende Gegend. Er fand daher die anmutige Stelle bald wieder. Aber anstatt der zierlichen Villa, in der er gestern gewesen, stand nur eine niedere Hütte da, ganz von Weinlaub überrankt und von einem kleinen Gärtchen umschlossen. Tauben, in den ersten Morgenstrahlen spiegelnd, gingen girrend auf dem Dache auf und nieder, ein tiefer, heiterer Friede herrschte überall. Ein Mann mit dem Spaten auf der Achsel kam soeben aus dem Hause und sang:

»Vergangen ist die finstre Nacht,
Der Bösen Trug und Zaubermacht,
Zur Arbeit weckt der lichte Tag;
Frisch auf, wer Gott noch loben mag!«

Er brach sein Lied plötzlich ab, als er den Fremden so bleich und mit verworrenem Haare daherfliegen sah. – Ganz verwirrt fragte Florio nach Donati. Der Gärtner aber kannte den Namen nicht und schien den Fragenden für wahnsinnig zu halten. Seine Tochter dehnte sich auf der Schwelle in die kühle Morgenluft hinauf und sah den Fremden frisch und morgenklar mit den großen, verwunderten Augen an. – »Mein Gott! wo bin ich denn so lange gewesen!« sagte Florio halbleise in sich und floh eilig zurück durch das Tor und die noch leeren Gassen in die Herberge.

Hier verschloß er sich in sein Zimmer und versank ganz und gar in ein hinstarrendes Nachsinnen. Die unbeschreibliche Schönheit der Dame, wie sie so langsam vor ihm verblich und die anmutigen Augen untergingen, hatte in seinem tiefsten Herzen eine solche unendliche Wehmut zurückgelassen, daß er sich unwiderstehlich sehnte, hier zu sterben.

In solchem unseligen Brüten und Träumen blieb er den ganzen Tag und die darauffolgende Nacht hindurch.

ACHIM VON ARNIM

Die Einquartierung im Pfarrhaus

Dieser Novelle (1817) liegt ein Thema zugrunde, das bei vielen Erzählern der Romantik als ein zentrales Motiv, ja Strukturprinzip auftaucht: daß am Ende durch glückliche Fügung (wenn sich der Erzählfaden dadurch entwirrt) längst verloren geglaubte oder scheinbar einander fremde Personen sich wiedertreffen bzw. miteinander verwandt sind. Entsteht in Tiecks »Blondem Eckbert« noch aus der Personenidentität das Dämonische, so muß Arnims realistische Erzählung mit dem Titel einer späteren Geschichte zusammengebracht werden: »Seltsames Begegnen und Wiedersehen«. Aus dem Munde des Predigers heißt es: »Es gibt doch noch höhere Geschicke, [. . .] die alles für uns tun, wenn wir am wenigsten es ahnen.« Arnim verquickt vor dem Hintergrund des »letzten Krieges« seine wundersame Erzählung mit realistischem Zeitkolorit (der Einquartierung eines Regiments) und seltsam verborgenen Verwandtschaften im Dämmer der Pfarrstube, bis wieder Regimentsmusik »wie der Stundenschlag [. . .] die Geisterstunde endet«.

Die Spannungsmomente entstehen im Nebeneinander der historischen Begebenheiten und wunderbaren Fügungen. Wolfdietrich Rasch hat einleuchtend dargestellt, wie die gestörte Ordnung der Zeit sich in Arnims sprunghaft kombinatorischem Stil niederschlägt. Arnim erzählt gegenläufig zur Gesetzmäßigkeit der klassischen Novelle; so hat die eingeschobene Erzählung des Pfarrers, die Heirat Dorothees, ein bewußt retardierendes Moment, um die Aufdeckung der wahren Verhältnisse hinauszuzögern. Im Gegensatz zum Märchen wird auch nicht die Logik des Wunderbaren ausgespielt, um die wahre Ordnung wieder herzustellen. In der Vermischung von Tragischem mit Komischem wird durch einen grausigen Trugschluß die Ordnung konstituiert. Arnim bietet keine Erlösung an, sondern »Befreiung im Durchgang durch Verwirrung« (Rasch).

Der Stab des ... Regiments war in dem Pfarrhofe zu M... als Einquartierung angesagt; drei Kompagnieen, die Wagen und Reitpferde sollten im Dorfe verteilt werden. Die Quartiermacher, welche Deutsch redeten, waren sogleich auf frischen Pferden weiter geritten, um auch für die andern Kompagnieen des Regiments in dieser Art zu sorgen, denn die Hauptsorge, wie diese Menschenzahl zu verteilen, woher Lebensmittel und Pferdefutter nach so vielen Durchmärschen herbei zu schaffen, überließen sie den Einwohnern. Da gab's ein Beraten im Schulzengerichte und beim Pfarrer, ein Abdingen, wieviel jeder einnehmen sollte. Der aber am härtesten belastet war, und in seinem kleinen Hause für dreizehn Offiziere Unterkommen schaffen sollte, war der Pfarrer, und doch sagte er kein verdrießliches Wort, sondern verließ sich auf die tätige Wirtschaftlichkeit seiner jungen Frau, die ihn schon manchmal aus ähnlicher Verlegenheit gezogen hatte. Als aber ein kleines Mädchen außer Atem mit einem Gruße von der kranken Mutter seiner Frau ankam: sie wünsche das heilige Abendmahl zu empfangen, weil sie sich sehr schlecht befinde, da sank ihm einen Augenblick der Mut, die Frau weinte und warf sich in einen Stuhl und klagte: daß die schönsten Wochen ihres Lebens, ihr Eintritt in den Ehestand durch so viel Sorge und Leiden verkümmert wären. Aber diese Erinnerung gab dem Prediger wieder Kraft, er dachte sich, wie viel trauriger er oft gewesen, als er noch einsam in diesen Mauern gehaust, er sprach der Frau Mut ein und trug selbst aus Wohlwollen die

heiligen Geräte nach dem nahen Vorwerke, um den Küster nicht von der Sorge für sein Haus abzuhalten.
Trommelschlag verkündete die Annäherung des Regiments, die Fahnenwache marschierte feierlich in den Pfarrhof, der Oberst des Regiments, ein ansehnlicher Herr, noch scheinbar jugendlich, doch fast haarlos auf seinem Haupte, stieg aus einer Kibitka aus und fragte in deutscher Sprache nach dem Hausherrn. Die Frau Predigerin trat in Verlegenheit mit niedergeschlagenen Augen ihm entgegen und versicherte ihm, es sei für alles gesorgt, ungeachtet ihr Mann abwesend sei in Amtsgeschäften. Der Oberst fragte in sichtbarem Verwundern: ob er das Vergnügen habe mit der Frau Predigerin zu sprechen? Sie bejahte die Frage mit einem Lächeln, als ob sie ihr schon öfter gemacht worden wäre, und führte den Obersten in sein Zimmer, indem sie ihm versicherte, wie leicht es ihr jetzt ums Herz sei, da sie wenigstens mit ihm sprechen, und was er begehre und wie alles einzurichten, von ihm erfahren könne. Des Obersten Antlitz war schon ein wohlwollendes Himmelszeichen, mehr noch seine wohltönende gewandte Sprache und seine ruhige Aufmerksamkeit, die jede Klage hörte und bis zum letzten Grunde zu heben suchte, am meisten wirkte sein Trost, daß das Regiment schon in der Abendkühlung weiter marschiere. Alles machte sich leicht mit ihm ab und nicht ohne Grund suchten seine Offiziere die klageführenden Einwohner von ihm abzuhalten, denn gegen seine Soldaten war er strenge, während er rastlos für sie sorgte. Aber die Frau Predigerin hatte ihr Zutrauen zu ihm gefaßt, sie nahm den Schulzen und andre bei der Hand und führte sie zu ihm, der Oberst dankte ihrer Bemühung, schlichtete die Händel, die öfter aus Ungeduld und Mißverständnis, denn aus bösem Willen angefangen waren. Sie blieb gern auf seinem Zimmer, weil sie da geschützt war gegen alle gewagten Zudringlichkeiten der anderen Offiziere; er behandelte sie, wie ein guter Vater ein gutes Kind. Endlich kam der Prediger, die Frau ihm entgegen mit der Frage, ob ihre Mutter noch lebe? Der Prediger

bejahte das, hoffte auch noch ein paar Tage, schien nachdenkend oder zerstreut, ließ sich dem Obersten vorstellen und entschuldigte seine Frau mit der Eile, wenn er nicht alles zu seiner Zufriedenheit gefunden habe. Der Oberst rühmte alle Einrichtungen, erkundigte sich, wo der Prediger studiert habe und freute sich I... nennen zu hören, weil er früher als der Prediger auch dort studierte und über allerlei Männer, Häuser und Gegenden, die er gern besucht, Auskunft von ihm erhalten konnte. Dann kamen beide auf Studentengeschichten. Der Oberst gestand, daß er wegen eines Aufstandes festgesetzt und als Führer ohne Gnade relegiert worden sei, worüber er mit seinen Eltern zerfallen und aus Notwendigkeit, um für seinen Lebensunterhalt zu sorgen, das Kriegshandwerk ergriffen habe. Der Tisch war gedeckt, die Offiziere versammelten sich, der Pope betete, der Prediger mußte neben dem Obersten sitzen, wurde von diesem mit gutem Wein, der lange nicht in dies Pfarrhaus gekommen, bewirtet und beide wurden endlich so vertraulich, als ob sie miteinander gleiche Jugend in I... verlebt hätten. – »Alles gefällt mir bei Ihnen ganz und ohne Einschränkung«, sagte der Oberst nach Tische, als er mit dem Pfarrer allein im Garten Kaffee trank, »eins nur verwundert mich und setzt mich in Verlegenheit. Ihre schöne junge Frau, die so gesittet und gescheut spricht und sich beträgt, hat mich beim Eintritte ins Haus durch ihre Kleidung zu dem Irrtume verleitet, als ob sie die Magd des Hauses wäre, auch beim Mittagessen wollte sie keinen Platz annehmen, sondern zog es vor, uns zu bedienen, was mir bei jedem Teller eine Verbeugung kostete. Ist dies vielleicht Grundsatz bei Ihnen, soll dadurch vielleicht die Frau, dem Umgange der Dorfbewohner näher gebracht, vor Überdruß und Langeweile bewahrt werden?« – »Keinesweges«, antwortete der Prediger, »mein Wille ist dies nicht, vielmehr glaube ich, daß die Frau des evangelischen Predigers, den kein falsches Geheimnis heiligt, auch im Äußern vor den Frauen des Dorfs sich auszeichnen muß, sie lieber zu sich hinauf ziehen als sich ihnen gleich stellen darf. So folgsam sie in allem übrigen ist, so unerschütterlich ist sie in diesen Gewohnheiten und Grundsätzen, die ihr von der Mutter eingeprägt sind.«

»Seltene Grundsätze in unsrer Zeit«, sprach der Oberst, »in welcher jeder nur über sich, nicht unter sich zu sehen gewohnt ist, die Geschichte der Mutter mag etwas Ausgezeichnetes in sich tragen.« – »Freilich«, sagte der Prediger, »ich habe sie erst heute, wo sie sich dem Tode nahe glaubte ganz vernommen, gern teilte ich sie Ihnen mit, denn sie machte kein Geheimnis davon, nur war es ihr immer traurig davon zu sprechen und auch mich betrübt die Ansicht eines verkümmerten Lebens. Lieber erzähle ich Ihnen, wie seltsam meine Frau an mich und ich zu meiner Frau gekommen, das ist heitrer anzuhören.« – »Hat das so viele Umwege gemacht?« fragte der Oberst, »gegenwärtig, wo keine strengen Väter, keine tückischen Vormünder, keine Menschenräuber mehr ihr Wesen treiben, geht es sonst wie auf der Chaussee.« – »Es gibt doch noch höhere Geschicke«, fuhr der Prediger fort, »die alles für uns tun, wenn wir am wenigsten es ahnen. Ich habe in dem ersten Jahre meines Amts meine Frau, als Tochter einer armen Witwe auf dem nahen Vorwerke, unterrichtet und eingesegnet. Ihr Anblick war mir etwas wert, ein andres Zeichen von Liebe habe ich nicht in mir wahrgenommen und ich möchte den Dichtern ins Angesicht behaupten, die Liebe sei nie oder selten so schnell und überraschend, wie sie aus Bequemlichkeit sie gern darstellen. Ich kannte die Gemeinde nur noch wenig, und verlor daher die Bewohner des Vorwerks leichter aus meinem Gedächtnis. Das Mädchen war mir wieder ganz neu, erschien mir aber viel schöner, als sie zum Erntefeste unter der Zahl von sechs Mädchen erschien, die jährlich von unserer Gräfin reichlich ausgestattet werden. Es war ein schöner Tag und ein sehr freudiges Fest! Der Erntekranz war mit heiligem Liede der Gräfin überbracht, die Verlobten sollten sich paarweis vor den Altar stellen um alle bei einer Rede getraut zu werden, da bemerkte sie, daß der Dorothee –« »Dorothee«, sprach der Oberst nach, »so heißt Ihre Frau?« – »Ja so heißt sie und ist mir eine Gabe Gottes«, fuhr der Prediger fort, »dort aber stand sie allein, ohne Bräutigam, doch ruhig, unverlegen, bis die Gräfin sie fragte, wo ihr Schatz bliebe? – ›Meine Mutter hat mir gesagt‹, antwortete Dorothee, ›ich würde alles reichlich von Ihro Gnaden bekommen, sie hätte mit Ihnen gesprochen.‹ – ›Liebes Kind‹, sagte die Gräfin verlegen, ›ich habe dir manches zu schenken, aber ein Mann läßt sich nicht verschenken.‹ – ›Ich verlasse mich auf Ew. Gnaden‹, antwortete Dorothee, ›und bin mit allem zufrieden.‹ – Mit Mühe beschwichtigte ich den Mutwillen, den dieser Auftritt bei der Jugend erweckt hatte; die Gräfin nahm das Mädchen an ihre Hand um ihre Beschämung zu mindern und schenkte ihr einige hübsche Tücher. Nachdem die Unruhe vorüber, hielt ich meine Rede, doch gestehe ich, nicht ohne Sehnsucht, daß ich an der Seite der verlassenen Dorothee hätte stehen mögen. Am andern Tage kam die Mutter zu mir, entschuldigte sich, daß sie ihr Mädchen so in den April geschickt habe, doch da sie fremd in dieser Gegend sei, wäre sie wohl zu entschuldigen, daß sie diese Verheiratungen nicht gewußt, sondern das Ganze für ein Rosenfest gehalten habe, wie es in ihrer Gegend gebräuchlich, an welchem die sittsamsten Mädchen öffentlich beschenkt würden. Es hätte aber nun einmal so sein müssen; es habe jetzt eines reichen Bauers Sohn, der die Tochter gestern gesehen, um sie angehalten, sie habe eingewilligt und die Hochzeit solle sich bald feiern. Ich fragte, ob denn die Tochter mit dieser Heirat zufrieden sei? Sie antwortete, daß ihre Tochter durch Ungehorsam sie nie bekümmerte, auch sei es hübschen jungen Mädchen nützlich, wenn sie früh heirateten. – Sie wurden aufgeboten, der Tag der Hochzeit kam auch herbei, ich stand am Altare, die kleine Orgel tönte, Dorothee wurde reizender als je von den Mädchen zum Altare geführt. Mein Herz bebte, das Lied ging zu Ende, aber der Bräutigam kam nicht, die Mädchen wurden ungeduldig, ich fürchtete, nein, ich hoffte ein neues Hindernis. Ein Bote erschien, der

Handel klärte sich auf. Des Bräutigams Vater, der eigentliche Besitzer des Hofes, ein rüstiger, wunderlicher Alter, hatte gleiche Gefühle mit seinem Sohne am Tage des Erntefestes geteilt, aber erst in dieser entscheidenden Stunde war es in ihm Entschluß geworden, der Heirat seines Sohnes zu widersprechen und ihm den Hof nicht übergeben zu wollen, wenn er ihm nicht die Braut überlasse. Die arme Dorothee wurde bleich bei der Nachricht, alle beweinten sie aufrichtig; ich suchte ihr Mut einzusprechen. Die Mutter war inzwischen zur Vermittelung in das Haus des Bräutigams gegangen, sie hatte dort behauptet, wer ihre Tochter lieb hätte, der müsse sie dem andern überlassen; der Sohn entschloß sich, sie dem Vater abzutreten und dieser ging nun mit den Hochzeitgästen zur Kirche. Er kam aber zu spät! Denn wie der Augenblick das Leben und den Tod gibt, so schließt er auch Ehen. Ich hatte, – der Himmel weiß, in lauter Liebe und Wohlwollen, – das arme Mädchen zu trösten, mich in der Kirche entschlossen, um ihre Hand sie anzusprechen; ich wollte ihr zeigen, daß sie nicht verlassen, nicht beschimpft sei, weil sie zweimal ohne Bräutigam vor dem Altar gestanden habe. Sie antwortete nicht, aber ihre Blässe schwand in Tränen und als der Alte sich als Bräutigam ihr keck gegenüber stellte, erklärte sie laut, daß keine Gewalt sie zwingen würde, ihn zu ehelichen: mir habe sie ihr Herz geschenkt, seitdem ich sie eingesegnet und sie habe sich nur dadurch zweimal bewegen lassen, als Braut vor den Altar zu treten, um mich recht lange mit sich beschäftigt zu sehen. Daß der Alte und sein Sohn nach dieser Erklärung uns beiden zürnte, daß die Mutter mir bald versöhnt war, als sie meine ernstlichen Absichten erkannte, daß ich nicht länger, als zum Aufgebote nötig, säumte, mich von dem benachbarten Pfarrer trauen zu lassen, das erraten Sie, Herr Oberst – und noch keinen Augenblick hat mich der Entschluß gereut.« –

»Sie eilen über Ihre glücklichen Tage zu rasch hinweg«, sprach der Oberst. – »Verzeihen Sie«, fuhr der Prediger fort, »ein Name auf Ihrem Tabaksbeutel hat mich während der letzten Hälfte meines Berichts gekränkt und zerstreut; kennen Sie in Ihrem Vaterlande einen Mann des Namens, der zu I... ebenfalls studierte?« – Der Oberst lächelte: »Ein solcher Mann studierte mit mir, aß und schlief mit mir, es war kurz gesagt mein Name, ehe ich den eines mütterlichen Verwandten annahm, wie konnte er Sie kränken, während ich Ihnen und Ihrer Frau von Herzen dienen möchte.« – »Heiliger Gott«, rief der Prediger, »reißt der Krieg viele aus einander, so führt er doch auch manche zusammen, wäre es nur zur Freude! Herr Oberst, haben Sie bei I... an der Gebirgsstraße eine Dorothee gekannt, die noch lange unter dem Beinamen der ›klugen Tochter‹ im Gespräche der Leute war?« – Der Oberst wandte sich bei diesen Worten heftig um und sprach in sich: Wer hat danach zu fragen? – »Sie haben diese Unglückliche gekannt«, rief der Pfarrer, »und wollen sie verleugnen!« – »Unglücklich? warum unglücklich?« fragte der Oberst besänftigt, »sie war jedes Glücks würdig und auch mein Glück ist mit ihrer lieben Nähe von mir gewichen. Wissen Sie etwas von ihr? meine Nachfragen waren vergebens, ein Studententumult verbannte mich, mein Vater sandte mich unter ein Regiment, ich hörte nichts von ihr, seit dem seltsamen Abende, wo sie mir voraus sagte, ich würde sie verlassen.« – »Glauben Sie, daß ich etwas von ihr weiß«, fuhr der Pfarrer fort, »wenn ich Ihnen erzähle, wie Sie dieselbe zum erstenmal gesehen, als sie Ihnen Erdbeeren und Milch nach der Bank vor dem Hause brachte?« – »Ich brauche Ihnen nichts zu erzählen«, sprach der Oberst verlegen, »ach! damals sagte ich ihr in seltsamer Heftigkeit: ›So lieb dir dein Leben, bring keinem Durstigen wieder Früchte, laß ihn verschmachten; es wäre auch mir besser gewesen.‹ Ich hatte so viel von dem Mädchen gehört, ich wollte mich über sie lustig machen, weil sie in allem Wissenskram herumfaselte, aber sie war zu schön. Das arme Mädchen hatte so viel Jahre wie ein verehrt Wallfahrtbild auf der Meeresklippe gestanden, und dachte nicht, daß nach so vielen noch eine Welle kommen könnte, die sie umstieß. O die armen Mädchen, welche in der Völkerwanderung einer Universität aufwachsen! Ihre Mutter hatte sich gefreut, daß jedermann ihr Mädchen klug nannte, daß ihr die jungen Leute Bücher brachten, von denen sie selbst ergriffen waren. Sie rangen damals mit ihrer Bildung, und dachten nichts Bessres tun zu können, als ihre hübsche Wirtstochter in alles das vertrackte Zeug mit einzuweihen, denn sie horchte nie auf Artigkeiten so geduldig, als wenn sie mit den Idealen und Eitelkeiten der Zeit versetzt waren. Auch mich riß ihre Schönheit hin und ich meinte, es sei ihr Geist. Wir hörten sie geistig wachsen, denn was sie kaum erlernt, wußte sie deutlicher als wir selbst auszusprechen; wir sahen bald mit einer Ehrfurcht wie zu einem höheren Wesen empor und bemerkten nicht, daß eine heimliche Krankheit den innern Blick erhöhte, daß eine heimliche Neigung an ihrem tiefsten Innern zehrte. Ich Unglückseliger war ihr Verderber und ahnete es nicht, bis sie mir in seltsamen Visionen ihren Zustand deutlich machte, sie nannte mich ihren Verführer, als ich noch unschuldig mit den Blumen zu ihren Füßen spielte. Ich verlachte ihr Traumgesicht und doch traf alles ein und die Mutter duldete unsere Vertraulichkeit, weil die Tochter wieder blühend wurde, als ich mich ihr ergab. Ist sie unglücklich geworden, so möchte ich ihre Voraussagungen wie Macbeth die Hexen verfluchen, die ihm hohe Ehre verkündeten. Es war ein trüber, wehmütiger Abend, als sie mir voraus sagte, ich würde sie verlassen, doch würde sie mich vor ihrem Ende sehen; am andern Tage begann der Tumult, ich ward relegiert, schrieb ihr unzählige Briefe, erhielt aber keine Antwort. Der Krieg beschäftigte bald meine ganze Seele; nach mehreren Jahren wollte ich sie mit meiner Erinnerung nicht stören, wenn sie mich für tot gehalten und andere Verbindung eingegangen wäre. Was wissen Sie von ihr? Ich habe Ihnen gebeichtet um mir Ihr Zutrauen zu gewinnen, ich gäbe viel darum, von dem lieben Kinde wieder etwas zu hören.« – »Sie sollen hören von ihr«, sagte der Pfarrer, »und können Sie nichts mehr von ihr hören, so müssen Sie die arme Dorothee sehen, aber rüsten Sie sich, als ginge es in die Schrecken der Schlacht, wir gehen zu einer Sterbenden.« – »Die Sterbende ist Dorothee?« fragte der Oberst mit Entsetzen. – »Die Sterbende ist Dorothee«, antwortete der Pfarrer, »ist die Mutter meiner Frau, Sie sind der Vater meiner Dorothee; erst heute hat mir die Sterbende Ihren früheren Namen anvertraut.« – »Segen und Fluch trifft mich wie Hagelschlag im Sonnenschein«, rief der Oberst und führte den Pfarrer mit sich fort, ohne selbst den Weg zu wissen; eine Ordonnanz folgte ihnen aus Gewohnheit, ohne vom Obersten den Befehl zu erhalten. – Die Pfarrerin saß vor dem Bette der Mutter, die ihr mit schwacher Stimme zuflüsterte, sie sterbe gewiß noch nicht, sie werde noch eine fröhliche Botschaft erhalten; da trat der Oberst, dem Pfarrer vorauseilend in das kleine reinliche Zimmer. Die Sonne leuchtete mit rotem Abendstrahle auf die Sterbende; der Oberst erkannte sie, denn der letzte Kampf durchglühte ihre bleichen Wangen, er sank an ihrem Bette nieder, blickte zu ihr; auch sie erkannte ihn, drückte ihm die Hand, wollte ihn küssen, da sank sie auf ihr Lager nieder und verschied. Der Oberst wollte sie mit allen jammervollen Beschwörungen seiner Liebe erwecken, aber er hatte kein Recht mehr über sie, sie gehörte schon dem Himmel.

»Liebes Kind«, sagte der Oberst zur Pfarrerin, »hasse nicht deinen Vater, daß er so lange nicht für dich sorgte, er wußte nichts von deinem Dasein! Was ich erwarb, sei dein, aber was ist das gegen die Jahre, die ich unwissend dem Leben deiner Mutter raubte.« Die Tochter verstand nicht, warum er sie als Tochter begrüßte, aber sie folgte dem Wink ihres Mannes und dem Gefühle ihres Herzens, sie küßte seine Hand; aus dem Todeshauche der Mutter war ihr der Vater erstanden, das erklärte ihr der Pfarrer mit flüchtigen Worten, die ihr kindliches Herz mit steigender Liebe schwellten.

Und wie sie so im Arme des Obersten lag, da trat eine uralte Frau in Reisekleidern ein und fragte weinend nach ihrer Tochter Dorothee, die ihr geschrieben, die sie an ihr Sterbebette gerufen hätte. »Wer seid Ihr, gute Frau?« fragte der Pfarrer, aber die Alte hörte nicht, sie war schon lange taub. Der Oberst winkte dem Pfarrer und sprach leise: »Es ist die alte Wirtin vom Gebürge, die Mutter meiner Dorothee, die Großmutter Ihrer Frau, könnten wir ihr den Schmerz ersparen, die Tochter tot zu finden!« – Die Alte hatte sich unterdessen schon der Pfarrerin genähert, schrie auf vor Freude, daß sie so gesund sei, wie sie jemals gewesen, jetzt müsse sie schelten, daß sie ihr den Schreck gemacht, sich todkrank auszugeben, um sich mit ihr zu versöhnen. Die Pfarrerin wollte sie belehren, aber die Alte hörte nichts in ihrer Taubheit, sie freute sich, mit ihren blöden Augen die Tochter gleich erkannt zu haben und als sie den Obersten auch erkannte, sagte sie ihm: er sei älter geworden, aber er scheine ihre Tochter noch wie sonst zu lieben und so solle alles vergeben und vergessen sein, daß er sie einst für so viel Liebe habe sitzen lassen. Die gesprächige Alte war so ganz mit den Lebenden beschäftigt, so von Freude überfüllt, daß sie der Toten nicht achtete, sie küßte tausendmal die Enkelin als ihre Tochter und warf ihr vor, daß sie so lange geschwiegen, da sie ihr doch längst den Fehler verziehen gehabt. »Ich hätt es nicht überlebt«, sagte sie, »wenn ich dich tot gefunden hätte, nein, alles in der Ordnung, die Alten bestellen den Kindern ihren Platz im Himmel, wie sie schon auf Erden eine Wiege ihnen bereiteten.« Dem Obersten schauderte bei den Worten und er führte beide Frauen der Türe zu, die Stube schien ihm ein Grab, worin er lebend begraben die Gespräche der Verweseten höre, ihm war wie einem Sterblichen, der unbewußt in die Gesellschaft von Geistern geraten ist und nicht weiß, ob es Täuschung sei, ob er die Täuschung stören könne und dürfe und doch fürchtet wahnsinnig in diesem Umgange zu werden. – Da durchdrang ihn draußen der freie Himmel und seine Regimentsmusik wie der Stundenschlag, der die Geisterstunde endet; schon waren alle zum Abmarsch gesammelt, alle harrten auf ihn, auf den geliebten Führer, ihn rief die ernste Pflicht, der er sein Leben verschworen hatte. Kaum waren die beiden Frauen entfernt, kaum hatte er seinen Befehl zum Abmarsch der Ordonnanz gegeben, so kehrte er zur Toten und zum Pfarrer in das dunkle Zimmer zurück, warf sich noch einmal bei der Verblichenen nieder, küßte sie noch einmal, drückte dem Pfarrer seine Brieftasche in die Hand mit einem Schwure, es sei alles, was er habe, es sei die Mitgabe seiner Tochter. Der Pfarrer flehte ihn an, daß er unter ihnen weile, daß er sich unter ihnen ausruhe bei seinem einzigen Kinde. »Draußen warten meiner tausend liebe Söhne«, antwortete der Oberst; »der Himmel hat mich nicht umsonst dem feierlichen Leben entrissen, denn vergessen hatte er's mir nicht, was ich als Jüngling mir als Glück träumte, er führte mich zum Troste in dessen Nichtigkeit, hier sah ich Tod und Täuschung als Grenze aller Bestrebungen fürs häusliche Glück, will sehen ob etwas anderes, etwas Daurendes die Bahn des Kriegers schließt; versuch's auch auf deiner frommen Bahn, breite Gottes Reich als frommer Streiter auf Erden aus und bete für mich, denn dazu fehlt mir die Zeit und das Wort.« Der Oberst mochte wohl noch einmal die Tochter geküßt haben, bald hörte aber der Pfarrer den Hufschlag seines Pferdes, er hörte den Aufbruch des Regiments und dachte einsam bei der lieben Toten:

Der Mensch ist bald vergessen,
Der Mensch vergißt so bald,
Der Mensch hat nichts besessen,
Er sterb jung oder alt.

Der Mensch ist bald vergessen,
Nur Gott vergißt uns nicht,
Hat unser Herz ermessen
Wenn es in Schmerzen bricht.

Wir steigen im Gebete
Zu ihm, wie aus dem Tod,
Sein Hauch, der uns durchwehte,
Tat unserm Herzen not.

HEINRICH VON KLEIST

Unwahrscheinliche Wahrhaftigkeiten

Die drei von einem alten Offizier erzählten Anekdoten sind in Kleists »Berliner Abendblättern« 1811 erschienen. Die »Abendblätter« hatten es ja zum ersten Mal unternommen, über Tagesereignisse zu berichten, Polizeiberichte, sonderliche Begebenheiten, kürzere Geschichten zur Unterhaltung abzudrucken. Die Form der Anekdote, die Kleist virtuos beherrscht (daneben wären hier noch Arnims »Anekdoten zur Zeitgeschichte« sowie Hebels »Rheinischer Hausfreund« zu erwähnen), paßt in ihrer Kürze, mit der sie pointiert von merkwürdigen Begebenheiten berichtet, sehr gut in den editorischen Rahmen einer solchen Zeitschrift. Kleist läßt diese Anekdoten hier einer Gesellschaft erzählen, was den Wahrheitsanspruch des Unwahrscheinlichen unterbauen soll. Alle drei Anekdoten geben realistische Handlungsabläufe wieder. Dabei schlägt das Wirkliche ins Unwahrscheinliche um. Als Definition hierfür würde sich E. T. A. Hoffmanns Bemerkung zum Wunderbaren anbieten; es bezeichnet »was man für unmöglich, für unbegreiflich hält, was die bekannten Kräfte der Natur zu übersteigen scheint«. Die Raffung des Geschehens, charakteristisch für die Anekdote, die auf alles erklärende Beiwerk verzichtet, provoziert hier zugleich das Wunderbare.

»Drei Geschichten«, sagte ein alter Offizier in einer Gesellschaft, »sind von der Art, daß ich ihnen zwar selbst vollkommenen Glauben beimesse, gleichwohl aber Gefahr liefe, für einen Windbeutel gehalten zu werden, wenn ich sie erzählen wollte. Denn die Leute fordern, als erste Bedingung, von der Wahrheit, daß sie wahrscheinlich sei; und doch ist die Wahrscheinlichkeit, wie die Erfahrung lehrt, nicht immer auf Seiten der Wahrheit.«

Erzählen Sie, riefen einige Mitglieder, erzählen Sie! – denn man kannte den Offizier als einen heitern und schätzenswürdigen Mann, der sich der Lüge niemals schuldig machte.

Der Offizier sagte lachend, er wolle der Gesellschaft den Gefallen tun; erklärte aber noch einmal im voraus, daß er auf den Glauben derselben, in diesem besonderen Fall, keinen Anspruch mache.

Die Gesellschaft dagegen sagte ihm denselben im voraus zu; sie forderte ihn nur auf, zu reden, und horchte.

»Auf einem Marsch 1792 in der Rheinkampagne«, begann der Offizier, »bemerkte ich, nach einem Gefecht, das wir mit dem Feinde gehabt hatten, einen Soldaten, der stramm, mit Gewehr und Gepäck, in Reih und Glied ging, obschon er einen Schuß mitten durch die Brust hatte; wenigstens sah man das Loch vorn im Riemen der Patrontasche, wo die Kugel eingeschlagen hatte, und hinten ein anderes im Rock, wo sie wieder herausgegangen war. Die Offiziere, die ihren Augen bei diesem seltsamen Anblick nicht trauten, forderten ihn zu wiederholten Malen auf, hinter die Front zu treten und sich verbinden zu lassen; aber der Mensch versicherte, daß er gar keine Schmerzen habe, und bat, ihn, um dieses Prellschusses willen, wie er es nannte, nicht von dem Regiment zu entfernen. Abends, da wir ins Lager gerückt waren, untersuchte der herbeigerufene Chirurgus seine Wunde; und fand, daß die Kugel vom Brustknochen, den sie nicht Kraft genug gehabt, zu durchschlagen, zurückgeprellt, zwischen der Ribbe und der Haut, welche auf elastische Weise nachgegeben, um den ganzen Leib herumgeglitscht, und hinten, da sie sich am Ende des Rückgrats gestoßen, zu ihrer ersten senkrechten Richtung zurückgekehrt, und aus der Haut wieder hervorgebrochen war. Auch zog diese kleine Fleischwunde dem Kranken nichts als ein Wundfieber zu: und wenige Tage verflossen, so stand er wieder in Reih und Glied.«

Wie? fragten einige Mitglieder der Gesellschaft betroffen, und glaubten, sie hätten nicht recht gehört.

Die Kugel? Um den ganzen Leib herum? Im Kreise? – – Die Gesellschaft hatte Mühe, ein Gelächter zu unterdrücken.

»Das war die erste Geschichte«, sagte der Offizier, indem er eine Prise Tabak nahm, und schwieg.

Beim Himmel! platzte ein Landedelmann los: da haben Sie recht; diese Geschichte ist von der Art, daß man sie nicht glaubt!

»Eilf Jahre darauf«, sprach der Offizier, »im Jahr 1803, befand ich mich, mit einem Freunde, in dem Flecken Königstein in Sachsen, in dessen Nähe, wie bekannt, etwa auf eine halbe Stunde, am Rande des äußerst steilen, vielleicht dreihundert Fuß hohen, Elbufers, ein beträchtlicher Steinbruch ist. Die Arbeiter pflegen, bei großen Blöcken, wenn sie mit Werkzeugen nicht mehr hinzu kommen können, feste Körper, besonders Pfeifenstiele, in den Riß zu werfen, und überlassen der, keilförmig wirkenden, Gewalt dieser kleinen Körper das Geschäft, den Block völlig von dem Felsen abzulösen. Es traf sich, daß, eben um diese Zeit, ein ungeheurer, mehrere tausend Kubikfuß messender, Block zum Fall auf die Fläche des Elbufers, in dem Steinbruch, bereit war; und da dieser Augenblick, wegen des sonderbar im Gebirge widerhallenden Donners, und mancher andern, aus der Erschütterung des Erdreichs hervorgehender Erscheinungen, die man nicht berechnen kann, merkwürdig ist: so begaben, unter vielen andern Einwohnern der Stadt, auch wir uns, mein Freund und ich, täglich abends nach dem Steinbruch hinaus, um den Moment, da der Block fallen würde, zu erhaschen. Der Block fiel aber in der Mittagsstunde, da wir eben, im Gasthof zu Königstein, an der Tafel saßen; und erst um 5 Uhr gegen Abend hatten wir Zeit, hinaus zu spazieren, und uns nach den Umständen, unter denen er gefallen war, zu erkundigen. Was aber war die Wirkung dieses seines Falls gewesen? Zuvörderst muß man wissen, daß, zwischen der Felswand des Steinbruchs und dem Bette der Elbe, noch ein beträchtlicher, etwa 50 Fuß in der Breite haltender Erdstrich befindlich war; dergestalt, daß der Block (welches hier wichtig ist) nicht unmittelbar ins Wasser der Elbe, sondern auf die sandige Fläche dieses Erdstrichs gefallen war. Ein Elbkahn, meine Herren, das war die Wirkung dieses Falls gewesen, war, durch den Druck der Luft, der dadurch verursacht worden, aufs Trockne gesetzt worden; ein Kahn, der, etwa 60 Fuß lang und 30 breit, schwer mit Holz beladen, am andern, entgegengesetzten, Ufer der Elbe lag: diese Augen haben ihn im Sande – was sag ich? sie haben, am anderen Tage, noch die Arbeiter gesehen, welche, mit Hebeln und Walzen, bemüht waren, ihn wieder flott zu machen, und ihn, vom Ufer herab, wieder ins Wasser zu schaffen. Es ist wahrscheinlich, daß die ganze Elbe (die Oberfläche derselben) einen Augenblick ausgetreten, auf das andere flache Ufer übergeschwappt und den Kahn, als einen festen Körper, daselbst zurückgelassen; etwa wie, auf dem Rande eines flachen Gefäßes, ein Stück Holz zurückbleibt, wenn das Wasser, auf welchem es schwimmt, erschüttert wird.«

Und der Block, fragte die Gesellschaft, fiel nicht ins Wasser der Elbe?

Der Offizier wiederholte: nein!

Seltsam! rief die Gesellschaft.

Der Landedelmann meinte, daß er die Geschichten, die seinen Satz belegen sollten, gut zu wählen wüßte.

»Die dritte Geschichte«, fuhr der Offizier fort, »trug sich zu, im Freiheitskriege der Niederländer, bei der Belagerung von Antwerpen durch den Herzog von Parma. Der Herzog hatte die Schelde, vermittelst einer Schiffsbrücke, gesperrt, und die Antwerpner arbeiteten ihrerseits, unter Anleitung eines geschickten Italieners, daran, dieselbe durch Brander, die sie gegen die Brücke losließen, in die Luft zu sprengen. In dem Augenblick, meine Herren, da die Fahrzeuge die Schelde herab, gegen die Brücke, anschwimmen, steht, das merken Sie wohl, ein Fahnenjunker, auf dem linken Ufer der Schelde, dicht neben dem Herzog von Parma; jetzt, verstehen Sie, jetzt geschieht die Explosion: und der Junker, Haut und Haar, samt Fahne und Gepäck, und ohne daß ihm das mindeste auf dieser Reise zugestoßen, steht auf dem rechten. Und die Schelde ist hier, wie Sie wissen werden, einen kleinen Kanonenschuß breit.«

»Haben Sie verstanden?«

Himmel, Tod und Teufel! rief der Landedelmann.

Dixi! sprach der Offizier, nahm Stock und Hut und ging weg.

Herr Hauptmann! riefen die andern lachend: Herr Hauptmann! – Sie wollten wenigstens die Quelle dieser abenteuerlichen Geschichte, die er für wahr ausgab, wissen.

Lassen Sie ihn, sprach ein Mitglied der Gesellschaft; die Geschichte steht in dem Anhang zu Schillers Geschichte vom Abfall der vereinigten Niederlande; und der Verfasser bemerkt ausdrücklich, daß ein Dichter von diesem Faktum keinen Gebrauch machen könne, der Geschichtschreiber aber, wegen der Unverwerflichkeit der Quellen und der Übereinstimmung der Zeugnisse, genötigt sei, dasselbe aufzunehmen.

ADELBERT VON CHAMISSO

Geb. 30. Januar 1781 auf Schloß Boncourt in der Champagne, gest. 21. August 1838 in Berlin. Seine Familie floh in der Revolutionszeit nach Deutschland. 1796 Page der Königin Luise von Preußen. 1798–1806 preußischer Offizier. Ab 1812 Studium der Medizin und Botanik in Berlin. 1815–18 als Naturforscher an einer russischen wissenschaftlichen Weltumseglung beteiligt. Danach am Botanischen Garten Berlin tätig, später Vorsteher des Herbariums.

Werke: *Peter Schlemihls wundersame Geschichte* (1814); *Gedichte* (1831).

Peter Schlemihls wundersame Geschichte (Auszug)

Chamissos »Peter Schlemihl« ist 1813 entstanden und wurde bald, auch in französischer, englischer und italienischer Übersetzung, weithin bekannt. Diese Erzählung hat bis ins 20. Jahrhundert immer wieder ihre Bewunderer gefunden, und Thomas Manns Auffassung, daß sie zwischen Märchen und Novelle anzusiedeln sei, ist als treffende Charakterisierung in die neuere Chamisso-Forschung eingegangen.
In der Tat ist für diese Märchennovelle von dem Mann, der seinen Schatten verloren hat, bezeichnend, daß Chamisso, im Gegensatz zu seinen Zeitgenossen, nun in eine weitgehend realistische Welt nur einige Märchenmotive einsetzt. Im 1. Kapitel wird durch den Glückssäckel und seine Wunder deutlich, wie die Bürgerwelt des Herrn John übersatt und leer ist und selbst die Wunder nicht mehr wahrnimmt, während Schlemihl den Fehler begeht, nur *das Wunderbare zu bemerken und es dadurch absolut zu nehmen, um seinen Schatten für die Verfügung über die Wunder einzutauschen. Über die Figur des grauen Mannes führt dies zu einem Pakt mit dem Teufel. Ähnlich ist ein anderes Märchenmotiv, das Grimmelshausensche Vogelnest, eingesetzt; dessen Besitztum führt zur Unsichtbarkeit seines Besitzers, konfrontiert diesen aber wiederum nur mit der Schattenseite der Welt. Das Licht (das Leben) läßt sich nicht ohne Schatten kaufen, so muß Schlemihl büßen und eine ihm fremde Rolle spielen, um unter Menschen leben zu können. In einem Traum im 2. Kapitel ist vorweggenommen, was ihm am Ende erst nach vielen Abenteuern gelingt: er sieht den Dichter Chamisso am Schreibtisch über seine Naturstudien gebeugt. Schlemihl wird Siebenmeilenstiefel finden (ein Märchenmotiv aus Tiecks »Phantasus«), mit denen er, indem er die Kontinente überschreitet, sich in Naturforschung vertieft, seine Schattenlosigkeit aufheben kann; denn der Schatten ist an den Raum gebunden. Chamissos Einführung des Wunderbaren in realistische Zusammenhänge macht die Tendenz sichtbar, weni-*

ger die Schattenlosigkeit an sich zu zeigen, als das Thema von Selbstbetrug und Lebenslüge (Ernst Loeb).

Nach einer glücklichen, jedoch für mich sehr beschwerlichen Seefahrt erreichten wir endlich den Hafen. Sobald ich mit dem Boote ans Land kam, belud ich mich selbst mit meiner kleinen Habseligkeit, und durch das wimmelnde Volk mich drängend, ging ich in das nächste, geringste Haus hinein, vor welchem ich ein Schild hängen sah. Ich begehrte ein Zimmer, der Hausknecht maß mich mit einem Blick und führte mich unters Dach. Ich ließ mir frisches Wasser geben und genau beschreiben, wo ich den Herrn *Thomas John* aufzusuchen habe: – »Vor dem Nordertor, das erste Landhaus zur rechten Hand, ein großes, neues Haus, von rot und weißem Marmor mit vielen Säulen.« Gut. – Es war noch früh an der Zeit, ich schnürte sogleich mein Bündel auf, nahm meinen neu gewandten schwarzen Rock heraus, zog mich reinlich an in meine besten Kleider, steckte das Empfehlungsschreiben zu mir und setzte mich alsbald auf den Weg zu dem Manne, der mir bei meinen bescheidenen Hoffnungen förderlich sein sollte.

Nachdem ich die lange Norderstraße hinaufgestiegen und das Tor erreicht, sah ich bald die Säulen durch das Grüne schimmern – »also hier«, dacht' ich. Ich wischte den Staub von meinen Füßen mit meinem Schnupftuch ab, setzte mein Halstuch in Ordnung und zog in Gottes Namen die Klingel. Die Tür sprang auf. Auf dem Flur hatt' ich ein Verhör zu bestehn, der Portier ließ mich aber anmelden, und ich hatte die Ehre, in den Park gerufen zu werden, wo Herr *John* mit einer kleinen Gesellschaft sich erging. Ich erkannte gleich den Mann am Glanze seiner wohlbeleibten Selbstzufriedenheit. Er empfing mich sehr gut, wie ein Reicher einen armen Teufel, wandte sich sogar gegen mich, ohne sich jedoch von der übrigen Gesellschaft abzuwenden, und nahm mir den dargehaltenen Brief aus der Hand. – »So, so! von meinem Bruder, ich habe lange nichts von ihm gehört. Er ist doch gesund? – Dort«, fuhr er gegen die Gesellschaft fort, ohne die Antwort zu erwarten, und wies mit dem Brief auf einen Hügel, »dort lasse ich das neue Gebäude aufführen.« Er brach das Siegel auf und das Gespräch nicht ab, das sich auf den Reichtum lenkte. »Wer nicht Herr ist wenigstens einer Million«, warf er hinein, »der ist, man verzeihe mir das Wort, ein Schuft!« – »O wie wahr!« rief ich aus mit vollem überströmenden Gefühl. Das mußte ihm gefallen, er lächelte mich an und sagte: »Bleiben Sie hier, lieber Freund, nachher hab ich vielleicht Zeit, Ihnen zu sagen, was ich hiezu denke«, er deutete auf den Brief, den er sodann einsteckte, und wandte sich wieder zu der Gesellschaft. – Er bot einer jungen Dame den Arm, andere Herren bemühten sich um andere Schönen, es fand sich, was sich paßte, und man wallte dem rosenumblühten Hügel zu.

Ich schlich hinterher, ohne jemandem beschwerlich zu fallen, denn keine Seele bekümmerte sich weiter um mich. Die Gesellschaft war sehr aufgeräumt, es ward getändelt und gescherzt, man sprach zuweilen von leichtsinnigen Dingen wichtig, von wichtigen öfters leichtsinnig, und gemächlich erging besonders der Witz über abwesende Freunde und deren Verhältnisse. Ich war da zu fremd, um von alledem vieles zu verstehen, zu bekümmert und in mich gekehrt, um den Sinn auf solche Rätsel zu haben.

Wir hatten den Rosenhain erreicht. Die schöne *Fanny*, wie es schien, die Herrin des Tages, wollte aus Eigensinn einen blühenden Zweig selbst brechen, sie verletzte sich an einem Dorn, und wie von den dunklen Rosen floß Purpur auf ihre zarte Hand. Dieses Ereignis brachte die ganze Gesellschaft in Bewegung. Es wurde Englisch Pflaster gesucht. Ein stiller, dünner, hagerer, länglichter, ältlicher Mann, der neben mitging und den ich noch nicht bemerkt hatte, steckte sogleich die Hand in die knapp anliegende Schoßtasche seines altfränkischen, grautaffetenen Rockes, brachte eine kleine Brieftasche daraus hervor, öffnete sie und reichte der Dame mit devoter Verbeugung das Verlangte. Sie empfing es ohne

Aufmerksamkeit für den Geber und ohne Dank, die Wunde ward verbunden, und man ging weiter den Hügel hinan, von dessen Rücken man die weite Aussicht über das grüne Labyrinth des Parkes nach dem unermeßlichen Ozean genießen wollte.

Der Anblick war wirklich groß und herrlich. Ein lichter Punkt erschien am Horizont zwischen der dunklen Flut und der Bläue des Himmels. »Ein Fernrohr her!« rief *John*, und noch bevor das auf den Ruf erscheinende Dienervolk in Bewegung kam, hatte der graue Mann, bescheiden sich verneigend, die Hand schon in die Rocktasche gesteckt, daraus einen schönen Dollond hervorgezogen und es dem Herrn *John* eingehändigt. Dieser, es sogleich an das Aug' bringend, benachrichtigte die Gesellschaft, es sei das Schiff, das gestern ausgelaufen und das widrige Winde im Angesicht des Hafens zurückhielten. Das Fernrohr ging von Hand zu Hand und nicht wieder in die des Eigentümers; ich aber sah verwundert den Mann an und wußte nicht, wie die große Maschine aus der winzigen Tasche herausgekommen war; es schien aber niemandem aufgefallen zu sein, und man bekümmerte sich nicht mehr um den grauen Mann als um mich selber.

Erfrischungen wurden gereicht, das seltenste Obst aller Zonen in den kostbarsten Gefäßen. Herr *John* machte die Honneurs mit leichtem Anstand und richtete da zum zweitenmal ein Wort an mich: »Essen Sie nur; das haben Sie auf der See nicht gehabt.« Ich verbeugte mich, aber er sah es nicht, er sprach schon mit jemand anderem.

Man hätte sich gern auf den Rasen, am Abhange des Hügels, der ausgespannten Landschaft gegenüber gelagert, hätte man die Feuchtigkeit der Erde nicht gescheut. Es wäre göttlich, meinte wer aus der Gesellschaft, wenn man türkische Teppiche hätte, sie hier auszubreiten. Der Wunsch war nicht sobald ausgesprochen, als schon der Mann im grauen Rock die Hand in der Tasche hatte und mit bescheidener, ja demütiger Gebärde einen reichen, golddurchwirkten türkischen

Teppich daraus zu ziehen bemüht war. Bediente nahmen ihn in Empfang, als müsse es so sein, und entfalteten ihn am begehrten Orte. Die Gesellschaft nahm ohne Umstände Platz darauf; ich wiederum sah betroffen den Mann, die Tasche, den Teppich an, der über zwanzig Schritte in der Länge und zehn in der Breite maß, und rieb mir die Augen, nicht wissend, was ich dazu denken sollte, besonders da niemand etwas Merkwürdiges darin fand.

Ich hätte gern Aufschluß über den Mann gehabt und gefragt, wer es sei, nur wußt' ich nicht, an wen ich mich richten sollte, denn ich fürchtete mich fast noch mehr vor den Herren Bedienten als vor den bedienten Herren. Ich faßte endlich ein Herz und trat an einen jungen Mann heran, der mir von minderem Ansehen schien als die andern und der öfter allein gestanden hatte. Ich bat ihn leise, mir zu sagen, wer der gefällige Mann sei dort im grauen Kleide. – »Dieser, der wie ein Ende Zwirn aussieht, der einem Schneider aus der Nadel entlaufen ist?« – »Ja, der allein steht.« – »Den kenn ich nicht«, gab er mir zur Antwort, und, wie es schien, eine längere Unterhaltung mit mir zu vermeiden, wandt' er sich weg und sprach von gleichgültigen Dingen mit einem andern.

Die Sonne fing jetzt stärker zu scheinen an und ward den Damen beschwerlich; die schöne *Fanny* richtete nachlässig an den grauen Mann, den, soviel ich weiß, noch niemand angeredet hatte, die leichtsinnige Frage: ob er nicht auch vielleicht ein Zelt bei sich habe? Er beantwortete sie durch eine so tiefe Verbeugung, als widerführe ihm eine unverdiente Ehre, und hatte schon die Hand in der Tasche, aus der ich Zeuge, Stangen, Schnüre, Eisenwerk, kurz alles, was zu dem prachtvollsten Lustzelt gehört, herauskommen sah. Die jungen Herren halfen es ausspannen, und es überhing die ganze Ausdehnung des Teppichs – und keiner fand noch etwas Außerordentliches darin. –

Mir war schon lange unheimlich, ja graulich zumute, wie ward mir vollends, als beim nächst ausgesprochenen Wunsch ich ihn noch aus seiner Tasche drei Reitpferde, ich sage dir, drei schöne, große Rappen mit Sattel und Zeug herausziehen sah! – denke dir, um Gottes willen! drei gesattelte Pferde noch aus derselben Tasche, woraus schon eine Brieftasche, ein Fernrohr, ein gewirkter Teppich, zwanzig Schritte lang und zehn breit, ein Lustzelt von derselben Größe und alle dazu gehörigen Stangen und Eisen herausgekommen waren! – Wenn ich dir nicht beteuerte, es selbst mit eigenen Augen angesehen zu haben, würdest du es gewiß nicht glauben. –

So verlegen und demütig der Mann selbst zu sein schien, so wenig Aufmerksamkeit ihm auch die andern schenkten, so ward mir doch seine blasse Erscheinung, von der ich kein Auge abwenden konnte, so schauerlich, daß ich sie nicht länger ertragen konnte.

Ich beschloß, mich aus der Gesellschaft zu stehlen, was bei der unbedeutenden Rolle, die ich darinnen spielte, mir ein leichtes schien. Ich wollte nach der Stadt zurückkehren, am andern Morgen mein Glück beim Herrn John wieder versuchen und, wenn ich den Mut dazu fände, ihn über den seltsamen grauen Mann befragen. – Wäre es mir nur so zu entkommen geglückt!

Ich hatte mich schon wirklich durch den Rosenhain, den Hügel hinab, glücklich geschlichen und befand mich auf einem freien Rasenplatz, als ich aus Furcht, außer den Wegen durchs Gras gehend angetroffen zu werden, einen forschenden Blick um mich warf. – Wie erschrak ich, als ich den Mann im grauen Rock hinter mir her und auf mich zukommen sah. Er nahm sogleich den Hut vor mir ab und verneigte sich so tief, als noch niemand vor mir getan hatte. Es war kein Zweifel, er wollte mich anreden, und ich konnte, ohne grob zu sein, es nicht vermeiden. Ich nahm den Hut auch ab, verneigte mich wieder und stand da in der Sonne mit bloßem Haupt wie angewurzelt. Ich sah ihn voller Furcht stier an und war wie ein Vogel, den eine Schlange gebannt hat. Er selber schien sehr verlegen zu sein; er hob den Blick nicht auf, verbeugte sich zu verschiedenen Malen, trat näher und redete mich an mit leiser, unsicherer Stimme, ungefähr im Tone eines Bettelnden.

»Möge der Herr meine Zudringlichkeit entschuldigen, wenn ich es wage, ihn so unbekannterweise aufzusuchen, ich habe eine Bitte an ihn. Vergönnen Sie gnädigst –« – »Aber um Gottes willen, mein Herr!« brach ich in meiner Angst aus, »was kann ich für einen Mann tun, der –« wir stutzten beide und wurden, wie mir deucht, rot.

Er nahm nach einem Augenblick des Schweigens wieder das Wort: »Während der kurzen Zeit, wo ich das Glück genoß, mich in Ihrer Nähe zu befinden, hab ich, mein Herr, einigemal – erlauben Sie, daß ich es Ihnen sage – wirklich mit unaussprechlicher Bewunderung den schönen, schönen Schatten betrachten können, den Sie in der Sonne und gleichsam mit einer gewissen edlen Verachtung, ohne selbst darauf zu merken, von sich werfen, den herrlichen Schatten da zu Ihren Füßen. Verzeihen Sie mir die freilich kühne Zumutung. Sollten Sie sich wohl nicht abgeneigt finden, mir diesen Ihren Schatten zu überlassen?«

Er schwieg, und mir ging's wie ein Mühlrad im Kopfe herum. Was sollt' ich aus dem seltsamen Antrag machen, mir meinen Schatten abzukaufen? er muß verrückt sein, dacht' ich, und mit verändertem Tone, der zu der Demut des seinigen besser paßte, erwiderte ich also:

»Ei, ei! guter Freund, habt Ihr denn nicht an Eurem eignen Schatten genug? das heiß ich mir einen Handel von einer ganz absonderlichen Sorte.« Er fiel sogleich wieder ein: »Ich hab in meiner Tasche manches, was dem Herrn nicht ganz unwert scheinen möchte; für diesen unschätzbaren Schatten halt ich den höchsten Preis zu gering.«

Nun überfiel es mich wieder kalt, da ich an die Tasche erinnert ward, und ich wußte nicht, wie ich ihn hatte guter Freund nennen können. Ich nahm wieder das Wort und suchte es, wo möglich, mit unendlicher Höflichkeit wiedergutzumachen.

»Aber, mein Herr, verzeihen Sie Ihrem untertänigsten

Knecht. Ich verstehe wohl Ihre Meinung nicht ganz gut, wie könnt' ich nur meinen Schatten – –« Er unterbrach mich: »Ich erbitte mir nur Dero Erlaubnis, hier auf der Stelle diesen edlen Schatten aufheben zu dürfen und zu mir zu stekken; wie ich das mache, sei meine Sorge. Dagegen als Beweis meiner Erkenntlichkeit gegen den Herrn überlasse ich ihm die Wahl unter allen Kleinodien, die ich in der Tasche bei mir führe: die echte Springwurzel, die Alraunwurzel, Wechselpfennige, Raubtaler, das Tellertuch von Rolands Knappen, ein Galgenmännlein zu beliebigem Preis; doch das wird wohl nichts für Sie sein: besser, Fortunati Wünschhütlein, neu und haltbar wieder restauriert; auch ein Glückssäckel, wie der seine gewesen.« – »Fortunati Glückssäckel«, fiel ich ihm in die Rede, und wie groß meine Angst auch war, hatte er mit dem einen Wort meinen ganzen Sinn gefangen. Ich bekam einen Schwindel, und es flimmerte mir wie doppelte Dukaten vor den Augen. –

»Belieben gnädigst der Herr diesen Säckel zu besichtigen und zu erproben.« Er steckte die Hand in die Tasche und zog einen mäßig großen, festgenähten Beutel, von starkem Korduanleder, an zwei tüchtigen ledernen Schnüren heraus und händigte mir selbigen ein. Ich griff hinein und zog zehn Goldstücke daraus, und wieder zehn, und wieder zehn, und wieder zehn; ich hielt ihm schnell die Hand hin: »Topp! der Handel gilt, für den Beutel haben Sie meinen Schatten!« Er schlug ein, kniete dann ungesäumt vor mir nieder, und mit einer bewundernswürdigen Geschicklichkeit sah ich ihn meinen Schatten, vom Kopf bis zu meinen Füßen, leise von dem Grase lösen, aufheben, zusammenrollen und falten und zuletzt einstecken. Er stand auf, verbeugte sich noch einmal vor mir und zog sich nach dem Rosengebüsche zurück. Mich dünkt', ich hörte ihn da leise für sich lachen. Ich aber hielt den Beutel bei den Schnüren fest, rund um mich her war die Erde sonnenhell, und in mir war noch keine Besinnung.

II. Der romantische Roman

Der romantische Roman scheint alle Vorstellungen von rein epischer Form zu sprengen. Lyrische Zusätze durch Gedichteinlagen und Gesänge als Stimmungsträger unterbrechen ebenso den Erzählstrom wie Gespräche über kunstästhetische Auffassungen und künstlerische Daseinsweisen. Die Romanfiguren sind teilweise wie Rollen im Theaterstück einmontiert, z. B. in Brentanos »Godwi« und in Arnims »Kronenwächter«. Eine immer stärkere Poetisierung (und als Folge eine Entrealisierung), die Aufhebung der Gattungsgrenzen, die Vermischung aller Formen sind das Resultat dieser Bestrebungen, wie sie Friedrich Schlegel für eine progressive Universalpoesie gefordert hatte. Einige Romane sind Fragment geblieben (Franz Sternbalds Wanderungen, Heinrich von Ofterdingen, Die Kronenwächter, Kater Murr). Lassen sich formal also die romantischen Romane kaum auf eine Formel bringen, so sind die meisten hier behandelten vor allem aus der Uminterpretation und Weiterführung von Goethes »Wilhelm Meister« zu erfassen: Tiecks »Franz Sternbalds Wanderungen. Eine altdeutsche Geschichte« (1798), Novalis' »Heinrich von Ofterdingen« (1802), Eichendorffs »Ahnung und Gegenwart« (vollendet 1811, erschienen 1815), Hoffmanns »Lebens-Ansichten des Katers Murr« (1820–22). Aufgenommen wird vom »Wilhelm Meister« das Motiv des Reisens und Wanderns zum Zweck der Erkenntnis und Bildung. Aber während Wilhelm Meister den unsicheren Boden der Künstlerwelt am Ende durch seine Rückkehr in die bürgerliche Gesellschaft wieder verläßt, sind einige Romanfiguren wie Franz Sternbald, Ofterdingen, Graf Friedrich in »Ahnung und Gegenwart« wie auch Brentanos Godwi durch ihr unruhig-ahnungsvolles Schweifen und Suchen nach einem verlorenen Ursprung bestimmt. Sie orientieren sich an einer idealisierten Vergangenheit, die konkret-historisch im Mittelalter gesucht wird (z. B. durch den Minnesänger Ofterdingen oder durch Berthold in Arnims Roman »Die Kronenwächter«, 1817). Dies hat natürlich zur Folge eine Abkehr von der eigenen Gegenwart, in der eine soziale Verankerung, eine politische Entscheidung nicht getroffen wird. Das ahnungsvolle Suchen dieser lebensfremden Gestalten nach ihrer wahren Heimat, dem eigentlichen Grund ihres Daseins, hat Georg Lukács treffend mit »transzendentaler Obdachlosigkeit« umschrieben: »Die deutsche Romantik hat den Begriff des Romans, wenn auch nicht immer bis ins letzte geklärt, mit dem des Romantischen in enge Beziehung gebracht. Mit großem Recht, denn die Form des Romans ist, wie keine andere, ein Ausdruck der transzendentalen Obdachlosigkeit.«

Franz Sternbald, Heinrich von Ofterdingen, Graf Friedrich versuchen ein poetisches Leben zu führen. Sternbald erlebt die Welt im Kunstwerk; Italien und Rom sind Ziel seiner Bildungsreise. Heinrichs Reise von Thüringen nach Augsburg schildert die Entwicklung zum Dichter, der zwischen Handeln und Dichten die Welt geschieden wissen will. Ebenso hält Graf Friedrich das »Abarbeiten« an der Zeit für unkünstlerisch; er hat überhaupt kein Reiseziel. Godwi erklärt die Subjektivität zum alleinigen Lebensprinzip, überläßt sich auf seiner Reise dem Zufall (den Frauenbegegnungen), der Sorglosigkeit, seinem Enthusiasmus. Er will nur ein flüchtiges Gefühl von Leben festhalten. Arnims »Kronenwächter« nehmen als Vorläufer des historischen Romans eine Sonderstellung ein. Die Hauptfigur Berthold hat als durchschnittliche Persönlichkeit, als »mittlerer Held« (Lukács) die Extreme im Roman zu vermitteln: Dank seiner Herkunft von den Hohenstaufern kommt ihm durch den Geheimbund der Kronenwächter die Aufgabe der Wiedereinsetzung der Stauferherrschaft zu, und als Bürgermeister von Waiblingen unterliegt er der Obrigkeit Maximilians. Die restaurative Aufgabe, die Gegenwart mit der Vergangenheit zu verbinden, mißlingt ihm.

Bonaventuras »Nachtwachen« allerdings sind nicht mehr innerhalb der »Wilhelm Meister«-Erzähltradition anzusiedeln. Hier wird die Erzähltradition der Frühromantik parodiert und ironisiert, wird durch den Nachtwächter die negierte Gegenwart in ihren bestimmenden Erscheinungen heftig kritisiert. Dieser zeitkritische Aspekt wird erst wieder im spätromantischen Roman, in E. T. A. Hoffmanns »Kater Murr«, einbezogen. Kater- und Kreisler-Biographie geben sich beide als Künstlerbiographien. Im Murr-Teil wird der deutsche Bildungsroman parodiert, innerhalb der Spießerwelt des Bürgers pervertiert. Im Kreisler-Teil kontrastiert das Gemüt mit den äußeren Lebensverhältnissen der bürgerlichen Welt. Beide Teile sind gesellschafts- und zeitkritisch. Kreisler als der unerfüllte Künstlertypus erweist sich aber durchaus noch romantischer Herkunft.

LUDWIG TIECK

Geb. 31. Mai 1773 in Berlin, gest. 28. April 1853 in Berlin. Sohn eines Seilermeisters. Studierte Philologie und Literatur in Halle, Göttingen, Erlangen. Freundschaft mit Wackenroder, mit dem er 1793 durch Mainfranken wandert. Zwischen 1794 und 1799 hauptsächlich in Berlin; 1799 bis 1800 in Jena, wo er sich den Brüdern Schlegel, Novalis, Fichte, Brentano anschließt, Goethe und Schiller trifft. Reisen nach Italien, England, Frankreich. Seit 1819 in Dresden, dort 1825 Dramaturg des Hoftheaters. 1841 von Friedrich Wilhelm IV. nach Berlin berufen. Gibt Nachlaß Wackenroders und Kleists heraus. Mitherausgeber von Novalis' *Heinrich von Ofterdingen.*

Werke: *Geschichte des Herrn William Lovell* R. (1795); *Ritter Blaubart* Märchenkom. (1797); *Der gestiefelte Kater* Märchenkom. (1797); *Franz Sternbalds Wanderungen* R. (1798); *Phantasus* 3 Bde. Werksammlg. (1812–16); *Novellen* (1823–28).

Die weite Ferne
(Franz Sternbalds Wanderungen, 1. Kapitel)

Wackenroders unmittelbare Einwirkung auf den Freund Tieck zeigt sich in dessen Künstlerroman (in der Nachfolge »Wilhelm Meisters«) »Franz Sternbalds Wanderungen. Eine altdeutsche Geschichte« (1798); hier werden Wackenroders Grundgedanken auf mehrere Figuren verteilt und weitergeführt. Friedrich Schlegel sagt in einem »Athenäum«-Fragment über den »Sternbald«: »Der Sternbald vereinigt den Ernst und Schwung des Lovell mit der künstlerischen Religiosität des Klosterbruders und mit allem, was in den poetischen Arabesken, die er aus alten Märchen gebildet, im ganzen genommen das Schönste ist: die phantastische Fülle und Leichtigkeit, der Sinn für Ironie und besonders die absichtliche Verschiedenheit und Einheit des Kolorits. Auch hier ist alles klar und transparent, und der romantische Geist scheint angenehm über sich selbst zu phantasieren.«

Franz Sternbald ist der erste Romanheld in der Romantik, dessen Leben mit Vergangenheit und Zukunft verknüpft ist. Er lebt durchaus ein poetisches Leben, lebt aus Ahnung und Erinnerung; was längst vergessen ist, überflutet immer wieder spontan sein Bewußtsein. Franz und sein Freund Sebastian sind Schüler Dürers. Später tritt für Franz an die Stelle des frommen Sebastian der lebenslustige Italiener Florestan. Franz macht Bildungsreisen zwischen Nürnberg, den Niederlanden und Rom. Die zahlreichen Kunstgespräche sind in ebenso zahlreiche, weitverzweigte Handlungsstränge bzw. Abenteuer eingefügt. Franzens Hinwendung im 2. Teil an die venezianische Malerei, die ihn die Sinnenfreude lehrt, ist allerdings schon Abkehr von Wackenroders Auffassungen. Das Buch bleibt Fragment wie fast alle Romane der Romantik; geplant war von Tieck die Rückkehr Sternbalds nach Nürnberg, wo die Geschichte an Dürers Grab enden sollte. In der Nachrede 1843 bemerkt Tieck: »Oft hatte ich, in dieser langen Reihe von Jahren, die Feder wieder ange-

setzt, um das Buch fortzusetzen und zu beendigen, ich konnte aber immer jene Stimmung, die notwendig war, nicht wiederfinden.« Gerade in der enthusiastischen Stimmung drückt sich der Wesenszug dieses Romans aus. Sternbald reist nicht nach Plan, sondern einfach in die Ferne, um sich an dem zu laben, was er erfährt. So ist im ersten Kapitel immer wieder von »dieser Reise« die Rede und von der Ferne, die ihm im bekenntnishaften Dialog gegenwärtig wird.

»So sind wir denn nun endlich aus den Toren der Stadt«, sagte Sebastian, indem er stillestand und sich freier umsah.
»Endlich?« antwortete seufzend Franz Sternbald, sein Freund. »Endlich? Ach nur zu früh, allzufrüh.«
Die beiden Menschen sahen sich bei diesen Worten lange an, und Sebastian legte seinem Freunde zärtlich die Hand an die Stirne und fühlte, daß sie heiß sei. »Dich schmerzt der Kopf«, sagte er besorgt, und Franz antwortete: »Nein, das ist es nicht, aber daß wir uns nun bald trennen müssen.«
»Noch nicht!« rief Sebastian mit einem wehmütigen Erzürnen aus, »so weit sind wir noch lange nicht, ich will dich wenigstens eine Meile begleiten.«
Sie gaben sich die Hände und gingen stillschweigend auf einem schmalen Wege nebeneinander.
Jetzt schlug es in Nürnberg vier Uhr, und sie zählten aufmerksam die Schläge, obgleich beide recht gut wußten, daß es keine andere Stunde sein konnte; indem warf das Morgenrot seine Flammen immer höher, und es gingen schon undeutliche Schatten neben ihnen, und die Gegend trat rund umher aus der ungewissen Dämmerung heraus.
»Wie alles noch so still und feierlich ist«, sagte Franz, »und bald werden sich diese guten Stunden in Saus und Braus, in Getümmel und tausend Abwechselungen verlieren. Unser Meister schläft wohl noch und arbeitet an seinen Träumen, seine Gemälde stehen aber auf der Staffelei und warten

schon auf ihn. Es tut mir doch leid, daß ich ihm den Petrus[1] nicht habe können ausmalen helfen.«

»Gefällt er dir?« fragte Sebastian.

»Über die Maßen«, rief Franz aus, »es sollte mir fast bedünken, als könnte der gute Apostel, der es so ehrlich meinte, der mit seinem Degen so rasch bei der Hand war und nachher doch aus Lebensfurcht das Verleugnen nicht lassen konnte und sich von einem Hahn mußte eine Buß- und Gedächtnispredigt halten lassen, als wenn ein solcher beherzter und furchtsamer, starrer und gutmütiger Apostel nicht anders habe aussehn können, als ihn Meister Dürer[2] so vor uns hingestellt hat. Wenn er dich zu dem Bilde läßt, lieber Sebastian, so wende ja allen deinen Fleiß darauf und denke nicht, daß es für ein schlechtes Gemälde gut genug sei. Willst du mir das versprechen?«

Er nahm, ohne eine Antwort zu erwarten, seines Freundes Hand und drückte sie stark, Sebastian sagte: »Deinen Johannes will ich recht aufheben und ihn behalten, wenn man mir auch viel Geld dafür böte.«

Mit diesen Reden waren sie an einen Fußsteig gekommen, der einen nähern Weg durchs Korn führte. Rote Lichter zitterten an den Spitzen der Halme, und der Morgenwind rührte sich darin und machte Wellen. Die beiden jungen Maler unterhielten sich noch von ihren Werken und von ihren Planen für die Zukunft, Franz verließ jetzt Nürnberg, seine vaterländische Stadt, um in der Fremde seine Kenntnis zu erweitern und nach einer mühseligen Wanderschaft dann als ein vollendeter Meister zurückzukehren. Sebastian blieb noch bei dem wohlverdienten Albrecht Dürer, dessen Name im ganzen Lande ausgebreitet war. Die Sonne ging nun in aller Majestät hervor, und Sebastian und Franz sahen abwechselnd nach den Türmen von Nürnberg zurück,

1. Eines der letzten Hauptwerke Dürers ist die große Doppeltafel mit den Vier Aposteln: Johannes und Petrus, Paulus und Markus.

2. Zur Dürer-Verehrung im »Sternbald« vgl. Wackenroders »Herzensergießungen eines kunstliebenden Klosterbruders« (1797).

deren Kuppeln und Fenster blendend im Schein der Sonne glänzten.

Die jungen Freunde fühlten stillschweigend den Druck des Abschieds, der ihrer wartete, sie sahen jedem kommenden Augenblicke mit Furcht entgegen, sie wußten, daß sie sich trennen mußten, und konnten es doch immer noch nicht glauben.

»Das Korn steht schön«, sagte Franz, um nur das ängstigende Schweigen zu unterbrechen, »wir werden eine schöne Ernte haben.«

»Diesmal«, antwortete Sebastian, »werden wir nicht miteinander das Erntefest besuchen, wie seither geschah; ich werde gar nicht hingehn, denn du fehlst mir, und all das lustige Pfeifen und Schalmeigetöne würde nur ein bittrer Vorwurf für mich sein, daß ich ohne dich käme.«

Dem jungen Franz standen bei diesen Worten die Tränen in den Augen, denn alle Szenen, die sie einer mit dem andern gesehn, alles, was sie in brüderlicher Gesellschaft erlebt hatten, ging schnell durch sein Gedächtnis; als nun Sebastian noch hinzusetzte: »Wirst du mich auch in der Ferne noch immer liebbehalten?«, konnte er sich nicht mehr fassen, sondern fiel dem Fragenden mit lautem Schluchzen um den Hals und ergoß sich in tausend Tränen, er zitterte, es war, als wenn ihm das Herz zerspringen wollte. Sebastian hielt ihn fest in seinen Armen geklammert und mußte nun mit ihm weinen, ob er gleich älter und von einer härteren Konstitution war. »Komme wieder zu dir!« sagte er endlich zu seinem Freunde, »wir müssen uns fassen, wir sehn uns ja wohl wieder.«

Franz antwortete nicht, sondern trocknete seine Tränen ab, ohne sein Gesicht zu zeigen. Es liegt im Schmerze etwas, dessen sich der Mensch schämt, er mag seine Tränen selbst vor seinem Busenfreunde, auch wenn sie diesem gehören, gern verbergen.

Sie erinnerten sich nun daran, wie sie schon oft von dieser Reise gesprochen hätten, wie sie ihnen also nichts weniger als unerwartet käme, wie sehr sie Franz gewünscht und sie immer als sein höchstes Glück angesehn hätte. Sebastian konnte nicht begreifen, warum sie jetzt so traurig wären, da im Grunde nichts vorgefallen sei, als daß nun endlich der langgewünschte Augenblick wirklich herbeigekommen wäre. Aber so ist das Glück des Menschen, er kann sich dessen nur freuen, wenn es aus der Ferne auf ihn zuwandelt, kömmt es ihm nahe und ergreift seine Hand, so schaudert er oft zusammen, als wenn er die Hand des Todes faßte.

»Soll ich dir die Wahrheit gestehn?« fuhr Franz fort, »du glaubst nicht, wie seltsam mir gestern abend zu Sinne war. Ich hatte meinen Gedanken so oft die Pracht Roms, den Glanz Italiens vorgemalt, ich konnte mich bei der Arbeit ganz darin verlieren, daß ich mir vorstellte, wie ich auf unbekannten Fußsteigen, durch schattige Wälder wanderte, und dann fremde Städte und niegesehene Menschen meinem Blicke begegneten; ach, die bunte, ewigwechselnde Welt mit ihren noch unbekannten Begebenheiten, die Künstler, die ich sehn würde, das hohe gelobte Land der Römer, wo einst die Helden würklich und wahrhaftig gewandelt sind, deren Bilder mir schon Tränen entlockt hatten, sieh, alles dies zusammen hatte oft meine Gedanken so gefangengenommen, daß ich zuweilen nicht wußte, wo ich war, wenn ich wieder aufsah. Und das alles soll würklich werden! rief ich dann manchmal aus, es soll eine Zeit geben können, sie naht sich, in der du nicht mehr vor der alten, so wohlbekannten Staffelei sitzest, eine Zeit, wo du in all die Herrlichkeit hineinleben darfst und immer mehr sehn, mehr erfahren, nie aufwachen, wie es dir jetzt wohl geschieht, wenn du so zuzeiten von Italien träumst; – ach, wo, wo bekömmst du Sinne, Gefühl genug her, um alles treu und wahr, lebendig und urkräftig aufzufassen? – Und dann war es, als wenn sich Herz und Geist innerlich ausdehnten und wie mit Armen jene zukünftige Zeit erhaschen, an sich reißen wollten – und nun –«

»Und nun, Franz?«

»Kann ich es dir sagen?« antwortete jener, »kann ich es selber ergründen? Als wir gestern abend um den runden Tisch unsers Dürers saßen und er mir noch Lehren zur Reise gab, als die Hausfrau indes den Braten schnitt und sich nach dem Kuchen erkundigte, den sie zu meiner Abreise gebacken hatte, als du nicht essen konntest und mich immer von der Seite betrachtetest, o Sebastian, es wollte mir immer mein armes, ehrliches Herz zerreißen. Die Hausfrau kam mir so gut vor, sooft sie auch mit mir gescholten hatte, sooft sie auch unsern braven Meister Dürer betrübt hatte; hatte sie mir doch selbst meine Wäsche eingepackt, war sie doch gerührt, daß ich abreisen wollte. Nun war unsere Mahlzeit geendigt, und wir alle waren nicht fröhlich gewesen, sosehr wir es uns auch vorher vorgenommen hatten. Jetzt nahm ich Abschied von Meister Albrecht, ich wollte so hart sein und konnte vor Tränen nicht reden; ach, mir fiel es zu sehr ein, wieviel ich ihm zu danken hatte, was er ein vortrefflicher Mann ist, wie herrlich er malt und ich so nichts gegen ihn bin und er doch in den letzten Wochen immer tat, als wenn ich seinesgleichen wäre; ich hatte das alles noch nie so zusammen empfunden, und nun warf es mich auch dafür nieder. Ich ging fort, und du gingst stillschweigend in deine Schlafkammer: nun war ich auf meiner Stube allein. Keinen Abend werd ich mehr hier hereintreten, sagte ich zu mir selber, indem ich das Licht auf den Boden stellte: für dich, Franz, ist nun dieses Bette zum letzten Male in Ordnung gelegt, du wirfst dich noch einmal hinein und siehst diese Kissen, denen du so oft deine Sorgen klagtest, auf denen du noch öfter so süß schlummertest, nie siehst du sie wieder. – Sebastian, geht es allen Menschen so, oder bin ich nur ein solches Kind? Es war mir fast, als stünde mir das größte Unglück bevor, das dem Menschen begegnen könnte, ich nahm sogar die alte Lichtschere mit Zärtlichkeit, mit einem wehmütigen Gefühl in die Hand und putzte damit den langen Docht des Lichtes. Ich war überzeugt, daß ich vom guten Dürer nicht zärtlich genug Abschied genommen hatte, ich machte mir heftige Vorwürfe darüber, daß ich ihm nicht alles gesagt hatte, wie ich von ihm dachte, welch ein vortrefflicher Mann er in meinen Augen sei, daß er nun von mir so entfernt würde, ohne daß er wüßte, welche kindliche Liebe, welche brennende Verehrung, welche Bewunderung ich mit mir nähme. Als ich so über die alten Giebel hinübersah und über den engen, dunkeln Hof, als ich dich nebenan gehen hörte und die schwarzen Wolken so unordentlich durch den Himmel zogen, ach! Sebastian! wie wenn ihr mich aus dem Hause würfet, als wenn ich nicht mehr euer Freund und Gesellschafter sein dürfte, als wenn ich allein als ein Unwürdiger verstoßen sei, verschmäht und verachtet – so regte es sich in meinem Busen. Alle meine Plane, meine Hoffnungen, alles war vorübergezogen, und ich konnte es mir gar nicht denken, daß es mich je gefreut hatte. Ich hatte keine Ruhe, ich ging noch einmal vor Dürers Gemach und hörte ihn drinnen schlafen, o ich hätte ihn gern noch einmal umarmt, alles genügte mir nicht, ich hätte mögen dableiben, an kein Verreisen hätte müssen gedacht werden, und ich wäre vergnügt gewesen. – – Und noch jetzt! sieh, wie die fröhlichen Lichter des Morgens um uns spielen, und ich trage noch alle Empfindungen der dunkeln Nacht in mir. Warum müssen wir immer früheres Glück vergessen, um von neuem glücklich sein zu können? – Ach! laß uns hier einen Augenblick stillestehen, horch, wie schön die Gebüsche flüstern; wenn du mir gut bist, so singe mir hier noch einmal das altdeutsche Lied vom Reisen.«

Sebastian stand sogleich still und sang, ohne vorher zu husten, folgende Verse.

»Willst du dich zur Reis' bequemen
Über Feld,
Berg und Tal
Durch die Welt,
Fremde Städte allzumal,
Mußt Gesundheit mit dir nehmen.

Neue Freunde aufzufinden,
Läßt die alten du dahinten,
Früh am Morgen bist du wach,
Mancher sieht dem Wandrer nach,
Weint dahinten,
Kann die Freud' nicht wiederfinden.

Eltern, Schwester, Bruder, Freund,
Auch vielleicht das Liebchen weint,
Laß sie weinen, traurig und froh
Wechselt das Leben bald so, bald so,
Nimmer ohne Ach! und Oh!
Heimat bleibt dir treu und bieder,
Kehrst du nur als Treuer wieder,
Reisen und Scheiden
Bringt des Wiedersehens Freuden.«

Franz hatte sich ins hohe Gras gesetzt und sang die letzten Verse inbrünstig mit, er stand auf, und sie kamen an die Stelle, wo Sebastian hatte umkehren wollen.

»Grüße noch einmal!« rief Franz aus, »alle, die mich kennen, und lebe du recht wohl.«

»Und du gehst nun?« fragte Sebastian. »Muß ich denn nun ohne dich umkehren?«

Sie hielten sich beide fest umschlossen. »Ach, nur eins noch!« rief Sebastian aus, »es quält mich gar zu sehr, und ich kann dich so nicht lassen.«

Franz wünschte den Abschied im Herzen vorüber, es war, als wenn sein Herz von diesen gegenwärtigen Minuten erdrückt würde, er sehnte sich nach der Einsamkeit, nach dem Walde, um dann von seinem Freunde entfernt seinen Schmerz ausweinen zu können. Aber Sebastian verlängerte die Augenblicke des Abschieds, weil er sich durch kein neues Leben, durch keine neue Gegend konnte trösten lassen, er kannte alles genau, wozu er zurückkehrte. »Willst du mir versprechen?« rief er aus.

»Alles! alles!«

»Ach, Franz!« fuhr jener klagend fort, »ich lasse dich nun los, und du bist nicht mehr mein, ich weiß nicht, was dir begegnet, ich kann dir nicht ins Gesicht sehen, und so setze ich deine Liebe, ja dich selbst auf ein ungewisses Spiel. Wirst du auch noch in der weiten Ferne an deinen einfältigen Freund Sebastian denken? Ach, wenn du nun unter klugen und vornehmen Leuten bist, wenn es nun schon lange her ist, daß wir hier Abschied genommen haben, willst du mich auch dann nie verachten?«

»O mein liebster Sebastian!« rief Franz schluchzend.

»Wirst du immer noch Nürnberg so lieben«, fuhr jener fort, »und deinen Meister so lieben, den wackern Albrecht? Wirst du dich nie klüger fühlen? O versprich mir, daß du derselbe Mensch bleiben willst, daß du dich nicht vom Glanz des Fremden willst verführen lassen, daß alles dir noch ebenso teuer ist, daß ich dich noch ebenso angehe.«

»O Sebastian«, sagte Franz, »mag die ganze Welt klug und überklug werden, ich will immer ein Kind bleiben.«

Sebastian sagte: »Oh, wenn du einst mit fremden, abgebettelten Sitten wiederkämst, alles besser wüßtest und dir das Herz nicht mehr so warm schlüge, wenn du dann mit kaltem Blute nach Dürers Grabstein[3] hinsehn könntest und du höchstens über die Arbeit und Inschrift sprächest – oh, so möcht' ich dich gar nicht wiedersehn, dich gar nicht für meinen Bruder erkennen.«

»Sebastian! bin ich denn so?« rief Franz heftig aus; »ich kenne ja dich, ich liebe ja dich und mein Vaterland und die Stube, worin unser Meister wohnt, und die Natur und Gott. Immer werd ich daran hangen, immer, immer! Sieh, hier, an diesem alten Eichenbaum verspreche ich es dir, hier hast du meine Hand darauf.«

Sie umarmten sich und gingen stumm auseinander, nach einer Weile stand Franz still, dann lief er dem Sebastian nach und umarmte ihn wieder. »Ach, Bruder«, sagte er, »und wenn Dürer den Ecce homo fertig hat, so schreibe mir doch recht

3. *In Nürnberg, am Grabe Dürers, sollte der Roman enden.*

umständlich, wie der geworden ist, und glaube ja an die Göttlichkeit der Bibel, ich weiß, daß du manchmal übel davon dachtest.«

»Ich will es tun«, sagte Sebastian, und sie trennten sich wieder, aber nun kehrte keiner um, oft wandten sie das Gesicht, ein Wald trat zwischen beide.

NOVALIS

Friedrich von Hardenberg, geb. 2. Mai 1772 in Oberwiederstedt im Mansfeldischen, gest. 25. März 1801 in Weißenfels a. d. Saale. Studierte Philosophie und Rechtswissenschaft in Jena und Leipzig, Bergwissenschaften in Freiberg. Bekanntschaft mit Fichte, Schiller, den Brüdern Schlegel. 1795 verlobte er sich mit der 13jährigen Sophie von Kühn, deren Tod 1797 ihn schwer erschütterte *(Hymnen an die Nacht)*; 1798 Verlobung mit Julie von Charpentier, Freundschaft mit Ludwig Tieck. 1799 Assessor an der Salinenverwaltung in Weißenfels.

Werke: *Die Lehrlinge zu Sais* (entst. 1798); *Hymnen an die Nacht* (1800); *Die Christenheit oder Europa* (1802 posth. erschienen); *Heinrich von Ofterdingen* R. (1802 von Tieck hrsg.); *Schriften* (1802).

Die Entwicklung zum Dichter
(Heinrich von Ofterdingen, 6. Kapitel)

Der Roman »Heinrich von Ofterdingen« ist 1802 als Fragment erschienen, posthum von Ludwig Tieck herausgegeben. Die Auffassung von der Poesie führt den Roman, trotz des geradezu klassisch entwickelten Aufbaus und der bedächtig ruhigen Erzählhaltung, vom »Wilhelm Meister« weg. Dieser spielt in der Gegenwart, der Minnesänger Heinrich von Ofterdingen gehört dem Mittelalter an. Heinrich bricht mit den Kaufleuten von seiner Vaterstadt Eisenach auf, um nach Augsburg zum Großvater zu reisen. Durch die Geschichten (Märchen) der Kaufleute wird schon zu Beginn das Wunderbare vorbereitet, das die Reise als konkreten Anlaß in

»romantische Ferne« (so der Ausdruck im 2. Kapitel) hebt und ins Typische erweitert. Denn im nicht vollendeten 2. Teil wird Heinrich gesagt, er habe »mehr Eltern« als nur die in Eisenach; oder es wird ihm auf die Frage »wo gehen wir denn hin« geantwortet »immer nach Hause«. Der Roman wird von Novalis als »Allegorie des Universalen« (Clemens Heselhaus) aufgefaßt. Im 5. Kapitel, in der Höhle des Einsiedlers, sieht Heinrich Vorzeit, Gegenwart und Zukunft in der Überschau in einem Buch, das ihm der Einsiedler so charakterisiert: »Soviel ich weiß, ist es ein Roman von den wunderbaren Schicksalen eines Dichters, worin die Dichtkunst in ihren mannigfachen Verhältnissen dargestellt und gepriesen wird.« Dies ist das Thema des Ofterdingen-Romans. Im 6. Kapitel leiten die Reflexionen über den Dichter das Heinrich-Kapitel ein. Der Unterschied zwischen den Handelnden, den zur Geschäftigkeit Geborenen, und den Dichtern wird getroffen, deren Tätigkeit »leises Bilden ihrer innern Kräfte ist«. Dichter können darum keine Heldentaten vollbringen, sie können die Handelnden nur mit ihrem Gesang dazu ermuntern. Auch der Roman selbst ist nicht als Aktionsroman angelegt, es soll nur die Symbolik deutlich werden. Man vergleiche z. B. die Beschreibung von Mathilde, die nur als Symbol ist, das ist, was Heinrich gesehen hat: die Blaue Blume am Anfang des Romans. Statt Aktionen sind einfache Sätze signifikant, die immer wieder über das Gesagte hinausweisen (Heinrich über Mathilde: »Sie wird mich in Musik auflösen.« »Ich ward nur geboren, um sie zu verehren.«).
Wenn Heinrich von der Morgenländerin erzählt, so sieht er (4. Kapitel) in ihr die Heimat der Poesie verkörpert. Der Abschluß des 6. Kapitels mit Heinrichs Traum ist die Erläuterung des Menschen von seinem Unbewußten her, dargestellt an der Stromsymbolik.

Menschen, die zum Handeln, zur Geschäftigkeit geboren sind, können nicht früh genug alles selbst betrachten und beleben. Sie müssen überall selbst Hand anlegen und viele Verhältnisse durchlaufen, ihr Gemüt gegen die Eindrücke einer neuen Lage, gegen die Zerstreuungen vieler und mannigfaltiger Gegenstände gewissermaßen abhärten, und sich gewöhnen, selbst im Drange großer Begebenheiten den Faden ihres Zwecks festzuhalten, und ihn gewandt hindurchzuführen. Sie dürfen nicht den Einladungen einer stillen Betrachtung nachgeben. Ihre Seele darf keine in sich gekehrte Zuschauerin, sie muß unablässig nach außen gerichtet, und eine emsige, schnell entscheidende Dienerin des Verstandes sein. Sie sind Helden, und um sie her drängen sich die Begebenheiten, die geleitet und gelöst sein wollen. Alle Zufälle werden zu Geschichten unter ihrem Einfluß, und ihr Leben ist eine ununterbrochene Kette merkwürdiger und glänzender, verwickelter und seltsamer Ereignisse.

Anders ist es mit jenen ruhigen, unbekannten Menschen, deren Welt ihr Gemüt, deren Tätigkeit die Betrachtung, deren Leben ein leises Bilden ihrer innern Kräfte ist. Keine Unruhe treibt sie nach außen. Ein stiller Besitz genügt ihnen und das unermeßliche Schauspiel außer ihnen reizt sie nicht, selbst darin aufzutreten, sondern kommt ihnen bedeutend und wunderbar genug vor, um seiner Betrachtung ihre Muße zu widmen. Verlangen nach dem Geiste desselben hält sie in der Ferne, und er ist es, der sie zu der geheimnisvollen Rolle des Gemüts in dieser menschlichen Welt bestimmte, während jene die äußere[n] Gliedmaßen und Sinne und die ausgehenden Kräfte derselben vorstellen.

Große und vielfache Begebenheiten würden sie stören. Ein einfaches Leben ist ihr Los, und nur aus Erzählungen und Schriften müssen sie mit dem reichen Inhalt, und den zahllosen Erscheinungen der Welt bekannt werden. Nur selten darf im Verlauf ihres Lebens ein Vorfall sie auf einige Zeit in seine raschen Wirbel mit hereinziehn, um durch einige Erfahrungen sie von der Lage und dem Charakter der handelnden Menschen genauer zu unterrichten. Dagegen wird ihr empfindlicher Sinn schon genug von nahen unbedeutenden Erscheinungen beschäftigt, die ihm jene große Welt verjüngt darstellen, und sie werden keinen Schritt tun, ohne die überraschendsten Entdeckungen in sich selbst über das Wesen und die Bedeutung derselben zu machen. Es sind die Dichter, diese seltenen Zugmenschen, die zuweilen durch unsere Wohnsitze wandeln, und überall den alten ehrwürdigen Dienst der Menschheit und ihrer ersten Götter, der Gestirne, des Frühlings, der Liebe, des Glücks, der Fruchtbarkeit, der Gesundheit, und des Frohsinns erneuern; sie, die schon hier im Besitz der himmlischen Ruhe sind, und von keinen törichten Begierden umhergetrieben, nur den Duft der irdischen Früchte einatmen, ohne sie zu verzehren und dann unwiderruflich an die Unterwelt gekettet zu sein. Freie Gäste sind sie, deren goldener Fuß nur leise auftritt, und deren Gegenwart in allen unwillkürlich die Flügel ausbreitet. Ein Dichter läßt sich wie ein guter König, frohen und klaren Gesichtern nach aufsuchen, und er ist es, der allein den Namen eines Weisen mit Recht führt. Wenn man ihn mit dem Helden vergleicht, so findet man, daß die Gesänge der Dichter nicht selten den Heldenmut in jugendlichen Herzen erweckt, Heldentaten aber wohl nie den Geist der Poesie in ein neues Gemüt gerufen haben.

Heinrich war von Natur zum Dichter geboren. Mannigfaltige Zufälle schienen sich zu seiner Bildung zu vereinigen, und noch hatte nichts seine innere Regsamkeit gestört. Alles was er sah und hörte schien nur neue Riegel in ihm wegzuschieben, und neue Fenster ihm zu öffnen. Er sah die Welt in ihren großen und abwechselnden Verhältnissen vor sich liegen. Noch war sie aber stumm, und ihre Seele, das Gespräch, noch nicht erwacht. Schon nahte sich ein Dichter, ein liebliches Mädchen an der Hand, um durch Laute der Muttersprache und durch Berührung eines süßen zärtlichen Mundes, die blöden Lippen aufzuschließen, und den einfachen Akkord in unendliche Melodien zu entfalten.

Die Reise war nun geendigt. Es war gegen Abend, als unsere Reisenden wohlbehalten und fröhlich in der weltberühmten

Stadt Augsburg anlangten, und voller Erwartung durch die hohen Gassen nach dem ansehnlichen Hause des alten Schwaning ritten.

Heinrichen war schon die Gegend sehr reizend vorgekommen. Das lebhafte Getümmel der Stadt und die großen, steinernen Häuser befremdeten ihn angenehm. Er freute sich inniglich über seinen künftigen Aufenthalt. Seine Mutter war sehr vergnügt nach der langen, mühseligen Reise sich hier in ihrer geliebten Vaterstadt zu sehen, bald ihren Vater und ihre alten Bekannten wieder zu umarmen, ihren Heinrich ihnen vorstellen, und einmal alle Sorgen des Hauswesens bei den traulichen Erinnerungen ihrer Jugend ruhig vergessen zu können. Die Kaufleute hofften sich bei den dortigen Lustbarkeiten für die Unbequemlichkeiten des Weges zu entschädigen, und einträgliche Geschäfte zu machen.

Das Haus des alten Schwaning fanden sie erleuchtet, und eine lustige Musik tönte ihnen entgegen. »Was gilt's«, sagten die Kaufleute, »Euer Großvater gibt ein fröhliches Fest. Wir kommen wie gerufen. Wie wird er über die ungeladenen Gäste erstaunen. Er läßt es sich wohl nicht träumen, daß das wahre Fest nun erst angehn wird.« Heinrich fühlte sich verlegen, und seine Mutter war nur wegen ihres Anzugs in Sorgen. Sie stiegen ab, die Kaufleute blieben bei den Pferden, und Heinrich und seine Mutter traten in das prächtige Haus. Unten war kein Hausgenosse zu sehen. Sie mußten die breite Wendeltreppe hinauf. Einige Diener liefen vorüber, die sie baten, dem alten Schwaning die Ankunft einiger Fremden anzusagen, die ihn zu sprechen wünschten. Die Diener machten anfangs einige Schwierigkeiten; die Reisenden sahen nicht zum besten aus; doch meldeten sie es dem Herrn des Hauses. Der alte Schwaning kam heraus. Er kannte sie nicht gleich, und fragte nach ihrem Namen und Anliegen. Heinrichs Mutter weinte, und fiel ihm um den Hals. »Kennt Ihr Eure Tochter nicht mehr?« rief sie weinend. »Ich bringe Euch meinen Sohn.« Der alte Vater war äußerst gerührt. Er drückte sie lange an seine Brust; Heinrich sank auf ein Knie, und küßte ihm zärtlich die Hand. Er hob ihn zu sich, und hielt Mutter und Sohn umarmt. »Geschwind herein«, sagte Schwaning, »ich habe lauter Freunde und Bekannte bei mir, die sich herzlich mit mir freuen werden.« Heinrichs Mutter schien einige Zweifel zu haben. Sie hatte keine Zeit sich zu besinnen. Der Vater führte beide in den hohen, erleuchteten Saal. »Da bringe ich meine Tochter und meinen Enkel aus Eisenach«, rief Schwaning in das frohe Getümmel glänzend gekleideter Menschen. Alle Augen kehrten sich nach der Tür; alles lief herzu, die Musik schwieg, und die beiden Reisenden standen verwirrt und geblendet in ihren staubigen Kleidern, mitten in der bunten Schar. Tausend freudige Ausrufungen gingen von Mund zu Mund. Alte Bekannte drängten sich um die Mutter. Es gab unzählige Fragen. Jedes wollte zuerst gekannt und bewillkommet sein. Während der ältere Teil der Gesellschaft sich mit der Mutter beschäftigte, heftete sich die Aufmerksamkeit des jüngeren Teils auf den fremden Jüngling, der mit gesenktem Blick dastand, und nicht das Herz hatte, die unbekannten Gesichter wieder zu betrachten. Sein Großvater machte ihn mit der Gesellschaft bekannt, und erkundigte sich nach seinem Vater und den Vorfällen ihrer Reise.

Die Mutter gedachte der Kaufleute, die unten aus Gefälligkeit bei den Pferden geblieben waren. Sie sagte es ihrem Vater, welcher sogleich hinunterschickte, und sie einladen ließ heraufzukommen. Die Pferde wurden in die Ställe gebracht, und die Kaufleute erschienen.

Schwaning dankte ihnen herzlich für die freundschaftliche Geleitung seiner Tochter. Sie waren mit vielen Anwesenden bekannt, und begrüßten sich freundlich mit ihnen. Die Mutter wünschte sich reinlich ankleiden zu dürfen. Schwaning nahm sie auf sein Zimmer, und Heinrich folgte ihnen in gleicher Absicht.

Unter der Gesellschaft war Heinrichen ein Mann aufgefallen, den er in jenem Buche oft an seiner Seite gesehn zu haben glaubte. Sein edles Ansehn zeichnete ihn vor allen aus. Ein heitrer Ernst war der Geist seines Gesichts; eine offene schön gewölbte Stirn, große, schwarze, durchdringende und feste Augen, ein schalkhafter Zug um den fröhlichen Mund und durchaus klare, männliche Verhältnisse machten es bedeutend und anziehend. Er war stark gebaut, seine Bewegungen waren ruhig und ausdrucksvoll, und wo er stand, schien er ewig stehen zu wollen. Heinrich fragte seinen Großvater nach ihm. »Es ist mir lieb«, sagte der Alte, »daß du ihn gleich bemerkt hast. Es ist mein trefflicher Freund Klingsohr, der Dichter. Auf seine Bekanntschaft und Freundschaft kannst du stolzer sein, als auf die des Kaisers. Aber wie stehts mit deinem Herzen? Er hat eine schöne Tochter; vielleicht daß sie den Vater bei dir aussticht. Es sollte mich wundern, wenn du sie nicht gesehn hättest.« Heinrich errötete. »Ich war zerstreut, lieber Großvater. Die Gesellschaft war zahlreich, und ich betrachtete nur Euren Freund.« »Man merkt es, daß du aus Norden kömmst«, erwiderte Schwaning. »Wir wollen dich hier schon auftauen. Du sollst schon lernen nach hübschen Augen sehn.«

Sie waren nun fertig und begaben sich zurück in den Saal, wo indes die Zurüstungen zum Abendessen gemacht worden waren. Der alte Schwaning führte Heinrichen auf Klingsohr zu, und erzählte ihm, daß Heinrich ihn gleich bemerkt und den lebhaftesten Wunsch habe mit ihm bekannt zu sein.

Heinrich war beschämt. Klingsohr redete freundlich zu ihm von seinem Vaterlande und seiner Reise. Es lag soviel Zutrauliches in seiner Stimme, daß Heinrich bald ein Herz faßte und sich freimütig mit ihm unterhielt. Nach einiger Zeit kam Schwaning wieder zu ihnen und brachte die schöne Mathilde. »Nehmt Euch meines schüchternen Enkels freundlich an, und verzeiht es ihm, daß er eher Euren Vater, als Euch gesehn hat. Eure glänzenden Augen werden schon die schlummernde Jugend in ihm wecken. In seinem Vaterlande kommt der Frühling spät.«

Heinrich und Mathilde wurden rot. Sie sahen sich einander mit Verwunderung an. Sie fragte ihn mit kaum hörbaren leisen Worten: ob er gern tanze. Eben als er die Frage bejahte, fing eine fröhliche Tanzmusik an. Er bot ihr schweigend seine Hand; sie gab ihm die ihrige, und sie mischten sich in die Reihe der walzenden Paare. Schwaning und Klingsohr sahen zu. Die Mutter und die Kaufleute freuten sich über Heinrichs Behendigkeit und seine liebliche Tänzerin. Die Mutter hatte genug mit ihren Jugendfreundinnen zu sprechen, die ihr zu einem so wohlgebildeten und so hoffnungsvollen Sohn Glück wünschten. Klingsohr sagte zu Schwaning: »Euer Enkel hat ein anziehendes Gesicht. Es zeigt ein klares und umfassendes Gemüt, und seine Stimme kommt tief aus dem Herzen.« »Ich hoffe«, erwiderte Schwaning, »daß er Euer gelehriger Schüler sein wird. Mich däucht er ist zum Dichter geboren. Euer Geist komme über ihn. Er sieht seinem Vater ähnlich; nur scheint er weniger heftig und eigensinnig. Jener war in seiner Jugend voll glücklicher Anlagen. Eine gewisse Freisinnigkeit fehlte ihm. Es hätte mehr aus ihm werden können, als ein fleißiger und fertiger Künstler.« – Heinrich wünschte den Tanz nie zu endigen. Mit innigem Wohlbehagen ruhte sein Auge auf den Rosen seiner Tänzerin. Ihr unschuldiges Auge vermied ihn nicht. Sie schien der Geist ihres Vaters in der lieblichsten Verkleidung. Aus ihren großen ruhigen Augen sprach ewige Jugend. Auf einem lichthimmelblauen Grunde lag der milde Glanz der braunen Sterne. Stirn und Nase senkten sich zierlich um sie her. Eine nach der aufgehenden Sonne geneigte Lilie war ihr Gesicht, und von dem schlanken, weißen Halse schlängelten sich blaue Adern in reizenden Windungen um die zarten Wangen. Ihre Stimme war wie ein fernes Echo, und das braune lockige Köpfchen schien über der leichten Gestalt nur zu schweben.

Die Schüsseln kamen herein und der Tanz war aus. Die ältern Leute setzten sich auf die eine Seite, und die jüngern nahmen die andere ein.

Heinrich blieb bei Mathilden. Eine junge Verwandte setzte sich zu seiner Linken, und Klingsohr saß ihm gerade gegenüber. So wenig Mathilde sprach, so gesprächig war Veronika, seine andere Nachbarin. Sie tat gleich mit ihm vertraut und machte ihn in kurzem mit allen Anwesenden bekannt. Heinrich verhörte manches. Er war noch bei seiner Tänzerin, und hätte sich gern öfters rechts gewandt. Klingsohr machte ihrem Plaudern ein Ende. Er fragte ihn nach dem Bande mit sonderbaren Figuren, was Heinrich an seinem Leibrocke befestigt hatte. Heinrich erzählte von der Morgenländerin mit vieler Rührung. Mathilde weinte, und Heinrich konnte nun seine Tränen kaum verbergen. Er geriet darüber mit ihr ins Gespräch. Alle unterhielten sich; Veronika lachte und scherzte mit ihren Bekannten. Mathilde erzählte ihm von Ungarn, wo ihr Vater sich oft aufhielt, und von dem Leben in Augsburg. Alle waren vergnügt. Die Musik verscheuchte die Zurückhaltung und reizte alle Neigungen zu einem muntern Spiel. Blumenkörbe dufteten in voller Pracht auf dem Tische, und der Wein schlich zwischen den Schüsseln und Blumen umher, schüttelte seine goldnen Flügel und stellte bunte Tapeten zwischen die Welt und die Gäste. Heinrich begriff erst jetzt, was ein Fest sei. Tausend frohe Geister schienen ihm um den Tisch zu gaukeln, und in stiller Sympathie mit den fröhlichen Menschen von ihren Freuden zu leben und mit ihren Genüssen sich zu berauschen. Der Lebensgenuß stand wie ein klingender Baum voll goldener Früchte vor ihm. Das Übel ließ sich nicht sehen, und es dünkte ihm unmöglich, daß je die menschliche Neigung von diesem Baume zu der gefährlichen Frucht des Erkenntnisses, zu dem Baume des Krieges sich gewendet haben sollte. Er verstand nun den Wein und die Speisen. Sie schmeckten ihm überaus köstlich. Ein himmlisches Öl würzte sie ihm, und aus dem Becher funkelte die Herrlichkeit des irdischen Lebens. Einige Mädchen brachten dem alten Schwaning einen frischen Kranz. Er setzte ihn auf, küßte sie, und sagte: »Auch unserm Freund Klingsohr müßt ihr einen bringen, wir wollen beide zum Dank euch ein paar neue Lieder lehren. Das meinige sollt ihr gleich haben.« Er gab der Musik ein Zeichen, und sang mit lauter Stimme:

Sind wir nicht geplagte Wesen?
Ist nicht unser Los betrübt?
Nur zu Zwang und Not erlesen
In Verstellung nur geübt,
Dürfen selbst nicht unsre Klagen
Sich aus unserm Busen wagen.

Allem was die Eltern sprechen,
Widerspricht das volle Herz.
Die verbotne Frucht zu brechen
Fühlen wir der Sehnsucht Schmerz;
Möchten gern die süßen Knaben
Fest an unserm Herzen haben.

Wäre dies zu denken Sünde?
Zollfrei sind Gedanken doch.
Was bleibt einem armen Kinde
Außer süßen Träumen noch?
Will man sie auch gern verbannen,
Nimmer ziehen sie von dannen.

Wenn wir auch des Abends beten,
Schreckt uns doch die Einsamkeit,
Und zu unsern Küssen treten
Sehnsucht und Gefälligkeit.
Könnten wir wohl widerstreben
Alles, alles hinzugeben?

Unsere Reize zu verhüllen,
Schreibt die strenge Mutter vor.
Ach! was hilft der gute Willen,
Quellen sie nicht selbst empor?
Bei der Sehnsucht innrem Beben
Muß das beste Band sich geben.

Jede Neigung zu verschließen,
Hart und kalt zu sein, wie Stein,
Schöne Augen nicht zu grüßen,
Fleißig und allein zu sein,
Keiner Bitte nachzugeben:
Heißt das wohl ein Jugendleben?

Groß sind eines Mädchens Plagen,
Ihre Brust ist krank und wund,
Und zum Lohn für stille Klagen
Küßt sie noch ein welker Mund.
Wird denn nie das Blatt sich wenden
Und das Reich der Alten enden?

Die alten Leute und die Jünglinge lachten. Die Mädchen erröteten und lächelten abwärts. Unter tausend Neckereien wurde ein zweiter Kranz geholt, und Klingsohren aufgesetzt. Sie baten aber inständigst um keinen so leichtfertigen Gesang. »Nein«, sagte Klingsohr, »ich werde mich wohl hüten so frevelhaft von euren Geheimnissen zu reden. Sagt selbst, was ihr für ein Lied haben wollt.« »Nur nichts von Liebe«, riefen die Mädchen, »ein Weinlied, wenn es Euch ansteht.« Klingsohr sang:

Auf grünen Bergen wird geboren,
Der Gott, der uns den Himmel bringt.
Die Sonne hat ihn sich erkoren,
Daß sie mit Flammen ihn durchdringt.

Er wird im Lenz mit Lust empfangen,
Der zarte Schoß quillt still empor,
Und wenn des Herbstes Früchte prangen
Springt auch das goldne Kind hervor.

Sie legen ihn in enge Wiegen
Ins unterirdische Geschoß.
Er träumt von Festen und von Siegen
Und baut sich manches luft'ge Schloß.

Es nahe keiner seiner Kammer,
Wenn er sich ungeduldig drängt,
Und jedes Band und jede Klammer
Mit jugendlichen Kräften sprengt.

Denn unsichtbare Wächter stellen
So lang er träumt sich um ihn her;
Und wer betritt die heil'gen Schwellen
Den trifft ihr luftumwundner Speer.

So wie die Schwingen sich entfalten,
Läßt er die lichten Augen sehn,
Läßt ruhig seine Priester schalten
Und kommt heraus wenn sie ihm flehn.

Aus seiner Wiege dunklem Schoße,
Erscheint er in Kristallgewand;
Verschwiegener Eintracht volle Rose
Trägt er bedeutend in der Hand.

Und überall um ihn versammeln
Sich seine Jünger hocherfreut;
Und tausend frohe Zungen stammeln,
Ihm ihre Lieb' und Dankbarkeit.

Er sprützt in ungezählten Strahlen
Sein innres Leben in die Welt,
Die Liebe nippt aus seinen Schalen
Und bleibt ihm ewig zugesellt.

Er nahm als Geist der goldnen Zeiten
Von jeher sich des Dichters an,
Der immer seine Lieblichkeiten
In trunknen Liedern aufgetan.

Er gab ihm, seine Treu zu ehren,
Ein Recht auf jeden hübschen Mund,
Und daß es keine darf ihm wehren,
Macht Gott durch ihn es allen kund.

»Ein schöner Prophet!« riefen die Mädchen. Schwaning freute sich herzlich. Sie machten noch einige Einwendungen, aber es half nichts. Sie mußten ihm die süßen Lippen hinreichen. Heinrich schämte sich nur vor seiner ernsten Nachbarin, sonst hätte er sich laut über das Vorrecht der Dichter gefreut. Veronika war unter den Kranzträgerinnen. Sie kam fröhlich zurück und sagte zu Heinrich: »Nicht wahr, es ist hübsch, wenn man ein Dichter ist?« Heinrich getraute sich nicht, diese Frage zu benutzen. Der Übermut der Freude und der Ernst der ersten Liebe kämpften in seinem Gemüt. Die reizende Veronika scherzte mit den andern, und so gewann er Zeit, den ersten etwas zu dämpfen. Mathilde erzählte ihm, daß sie die Gitarre spiele. »Ach!« sagte Heinrich, »von Euch möchte ich sie lernen. Ich habe mich lange darnach gesehnt.« – »Mein Vater hat mich unterrichtet, er spielt sie unvergleichlich«, sagte sie errötend. – »Ich glaube doch«, erwiderte Heinrich, »daß ich sie schneller bei Euch lerne. Wie freue ich mich Euren Gesang zu hören.« – »Stellt Euch nur nicht zu viel vor.« – »O!« sagte Heinrich, »was sollte ich nicht erwarten können, da Eure bloße Rede schon Gesang ist, und Eure Gestalt eine himmlische Musik verkündigt.«

Mathilde schwieg. Ihr Vater fing ein Gespräch mit ihm an, in welchem Heinrich mit der lebhaftesten Begeisterung sprach. Die Nächsten wunderten sich über des Jünglings Beredsamkeit, über die Fülle seiner bildlichen Gedanken. Mathilde sah ihn mit stiller Aufmerksamkeit an. Sie schien sich über seine Reden zu freuen, die sein Gesicht mit den sprechendsten Mienen noch mehr erklärte. Seine Augen glänzten ungewöhnlich. Er sah sich zuweilen nach Mathilden um, die über den Ausdruck seines Gesichts erstaunte. Im Feuer des Gesprächs ergriff er unvermerkt ihre Hand, und sie konnte nicht umhin, manches was er sagte, mit einem leisen Druck zu bestätigen. Klingsohr wußte seinen Enthusiasmus zu unterhalten, und lockte allmählich seine ganze Seele auf die Lippen. Endlich stand alles auf. Alles schwärmte durchein-

ander. Heinrich war an Mathildens Seite geblieben. Sie standen unbemerkt abwärts. Er hielt ihre Hand und küßte sie zärtlich. Sie ließ sie ihm, und blickte ihn mit unbeschreiblicher Freundlichkeit an. Er konnte sich nicht halten, neigte sich zu ihr und küßte ihre Lippen. Sie war überrascht, und erwiderte unwillkürlich seinen heißen Kuß. Gute Mathilde, lieber Heinrich, das war alles, was sie einander sagen konnten. Sie drückte seine Hand, und ging unter die andern. Heinrich stand, wie im Himmel. Seine Mutter kam auf ihn zu. Er ließ seine ganze Zärtlichkeit an ihr aus. Sie sagte: »Ist es nicht gut, daß wir nach Augsburg gereist sind? Nicht wahr, es gefällt dir?« »Liebe Mutter«, sagte Heinrich, »so habe ich mir es doch nicht vorgestellt. Es ist ganz herrlich.«
Der Rest des Abends verging in unendlicher Fröhlichkeit. Die Alten spielten, plauderten, und sahen den Tänzen zu. Die Musik wogte wie ein Lustmeer im Saale, und hob die berauschte Jugend.
Heinrich fühlte die entzückenden Weissagungen der ersten Lust und Liebe zugleich. Auch Mathilde ließ sich willig von den schmeichelnden Wellen tragen, und verbarg ihr zärtliches Zutrauen, ihre aufkeimende Neigung zu ihm nur hinter einem leichten Flor. Der alte Schwaning bemerkte das kommende Verständnis, und neckte beide.
Klingsohr hatte Heinrichen lieb gewonnen, und freute sich seiner Zärtlichkeit. Die andern Jünglinge und Mädchen hatten es bald bemerkt. Sie zogen die ernste Mathilde mit dem jungen Thüringer auf, und verhehlten nicht, daß es ihnen lieb sei, Mathildens Aufmerksamkeit nicht mehr bei ihren Herzensgeschäften scheuen zu dürfen.
Es war tief in der Nacht, als die Gesellschaft auseinanderging. »Das erste und einzige Fest meines Lebens«, sagte Heinrich zu sich selbst, als er allein war, und seine Mutter sich ermüdet zur Ruhe gelegt hatte. »Ist mir nicht zumute, wie in jenem Traume, beim Anblick der blauen Blume? Welcher sonderbare Zusammenhang ist zwischen Mathilden und dieser Blume? Jenes Gesicht, das aus dem Kelche sich mir

entgegenneigte, es war Mathildens himmlisches Gesicht, und nun erinnere ich mich auch, es in jenem Buche gesehn zu haben. Aber warum hat es dort mein Herz nicht so bewegt? O! sie ist der sichtbare Geist des Gesanges, eine würdige Tochter ihres Vaters. Sie wird mich in Musik auflösen. Sie wird meine innerste Seele, die Hüterin meines heiligen Feuers sein. Welche Ewigkeit von Treue fühle ich in mir! Ich ward nur geboren, um sie zu verehren, um ihr ewig zu dienen, um sie zu denken und zu empfinden. Gehört nicht ein eigenes ungeteiltes Dasein zu ihrer Anschauung und Anbetung? und bin ich der Glückliche, dessen Wesen das Echo, der Spiegel des ihrigen sein darf? Es war kein Zufall, daß ich sie am Ende meiner Reise sah, daß ein seliges Fest den höchsten Augenblick meines Lebens umgab. Es konnte nicht anders sein; macht ihre Gegenwart nicht alles festlich?«

Er trat ans Fenster. Das Chor der Gestirne stand am dunkeln Himmel, und im Morgen kündigte ein weißer Schein den kommenden Tag an.

Mit vollem Entzücken rief Heinrich aus: »Euch, ihr ewigen Gestirne, ihr stillen Wandrer, euch rufe ich zu Zeugen meines heiligen Schwurs an. Für Mathilden will ich leben, und ewige Treue soll mein Herz an das ihrige knüpfen. Auch mir bricht der Morgen eines ewigen Tages an. Die Nacht ist vorüber. Ich zünde der aufgehenden Sonne mich selbst zum nieverglühenden Opfer an.«

Heinrich war erhitzt, und nur spät gegen Morgen schlief er ein. In wunderliche Träume flossen die Gedanken seiner Seele zusammen. Ein tiefer blauer Strom schimmerte aus der grünen Ebene herauf. Auf der glatten Fläche schwamm ein Kahn. Mathilde saß und ruderte. Sie war mit Kränzen geschmückt, sang ein einfaches Lied, und sah nach ihm mit süßer Wehmut herüber. Seine Brust war beklommen. Er wußte nicht warum. Der Himmel war heiter, die Flut ruhig. Ihr himmlisches Gesicht spiegelte sich in den Wellen. Auf einmal fing der Kahn an sich umzudrehen. Er rief ihr ängstlich zu. Sie lächelte und legte das Ruder in den Kahn, der sich immerwährend drehte. Eine ungeheure Bangigkeit ergriff ihn. Er stürzte sich in den Strom; aber er konnte nicht fort, das Wasser trug ihn. Sie winkte, sie schien ihm etwas sagen zu wollen, der Kahn schöpfte schon Wasser; doch lächelte sie mit einer unsäglichen Innigkeit, und sah heiter in den Wirbel hinein. Auf einmal zog es sie hinunter. Eine leise Luft strich über den Strom, der ebenso ruhig und glänzend floß, wie vorher. Die entsetzliche Angst raubte ihm das Bewußtsein. Das Herz schlug nicht mehr. Er kam erst zu sich, als er sich auf trocknem Boden fühlte. Er mochte weit geschwommen sein. Es war eine fremde Gegend. Er wußte nicht wie ihm geschehen war. Sein Gemüt war verschwunden. Gedankenlos ging er tiefer ins Land. Entsetzlich matt fühlte er sich. Eine kleine Quelle kam aus einem Hügel, sie tönte wie lauter Glocken. Mit der Hand schöpfte er einige Tropfen und netzte seine dürren Lippen. Wie ein banger Traum lag die schreckliche Begebenheit hinter ihm. Immer weiter und weiter ging er, Blumen und Bäume redeten ihn an. Ihm wurde so wohl und heimatlich zu Sinne. Da hörte er jenes einfache Lied wieder. Er lief den Tönen nach. Auf einmal hielt ihn jemand am Gewande zurück. »Lieber Heinrich«, rief eine bekannte Stimme. Er sah sich um, und Mathilde schloß ihn in ihre Arme. »Warum liefst du vor mir, liebes Herz«, sagte sie tiefatmend. »Kaum konnte ich dich einholen.« Heinrich weinte. Er drückte sie an sich. – »Wo ist der Strom?« rief er mit Tränen. »Siehst du nicht seine blauen Wellen über uns?« Er sah hinauf, und der blaue Strom floß leise über ihrem Haupte. »Wo sind wir, liebe Mathilde?« »Bei unsern Eltern.« »Bleiben wir zusammen?« »Ewig«, versetzte sie, indem sie ihre Lippen an die seinigen drückte, und ihn so umschloß, daß sie nicht wieder von ihm konnte. Sie sagte ihm ein wunderbares geheimes Wort in den Mund, was sein ganzes Wesen durchklang. Er wollte es wiederholen, als sein Großvater rief, und er aufwachte. Er hätte sein Leben darum geben mögen, das Wort noch zu wissen.

CLEMENS BRENTANO

Wie Godwi und sein Autor aufeinandertreffen
(Godwi, Teil 2, 18. Kapitel)

Brentanos einziger Roman – »Godwi oder Das steinerne Bild der Mutter. Ein verwilderter Roman von Maria« – entstand zwischen 1798 und 1801, erschien in zwei Teilen 1800 und 1801 in Bremen.
Godwi, ein junger Mann, befindet sich auf Reisen, wobei er Frauen und Mädchen verschiedensten Temperaments kennenlernt; neben mehr sinnlichen Begegnungen macht er auch die Bekanntschaft der tiefsinnig veranlagten Otilie. Sie ist die Tochter des alten Werdo Senne, dieser ist eigentlich Joseph, der jahrelang verschollene Bräutigam Marias, welche schließlich Godwi den Älteren, den Vater des Romanhelden, heiratet. Joseph kehrt unvermutet zurück, und Maria, die Godwi-Vater nicht geliebt hat, stürzt sich ins Meer. Darauf läßt Godwi-Vater ihr ein Denkmal setzen: »Das steinerne Bild der Mutter.« So erklärt sich der Untertitel des Romans. Das Suchen Godwis nach der verlorenen Mutter steht mit den Begegnungen der Frauen, die im ersten Teil (in Form eines Briefromans) von Godwi geschildert werden und die allesamt auf das Urbild der Mutter verweisen, in engem Zusammenhang. Der zweite Romanteil, als dessen fiktiver Autor zunächst ein Maria auftritt, löst aber diese Tendenz immer wieder mit parodistischen und antiillusionistischen Effekten auf, und erklärt zugleich die Verwandtschaft aller Personen zueinander. Die realen Schicksale werden erst am Schluß des Buches angezeigt. (Die Aufschlüsselung dieses Verwirrspiels ist von Norbert Mennemeier höchst kenntnisreich geleistet worden.)
Das 18. Kapitel des 2. Teils gibt ein glänzendes Beispiel, wie Brentano das Antiillusionistische mit illusionistischen Tricks herstellt: was für den Autor Maria als Realität ge-

nommen wird, ist Romanfiktion. Der Autor wird mit dem Romanhelden zusammengeführt, und man diskutiert über die Fortsetzung des Romans. »Dies ist der Teich, in den ich Seite 146 im ersten Band falle«, sagt Godwi zu seinem Autor. Oder Otilie sei »etwas sublime schlecht geraten«, sie hätte sinnlicher sein können, wenn der Autor ihre Tugend durch Godwi hätte angreifen lassen – doch der Buchdrucker hatte zur Eile gemahnt. Das Thema des Buches: die spontanen wechselnden Gefühlslagen sollen die Nichtidentität provozieren. Es geht Brentano nicht um Darstellung von Leben und Individualität, sondern nur um rasch sich wieder auflösende Prozesse, die ein flüchtiges Gefühl vom Leben erwecken sollen.

Da ich diese Verse niedergeschrieben hatte, hörte ich Habern die Fensterladen unserer Schlafstube aufstoßen, und ging tiefer in den Garten. Ich sah Godwi in einer Allee mir entgegenkommen; es freute mich, und ich war entschlossen, ihm mein ganzes Verhältnis zu ihm zu erklären. Er sprach mit mir von gestern abend, und warnte mich nochmals ernstlich, mich solchen Stimmungen nicht hinzugeben; er sagte:
»Solche Stimmungen führen zu einer frevelhaften Ansicht des Lebens, und unsere Fähigkeit zu rühren erhält endlich so sehr das Übergewicht gegen jene, gerührt zu werden, daß wir der Welt hart und grausam vorkommen, wenn uns das Herz blutet – ich kenne dieselbe Empfindung, und es hat mir viele Mühe gekostet, ihre Narbe zu verlieren.«
»Sie haben Recht«, fuhr ich fort, »es liegt eine falsche Dramatik in diesem Zustande, und man zerstört sowohl sein Talent zu fühlen als darzustellen, wenn man die bloße unbestimmte Rührung durch den Witz gewaltsam zum Eindruck erhöht, und die Handlung genug zum Leiden herabstimmt, um dieses Mittelding von Rührung und Eindruck fantastisch äußern zu können. Übrigens habe ich einen solchen überwiegenden Drang zur Darstellung, daß ich mit

großem Genuß in solchen Stimmungen verweile, und ich glaube wirklich, daß diese Art von Äußerung mir oft nützlich ist, da ich nichts weniger ertragen kann als das Stumme und Tonlose.«

Godwi wollte mich hierauf zu Violettens Grab führen. Ich sagte ihm, daß ich seiner Güte zuvorgekommen sei, und zwar indem ich zum Fenster herausgestiegen wäre.

Er lächelte, und sagte: »Ich danke Ihnen beinah dafür, denn dieses Bild ist mir mit vielen Schmerzen verbunden.«

»Auch mir ist es mit Schmerzen und Lust verbunden gewesen, ich habe in mir vieles an dem Bilde erlebt, und wenn es Sie freuet, so lesen Sie einige Verse, die mir der schöne Morgen in die Schreibtafel schrieb, als er mich und das Bild so vertraut fand.«

Ich gab ihm hier die Sonette und die Canzone; sie schienen ihn zu rühren, und ich dachte an die geringen Töne des Alphornes, die dem Schweizer in der Fremde das Herz brechen können.

»Ich danke Ihnen«, sagte er, und drückte mir die Hand, es standen ihm Tränen in den Augen; »ich danke Ihnen für die Sonette, und erlauben Sie, daß ich sie abschreibe.«

»Ich danke Ihnen für Ihre Tränen«, erwiderte ich, »welche die fehlende Pointe meiner Sonette so schön ersetzen, und erlauben Sie, daß ich diese Tränen abschreibe.«

»In einem Sonett? das wäre zu gedehnt – in meinem Leben? wenn Sie wollen, ja – ich bin Ihnen gut.«

»Und wenn ich schon manches aus Ihrem Leben abgeschrieben hätte, und Sie sähen meine schlechte Schrift, und meinen selbstischen Stil, würden Sie mir diese Tränen dennoch vertrauen?«

»Auch dann; Sie scheinen mir das Verwirrteste entwirren zu können. Sie haben Violettens Leben so treu in einer bloßen Darstellung ihres Grabmals geschildert, daß ich Ihnen zutraue, Sie könnten, wenn Sie lange mit mir umgingen, aus mir, dem Denksteine meines Lebens, meine Geschichte entwicklen.«

Ich zog hier den ersten Band dieses Romans aus der Tasche, und reichte ihn ihm mit den Worten hin:
»Ich halte Sie beim Worte.«
»Was ist das?« sagte er, schlug das Buch auf, las das Lied: »Und es schien das tief betrübte usw.«, sah mich an, blätterte weiter – »Römer – Godwi – Otilie – Joduno« – und lief mit dem Buche davon.
Ich reihte schon alle meine Entschuldigungen zusammen, als ich in mir durch die entschuldigende Ansicht meines Buchs auf die Geschichte seiner Sünden kam, welche aber nichts anders als eine Geschichte meiner Unschuld blieb, und diese Unschuld selbst hatte für mich ein so liebenswürdiges Ansehen, daß ich nicht zweifelte, Godwi mit einer naiven Darstellung dieser Unschuld ganz besänftigen zu können.
Hier bemerkte ich Habern, der langsam die Allee heruntergeschritten kam; er las in einem Buche, welches ich am Einbande für Goethens Tasso erkannte, denn ich hatte es morgens auf seinem Nachttische liegen gesehen. Er ging so langsam und nachlässig, daß ich vermutete, er lese die Worte der Prinzessin:

Schon lange seh ich Tasso kommen. Langsam
Bewegt er seine Schritte, steht bisweilen
Auf einmal still wie unentschlossen, geht
Dann wieder schneller auf uns los, und weilt
Schon wieder –

Ich zog mich in die Gebüsche zurück, um ihm einen Lorbeerkranz zu flechten, den ich ihm scherzhaft aufsetzen wollte, fand aber bald seinen eignen Hut, den er auf einen alten Aloetopf gesetzt hatte, und da er mich einholte, und mir guten Morgen sagte, nahm ich pathetisch ihm das Buch aus den Händen und las, indem ich seinen Hut berührte, der auf dem Aloetopfe hing, die Worte Alphonsens parodierend:

»Hat ihn der Zufall, hat ein Genius
Gefilzt ihn und gebracht? Er zeigt sich hier

Uns nicht umsonst. Den Aloe hör ich sagen:
Was ehret ihr den leeren Topf? Er hatte
Schon seinen Lohn und Freude, da ich blühte –«

Ich setzte ihm den Hut auf, und las, die Worte der Prinzessin parodierend, weiter:

»Du gönnest mir die seltne Freude, Haber,
Dir ohne Wort zu sagen, wie ich denke.«

Haber machte in seiner Verträglichkeit ein Meisterstück, er freute sich meiner Laune, und fügte hinzu, indem er den Hut wieder auf den Kopf setzte:

»O nehmt ihn weg von meinem Haupte wieder,
Nehmt ihn hinweg! er sengt mir meine Locken –

Denn ich habe ihn allein hierher gehängt, weil es mir zu heiß war. Übrigens sollten Sie mich nicht necken, daß ich die Idee habe, den Tasso zu übersetzen, Sie kennen meine Kunst noch nicht, und würden sicher mit ihr keinen Kampf bestehen –

Denn wer sich rüsten will, muß eine Kraft
Im Busen fühlen, die ihm nie versagt.«

»Ich gehe den Kampf zwar nicht ein«, sagte ich, »aber wir wollen doch zum Scherze ein italiänisches Lied miteinander übersetzen, das ich für ziemlich unübersetzlich halte; es kommt mir eigentlich nur darauf an, daß das Lied übersetzt würde, heute abend wollen wir es beide Godwi vorlegen.«
Haber willigte ein, und ich schrieb ihm das Lied auf, dann ging er weg. Ich setzte mich nieder, und versuchte meine Übersetzung, aber ich ward mutwillig, und konnte es nur frei übersetzen. Ich brachte einen Teil des Vormittags damit zu, und da ich so ziemlich damit fertig geworden war, ging ich nach dem Landhause, eine Flöte Douce rief mich in die Familienstube des Pächters.
In der Stube stand ein Mann von etwa dreißig Jahren, der die Flöte blies; die Kinder waren um ihn versammelt, und

hörten zu; ein besser gekleideter Mann stand vor ihm und sagte ihm: »Nun ist es bald genug.« Hier trat ich in die Stube, und er legte die Noten beiseite, putzte seine Flöte mit dem Schnupftuche sorgsam ab, und legte sie weg. Die Kinder in der Stube kamen nacheinander zu mir, und reichten mir die Hand, wie es die Mennoniten pflegen. Da ich glaubte, der Mann habe meinethalben aufgehört, so bat ich ihn fortzublasen; er versetzte mir: »Ja wenn es der Herr Doktor erlaubte! Sie selbst hätten mich nicht stören sollen, denn es ist lange, daß ich dies Vergnügen entbehre.«

Der Herr Doktor war der besser gekleidete Mann, und sagte mir, dieser Bediente Godwis, der Georg heiße, habe einen bösen Husten, darum habe er ihm das Flötenblasen untersagt; zugleich flüsterte er mir ins Ohr: »Schwindsucht, Schwindsucht, ist nicht herauszureißen«, machte dann seinen Diener und ging weg. Da er fort war, war die ganze Stube stille, und ich sah den armen Georg mitleidig an.

»Blase er immer noch eins«, sagte eine junge Frau, die am Spinnrade saß, »wir hören es gerne, und bei dem Doktor ist es ihm doch nicht recht vom Herzen gegangen.«

Georg schien mich mit seinen Blicken zu fragen, ob ich ihn nicht verraten wolle, und da ich ihn selbst darum bat, blies er, wie er sagte, sein Lieblingslied, und dann wolle er lange nichts wieder spielen. Die Tränen liefen ihm dabei aus den Augen, und mir auch; ich dankte ihm. Man rief mich zu Tische.

Dort fand ich Godwi, der lächelnd meinen ersten Band zur Seite legte, und mich fragte, warum ich so ernsthaft sei, ich solle sein Urteil nicht fürchten, obschon ihm vieles in dem Buche sehr lustig vorgekommen sei.

»So sehr mich Ihre Verzeihung auch rühren wird«, sagte ich, »so ist es doch jetzt Ihr Bedienter Georg, der mich so ernst gemacht hat. Warum muß der arme Mensch auch grade Flöte blasen zu seiner Brustkrankheit, und warum muß er die Musik so sehr lieben, als seine Krankheit sein Instrument haßt; wenn er unheilbar ist, so soll man ihm immer erlauben, früher an dieser schönen Leidenschaft zu sterben als an seiner garstigen Krankheit.«

»Sie haben recht«, sagte Godwi, »dieser gute Mann ist durch dieses Verbot unglücklicher als durch seine Krankheit, die er sehr gut kennt. Ich wollte, ich könnte ihn ein anderes Instrument lehren lassen, das zugleich tragbar wäre, denn er geht gar zu gern mit seiner Musik spazieren. Es freut mich, daß Sie mich daran erinnern, besinnen Sie sich doch, ob Ihnen nichts einfällt.«

Ich fragte ihn, ob er keine Laute oder Zither in der Gegend wüßte; ich wollte Georgen darauf Unterricht geben.

»Gut«, sagte Godwi, »eine Laute ist im Hause, und zugleich erfahre ich, daß Sie bei mir bleiben, worum ich Sie ohnedies bitten wollte.«

Ich entschuldigte mich, daß ich mein Hierbleiben so unvorsichtig vorausgesetzt hätte, versicherte ihn, wie gern ich es täte, und bat ihn, jemand in die Stadt zu schicken, der meine wenigen Gerätschaften herausbringe.

Georg wartete uns bei Tische auf, und freute sich sehr, da ich ihm sagte, daß ich ihn die Laute lehren wolle. Haber schien etwas unzufrieden zu sein; ich fragte ihn nach der Übersetzung, er klagte über die vielen italiänischen Wortspiele, übrigens gehe er nach Tische wieder daran. Wir setzten als Wette fest, daß der, dem die Übersetzung nicht gelänge, die Person in der Absingung des Wechselliedes übernehmen müsse, welche der andere bestimme. Haber entfernte sich bald wieder, und Godwi sagte:

»Es ist etwas boshaft von Ihnen, und doch sehr nützlich, daß Sie ihn beschäftigen; denn obschon ich ihn recht gern leiden mag, so hat er doch nicht den Mittelcharakter, dem man sich vertrauen kann; sein Enthusiasmus wird meistens Hitze, und seine Ruhe Frost.«

»Ist es Ihnen heute nach Tische so vertraulich?« sagte ich, auf das Buch hinsehend.

»Ja«, erwiderte er, »wir wollen den zweiten Band miteinander machen.«

Ich ging mit ihm in den Garten, und er führte mich ans äußerste Ende in eine Eremitage. Auf unserm Wege zeigte er mir seitwärts einen Teich.

»Dies ist der Teich, in den ich Seite 146 im ersten Band falle.«

Dann traten wir in die Eremitage, er stieß den Laden auf, und das erste, was mir in die Augen fiel, war das steinerne Bild der Mutter, welches gleich neben diesem Fenster an dem Teiche stand.

»So ist es nun«, sagte er ruhig; »übrigens haben Sie mich in Ihrem Buche ziemlich getroffen, weniger Otilien und den Greis, und Sie sind zu entschuldigen, denn Sie hatten nichts über sie in Händen als die Worte eines glühenden Jünglings, die meinigen. Es muß Ihnen vor dem zweiten Bande sehr gebangt haben, denn wo sollten Sie mit Otilien, mit dem Alten, mit mir selbst hinaus.«

»Wahrlich ich konnte nur denken, daß ich den zweiten nie schreiben würde, weil ich den ersten nur schrieb wegen meiner Liebe zu Herrn Römers Tochter, und mußte ich ihn schreiben, nun so –«

»Ich danke, Sie hätten mich und die ganze Gesellschaft wohl vom Blitze erschlagen lassen.«

»Ungefähr so etwas, denn Sie muten mir doch nicht zu, daß ich Ihnen Otilien hätte zum Weibe geben sollen –«

»Nein, soviel nicht – aber ich hätte mich wenigstens umbringen müssen, weil sie mich nicht nehmen wollte oder konnte – einen anderen Ausweg wüßte ich nicht – ihr untreu werden? – das ganze Publikum hätte auf mich geschimpft – sie heiraten? – Sie hätten in geheimnisreichen, chemisch-poetischen und doch deutlichen Worten die Ehe hereinführen müssen, sonst hätte das Volk bei seiner armseligen Liebe immer noch gelacht, mich bei Otilien im Bette zu wissen, bei dem sternenreinen Mädchen, die so fein ist, daß Ahndung und Erinnerung wahre Telegraphsbalken für sie sind. Ich kann mir Ihre Otilie kaum wie eine Hostie denken.«

»Sie ist freilich etwas sublime schlecht geraten, und ich hätte Sie nicht mehr lange oben bei ihr allein lassen dürfen, denn Ihre Phantasien wollten auch nicht endigen. Was sollte der Greis weiter vorbringen? von seiner Geschichte wußte ich nichts. Einigemal war ich entschlossen, durch Sie Otiliens Tugend angreifen zu lassen, nur um ihr etwas Stoff abzugewinnen, weil sie doch auch gar nichts tat, als unendlich zart sein. Es würde sicher zu einem solchen ehrenrührigen Komplott gekommen sein, hätte mir der Buchdrucker nicht so zugesetzt, daß ich nicht Zeit hatte, sie zu verführen. Ich mußte mich daher mit der Freude begnügen, alles, was sie gesagt hatte, mit etwas Bosheit durchstudiert zu haben, um auf irgend eine Zweideutigkeit zu stoßen, auf die ich den Baum ihres Sündenfalls hätte pflanzen können, damit ich nachher die verschiedenen vortrefflichen Partieen ihrer Sünde zu verschiedenen Zweigen verarbeiten könnte, welche wieder Äpfel des Guten und Bösen getragen hätten.«

»Und was wollten Sie Seite 153 mit den stillen Lichtern? Sie wollten doch nicht etwa dem Mädchen eine neue Art Mythologie geben?«

»So etwas für die lange Weile; aber ich fühlte zu sehr, daß ich die alte noch nicht verstehe.«

»Eine neue Mythologie ist ohnmöglich, so ohnmöglich wie eine alte, denn jede Mythologie ist ewig; wo man sie alt nennt, sind die Menschen gering geworden, und die, welche von einer sogenannten neuen hervorzuführenden sprechen, prophezeien eine Bildung, die wir nicht erleben.«

»Sie meinen also, es gäbe keine Mythologie, sondern überhaupt nur Anlage zur Poesie, wirkliche gegenwärtige Poesie, und sinkende Poesie. Mythen sind Ihnen also nichts anderes als Studien der dichtenden Personalität überhaupt, und eine Mythologie wäre dann soviel als eine Kunstschule, so wie eine hinreichende Mythologie eine hinreichende Kunst, und eine letzte endliche Mythologie nichts als ein goldnes Zeitalter wäre, wo alles Streben aufhört und nichts mehr kann gewußt werden, weil dann das Wissen das Leben selbst ist;

nicht einmal das Wissen kann dann gewußt werden, da wir keine Einheit mehr denken könnten, indem die Möglichkeit zu zählen in der bloßen Einheit, die allein noch übrig sein könnte, aufgehoben wäre.«

Godwi sah am Ende meiner Rede zum Fenster hinaus, und als ich schwieg, kehrte er sich mit folgenden Worten um:

»So ein paar Sachen, die ein jeder verstehen kann, wie er will oder kann, weil sie undeutlich sind, lassen Sie wohl auch im ersten Bande mit einfließen, aber im zweiten soll es nicht sein.«

Er nahm mehrere Papiere aus dem Schreibpulte, und sagte: »Diese Papiere enthalten die Geschichte meines Vaters in Bruchstücken, wie auch die meiner Mutter und das meiste der Jugendgeschichte des Alten und Mollys, von Kordelien nichts, auch von mir nichts; aus allem diesem nun müssen Sie Ihren zweiten Band zusammenschreiben und mir vorlesen, von den Nebenpersonen des ersten Bandes dürfen Sie nicht viel sagen, weil sie bald abtraten. Das Übrige meines Lebens, bis jetzt, will ich Ihnen dann erzählen. Sie können hier von dieser Zelle Besitz nehmen, und darin arbeiten. In der Zwischenzeit führe ich Sie in die Bildergalerie, welche zu Ihrem Buche hier in dem heiligeren Teile des Hauses sehr vollständig ist, denn mein Vater ließ beinah alle die Hauptszenen aus seinem Leben malen, daher waren auch immer so viele Künstler bei ihm. Ich habe diese Eigenschaft mit wenigen anderen nur insoweit von ihm geerbt, daß ich Violettens Denkmal verfertigen ließ, die bestimmendste Szene meines Lebens.«

Ich dankte ihm für seine Güte, und versprach ihm, es so gut zu machen, als ich könnte; dann las er mir hintereinander die Aufsätze vor, und ich bildete daraus, was die Leser nun hören werden.

BONAVENTURA

Die Vermummung des Dichters
(Nachtwachen, Erste Nachtwache)

Bonaventuras »Nachtwachen«, die 1805 in Penig (Sachsen) bei dem kaum bekannten Verleger F. Dienemann erschienen, stellen gewiß nicht nur deshalb einen Sonderfall in der Literatur der romantischen Epoche dar, weil ihr Verfasser trotz zahlreicher Recherchen erst jüngst von Jost Schillemeit als August Klingemann (1777–1831), Romanautor, Theaterdirektor in Braunschweig und Verfasser kritischer Aufsätze, eruiert werden konnte, sondern weil er sich von allen vorangegangenen frühromantischen Romanen wesentlich unterscheidet. Der erstaunlich hohe Reflexionsgrad drängt das episch erzählende Element immer wieder zurück, um satirisch die Gegenwart und Institutionen wie Ehe, Religion, Staat, Justiz zu attackieren oder den falschen Schein an bestimmten Empfindungen wie Trauer, Schmerz, Liebe, Freude zu entlarven. Der sich der Gegenwart immer wieder zuwendende Erzähler ist das eigentlich Überraschende an diesem Buch, das man zwischen Sturm und Drang und Frühromantik einordnen muß. Es setzt auf jeden Fall den gebildeten Leser dieser Zeit voraus, denn Literatur, Kunst und Geisteshaltung werden parodiert und aufgenommen; auf die Literatur zwischen Tiecks frühem Briefroman »William Lovell«, Novalis' »Hymnen an die Nacht«, »Heinrich von Ofterdingen« und Brentanos »Godwi« wird angespielt, die idealistische Philosophie Fichtes gegen die Nützlichkeitsauffassung der Zeit gestellt. In keinem anderen Werk der Frühromantik ist der Geist der Erzählung so direkt gegen die Zeit gerichtet, wie es durch den als Nachtwächter vermummten Dichter in seinen 16 Nachtwachen geschieht. Der Erzähler, ein einstiger Poet, ruft jetzt ironisch aus: »Wer jetzt leben will, der darf nicht dichten.« Die einzelnen Nacht-

wachen bestehen aus Episoden, Erzählungen, tagebuchartigen Eintragungen und entfernen sich zunehmend von der konkret abzuschreitenden Nacht. Die Nacht wird für den Erzähler Zustand höchster Klarheit, in der der Nachtwächter Mensch, Zeit und Geisteshaltung durchschaut.

Die Nachtstunde schlug; ich hüllte mich in meine abenteuerliche Vermummung, nahm die Pike und das Horn zur Hand, ging in die Finsternis hinaus und rief die Stunde ab, nachdem ich mich durch ein Kreuz gegen die bösen Geister geschützt hatte.

Es war eine von jenen unheimlichen Nächten, wo Licht und Finsternis schnell und seltsam miteinander abwechselten. Am Himmel flogen die Wolken, vom Winde getrieben, wie wunderliche Riesenbilder vorüber, und der Mond erschien und verschwand im raschen Wechsel. Unten in den Straßen herrschte Totenstille, nur hoch oben in der Luft hauste der Sturm, wie ein unsichtbarer Geist.

Es war mir schon recht, und ich freute mich über meinen einsam widerhallenden Fußtritt, denn ich kam mir unter den vielen Schläfern vor wie der Prinz im Märchen in der bezauberten Stadt, wo eine böse Macht jedes lebende Wesen in Stein verwandelt hatte; oder wie ein einzig Übriggebliebener nach einer allgemeinen Pest oder Sündflut.

Der letzte Vergleich machte mich schaudern, und ich war froh ein einzelnes mattes Lämpchen noch hoch oben über der Stadt auf einem freien Dachkämmerchen brennen zu sehen.

Ich wußte wohl, wer da so hoch in den Lüften regierte; es war ein verunglückter Poet, der nur in der Nacht wachte, weil dann seine Gläubiger schliefen, und die Musen allein nicht zu den letzten gehörten.

Ich konnte mich nicht entbrechen folgende Standrede an ihn zu halten:

»O du, der du da oben dich herumtreibst, ich verstehe dich wohl, denn ich war einst deinesgleichen! Aber ich habe diese

Beschäftigung aufgegeben gegen ein ehrliches Handwerk, das seinen Mann ernährt, und das für denjenigen, der sie darin aufzufinden weiß, doch keineswegs ganz ohne Poesie ist. Ich bin dir gleichsam wie ein satirischer Stentor in den Weg gestellt, und unterbreche deine Träume von Unsterblichkeit, die du da oben in der Luft träumst, hier unten auf der Erde regelmäßig durch die Erinnerung an die Zeit und Vergänglichkeit. Nachtwächter sind wir zwar beide; schade nur daß dir deine Nachtwachen in dieser kalt-prosaischen Zeit nichts einbringen, indes die meinigen doch immer ein Übriges abwerfen. Als ich noch in der Nacht poesierte, wie du, mußte ich hungern, wie du, und sang tauben Ohren; das letzte tue ich zwar noch jetzt, aber man bezahlt mich dafür. O Freund Poet, wer jetzt leben will, der darf nicht dichten! Ist dir aber das Singen angeboren, und kannst du es durchaus nicht unterlassen, nun so werde Nachtwächter, wie ich, das ist noch der einzige solide Posten wo es bezahlt wird, und man dich nicht dabei verhungern läßt. – Gute Nacht, Bruder Poet.«

Ich blickte noch einmal hinauf, und gewahrte seinen Schatten an der Wand, er war in einer tragischen Stellung begriffen, die eine Hand in den Haaren, die andre hielt das Blatt, von dem er wahrscheinlich seine Unsterblichkeit sich vorrezitierte.

Ich stieß ins Horn, rief ihm laut die Zeit zu, und ging meiner Wege. –

Halt! dort wacht ein Kranker – auch in Träumen, wie der Poet, in wahren Fieberträumen!

Der Mann war ein Freigeist von jeher, und er hält sich stark in seiner letzten Stunde, wie Voltaire. Da sehe ich ihn durch den Einschnitt im Fensterladen; er schaut blaß und ruhig in das leere Nichts, wohin er nach einer Stunde einzugehen gedenkt, um den traumlosen Schlaf auf immer zu schlafen. Die Rosen des Lebens sind von seinen Wangen abgefallen, aber sie blühen rund um ihn auf den Gesichtern dreier holder Knaben. Der jüngste droht ihm kindlich unwissend in das blasse starre Antlitz, weil es nicht mehr lächeln will, wie sonst. Die andern beiden stehen ernst betrachtend, sie können sich den Tod noch nicht denken in ihrem frischen Leben.

Das junge Weib dagegen mit aufgelöstem Haar und offner schöner Brust, blickt verzweifelnd in die schwarze Gruft, und wischt nur dann und wann den Schweiß, wie mechanisch von der kalten Stirn des Sterbenden.

Neben ihm steht, glühend vor Zorn, der Pfaff mit aufgehobenem Kruzifixe, den Freigeist zu bekehren. Seine Rede schwillt mächtig an wie ein Strom, und er malt das Jenseits in kühnen Bildern; aber nicht das schöne Morgenrot des neuen Tages und die aufblühenden Lauben und Engel, sondern, wie ein wilder Höllenbreughel, die Flammen und Abgründe und die ganze schaudervolle Unterwelt des Dante.

Vergebens! der Kranke bleibt stumm und starr, er sieht mit einer fürchterlichen Ruhe ein Blatt nach dem andern abfallen, und fühlt wie sich die kalte Eisrinde des Todes höher und höher zum Herzen hinaufzieht.

Der Nachtwind pfiff mir durch die Haare und schüttelte die morschen Fensterladen, wie ein unsichtbarer herannahender Todesgeist. Ich schauderte, der Kranke blickte plötzlich kräftig um sich, als gesundete er rasch durch ein Wunder und fühlte neues höheres Leben. Dieses schnelle leuchtende Auflodern der schon verlöschenden Flamme, der sichere Vorbote des nahen Todes, wirft zugleich ein glänzendes Licht in das vor dem Sterbenden aufgestellte Nachtstück, und leuchtet rasch und auf einen Augenblick in die dichterische Frühlingswelt des Glaubens und der Poesie. Sie ist die doppelte Beleuchtung in der Corregios Nacht, und verschmilzt den irdischen und himmlischen Strahl zu *einem* wunderbaren Glanze.

Der Kranke wies die höhere Hoffnung fest und entschieden zurück, und führte dadurch einen großen Moment herbei. Der Pfaff donnerte ihm zornig in die Seele und malte jetzt mit Flammenzügen wie ein Verzweifelnder, und bannte den

ganzen Tartarus herauf in die letzte Stunde des Sterbenden. Dieser lächelte nur und schüttelte den Kopf.
Ich war in diesem Augenblicke seiner Fortdauer gewiß; denn nur das endliche Wesen kann den Gedanken der Vernichtung nicht denken, während der unsterbliche Geist nicht vor ihr zittert, der sich, ein freies Wesen, ihr frei opfern kann, wie sich die indischen Weiber kühn in die Flammen stürzen, und der Vernichtung weihen.
Ein wilder Wahnsinn schien bei diesem Anblicke den Pfaffen zu ergreifen, und getreu seinem Charakter redete er jetzt, indem ihm das Beschreiben zu ohnmächtig erschien, in der Person des Teufels selbst, der ihm am nächsten lag. Er drückte sich wie ein Meister darin aus, echt teufelisch im kühnsten Stile, und fern von der schwachen Manier des modernen Teufels.
Dem Kranken wurde es zu arg. Er wendete sich finster weg, und blickte die drei Frühlingsrosen an, die um sein Bette blüheten. Da loderte die ganze heiße Liebe zum letzten Male in seinem Herzen auf, und über das blasse Antlitz flog ein leichtes Rot, wie eine Erinnerung. Er ließ sich die Knaben reichen, und küßte sie mit Anstrengung, dann legte er das schwere Haupt an die hochwallende Brust des Weibes, stieß ein leises, Ach! aus, das mehr Wollust als Schmerz schien, und entschlief liebend im Arm der Liebe.
Der Pfaff seiner Teufelsrolle getreu, donnerte ihm, der Bemerkung gemäß, daß das Gehör bei Verstorbenen noch eine längere Zeit reizbar bleibt, in die Ohren, und versprach ihm in seinem eigenen Namen fest und bündig, daß der Teufel nicht nur seine Seele, sondern auch seinen Leib abfodern würde.
Somit stürzte er fort, und hinaus auf die Gasse. Ich war verwirrt worden, hielt ihn in der Täuschung wahrhaft für den Teufel, und setzte ihm, als er an mir vorüberfahren wollte, die Pike auf die Brust. »Geh zum Teufel!« sagte er schnaubend, da besann ich mich und sagte: »Verzeiht, Hochwürdiger, ich hielt Euch in einer Art Besessenheit für ihn

selbst, und setzte Euch deshalb die Pike, als ein ›Gott sei bei uns!‹ aufs Herz. Haltet mir's diesmal zugute!«

Er stürzte fort.

Ach! dort im Zimmer war die Szene lieblicher worden. Das schöne Weib hielt den blassen Geliebten still in ihren Armen, wie einen Schlummernden; in schöner Unwissenheit ahnte sie den Tod noch nicht, und glaubte, daß ihn der Schlaf zum neuen Leben stärken werde – ein holder Glaube, der im höhern Sinne sie nicht täuschte. Die Kinder knieten ernst am Bette, und nur der jüngste bemühete sich den Vater zu wecken, während die Mutter, ihm schweigend mit den Augen zuwinkend, die Hand auf sein umlocktes Haupt legte.

Die Szene war zu schön; ich wandte mich weg, um den Augenblick nicht zu schauen, in dem die Täuschung schwände.

Mit gedämpfter Stimme sang ich einen Sterbegesang unter dem Fenster, um in dem noch hörenden Ohre den Feuerruf des Mönchs durch leise Töne zu verdrängen. Den Sterbenden ist die Musik verschwistert, sie ist der erste süße Laut vom fernen Jenseits, und die Muse des Gesanges ist die mystische Schwester, die zum Himmel zeigt. So entschlummerte Jakob Böhme, indem er die ferne Musik vernahm, die niemand, außer dem Sterbenden, hörte.

JOSEPH VON EICHENDORFF

Die Sonne ging eben prächtig auf
(Ahnung und Gegenwart. Schluß)

Eichendorffs Roman »Ahnung und Gegenwart« (entstanden 1811) gibt mit dem Titel einen wichtigen romantischen Wesenszug seiner Dichtung wieder. Während Gegenwart durch den Grafen Friedrich in einer abgewirtschafteten Adelsgesellschaft kritisch negiert wird, geht Ahnung »von den erkannten Bildern der Zeit« auf Ursprung und Ziel zurück (Wilhelm Emrich). So reist der Held ohne konkretes Ziel zwischen Ahnung und Gegenwart: »Es geht doch nichts übers Reisen, wenn man nicht dahin oder dorthin reiset, sondern in die weite Welt hinein, wie es Gott gefällt.« Die Handlung setzt sich aus Begegnungen, Abschied und Wiedersehen zusammen, aus Reiten, Jagen, Gesellschaften. Im letzten Kapitel endet alles Reisen, und alle Figuren treffen sich, wie übrigens in den meisten Romanen der Romantik, wieder. Was sich im Verlauf des romantischen Romans als spontane Begegnung gibt, ist nach alter Romantradition oft in eine Genealogie gebaut.

Graf Friedrich hat die Universität verlassen, um auf Reisen zu gehen. Er fährt mit einigen Freunden die Donau hinauf und trifft Rosa, die Schwester des Grafen Leontin, in dessen Schloß er, durch Räuber verwundet, gebracht wird. Freundschaft und Reisen mit Leontin. Sie lernen Julie kennen, deren Vater ein Freund von Leontins Vater war, auf dessen Schloß Leontin Julie aus einem Brand rettet. Friedrich bekommt einen Brief von Rosa, reist zu ihr in die Residenz, trifft aber nur deren frühere Zofe Marie. Zwischen Rosa und Friedrich sind immer Hindernisse aufgerichtet. Im alten Waldschloß erst wird das spontane Schweifen enden, und jeder seiner Auffassung vom Dasein gemäß sich einem anderen Ziel zu- und von der Gegenwart wegwenden. Alle verlassen bezeichnenderweise die aktuelle europäische Gegenwart, nur der Dichterling Faber stürzt sich in die bunte Welt. In den Zielen Amerika und Ägypten wird nun die Ferne spätromantisch schon räumlich fixierbar. Das Wunderbare besteht nicht mehr in Träumen, sondern in den Handlungen in der Landschaft. Die Zeit scheint stillzustehen bzw. aufgehoben, was Anfangs- und Schlußsatz des Romans andeuten: »Die Sonne war eben prächtig aufgegangen.« – »Die Sonne ging eben prächtig auf.« Hier findet die Umkehrung der »Wilhelm Meister«-Vorstellung statt: die Kunst lebt sich nicht ins Leben hinein; insofern muß nach Eichendorffs Auffassung alles statisch bleiben. »So, wie fast immer Sommer herrscht, so kann alles in diesem Buche immer und überall sein, und selbst die zeitgeschichtliche Anspielung [...] verliert ihre Aktualität, weil die Zeit des Romans nicht die Zeit dieser Welt ist. Er tut, als ob er unendlich Zeit hätte, denn er sucht sich immer fortzudichten« (Walther Killy).

Der Winter war vergangen, die schöne Frühlingszeit ließ die Ströme los und schlug weit und breit ihr liebliches Reich wieder auf. Da erblickte Friedrich eines Morgens, als er eben von der Höhe schaute, unten in der Ferne zwei Reiter, die über die grünen Matten hinzogen. Sie verschwanden bald hinter den Bäumen, bald erschienen sie wieder auf einen Augenblick, bis sie Friedrich endlich in dem Walde völlig aus dem Gesichte verlor.
Er wollte nach einiger Zeit eben wieder in das Schloß zurückkehren, als die beiden Reiter plötzlich vor ihm aus dem Walde den Berg heraufkamen. Er erkannte sogleich seinen Leontin. Sein Begleiter, ein feiner, junger Jäger, sprang ebenfalls vom Pferde und kam auf ihn zu.
Setzen wir uns, sagte Leontin gleich nach der ersten Begrüßung munter, ich habe dir viel zu sagen. Vor allem: kennst du *den*? Hierbei hob er dem Jäger den Hut aus der Stirne, und Friedrich erkannte mit Erstaunen die schöne Julie, die in dieser Verkleidung mit niedergeschlagenen Augen vor ihm stand. Wir sind auf einer großen Reise begriffen, sagte er darauf. Die Jungfrau Europa, die so hochherzig mit ihren ausgebreiteten Armen dastand, als wolle sie die ganze Welt umspannen, hat die alten, sinnreichen, frommen, schönen Sitten abgelegt und ist eine Metze geworden. Sie buhlt frei mit dem gesunden Menschenverstande, dem Unglauben, Gewalt und Verrat, und ihr *Herz* ist dabei besonders eingeschrumpft. – Pfui, ich habe keine Lust mehr an der Phili-

sterin! Ich reise weit fort von hier, in einen andern Weltteil, und Julie begleitet mich. – Friedrich sah ihn bei diesen Worten groß an. – Es ist mein voller Ernst, fuhr Leontin fort, Juliens Vater ist auch gestorben und ich kann hier nicht länger mehr leben, wie ich nicht mag und darf.

Friedrich erfuhr nun auch, daß sie Land und alles, was sie hier besessen, zu Gelde gemacht, und ein eigenes Schiff bereits in der abgelegenen Bucht, die an das erwähnte Kloster stieß, bereit liege, um sie zu jeder Stunde aufzunehmen. – Er konnte, ungeachtet der schmerzlichen Trennung, nicht umhin, sich über dieses Vorhaben zu freuen, denn er wußte wohl, daß nur ein frisches, weites Leben seinen Freund erhalten könne, der hier in der allgemeinen Misere durch fruchtlose Unruhe und Bestrebung nur sich selber vernichtet hätte.

Sie sprachen dort noch lange darüber. Julie saß unterdes still, mit dem einen Arme auf Leontins Knie gestützt, und sah überaus reizend aus. – Seid ihr denn getraut? fragte Friedrich Leontin leise. – Julie hatte es dessenungeachtet gehört und wurde über und über rot.

Es wurde nun sogleich beschlossen, die Trauung noch heute in dem Kloster zu vollziehen. Man begab sich daher in das alte Schloß, die Felleisen wurden abgeschnallt, und Julie mußte sich umziehen. Friedrich bereitete unterdes fröhlich alles, was sich hier schaffen ließ, zu einem lustigen Hochzeitsfeste, während Leontin, der sich in dieser Lage als feierlicher Bräutigam gar komisch vorkam, allerhand Possen machte und die seltsamsten Anstalten traf, um das Fest recht phantastisch auszuschmücken.

Endlich erschien Julie wieder. Sie hatte ein weißes Kleid, die schönen, goldenen Haare fielen in langen Locken über den Nacken und die Schultern, man konnte sie nicht ansehen, ohne sich an irgendein schönes, altdeutsches Bild zu erinnern. Sie bestiegen nun alle ihre Pferde und zogen so, Julie in die Mitte nehmend, auf das Kloster zu. Als sie die letzte Höhe vor demselben erreichten, wo auf einmal das Meer durch die Wälder und Hügel seinen furchtbar großen

Geisterblick hinaufsandte, tat Julie einen Freudenschrei über den unerwarteten, noch nie gehabten Anblick und sah dann den ganzen Weg über mit den großen, sinnigen Augen stumm in das wunderbare Reich, wie in eine unbekannte, gewaltige Zukunft. Die Glockenklänge von dem Klosterturme kamen ihnen wunderbar tröstend aus der unermeßlichen Aussicht entgegen.

In dem Kloster selbst war eben das Wallfahrtsfest, das alle Jahre einige Male gefeiert wurde, wiedergekehrt. Die Einsamkeit rings herum war wieder bunt belebt, eine Menge Pilger war, als sie dort ankamen, in kleinen Haufen unter den grünen Bäumen vor der Kirche gelagert, die Kirche selbst mit Blumen und grünen Reisern freundlich geschmückt. Friedrich hatte schon früher den Prior von ihrer Ankunft benachrichtigen lassen, und so wurden denn Leontin und Julie noch diesen Vormittag in der Kirche feierlich zusammengegeben.

Die Menge fremder Pilger freute sich über das fremde Paar. Nur eine hohe, junge Dame, die einen dichten Schleier über das Gesicht geschlagen hatte, lag seitwärts vor einem einsamen Altare voll Andacht auf den Knien und schien von allem, was hinter ihr in der Kirche vorging, nichts zu bemerken. Friedrich sah sie; sie kam ihm bekannt vor. – Diese einsame Gestalt, das unaufhörliche Ringen und Brausen der Orgeltöne, der fröhliche Sonnenschein, der draußen vor der offenen Tür auf dem grünen Platze spielte, alles drang so seltsam rührend auf ihn ein, als wollte das ganze vergangene Leben noch einmal mit den ältesten Erinnerungen und langvergessenen Klängen an ihm vorübergehen, um auf immer Abschied zu nehmen. Ihm fiel dabei recht ein, wie nun auch Leontin fortreise und wahrscheinlich nie mehr wiederkomme, und eine unbeschreibliche Wehmut bemächtigte sich seiner, so daß er ins Freie hinaus mußte. Er ging draußen unter den hohen Bäumen vor der Kirche auf und ab und weinte sich herzlich aus.

Die Zeremonie war unterdes geendigt, und sie ritten wieder

nach dem alten Schlosse zurück. Auf dem grünen Platze vor demselben empfing sie unter den hohen Bäumen ein reinlich gedeckter Tisch; große Blumensträuße und vielfarbiges Obst stand in silbernen Gefäßen zwischen dem golden blickenden Wein und hellgeschliffenen Gläsern, alle das fröhlich bunte Gemisch von Farben gab in dem Grün und unter blauheiterm Himmel einen frischer lockenden Schein. Man hatte, was in dem Schlosse nicht zu finden war, schnell aus dem Kloster herbeigeschafft. Rudolf ließ sich nirgends sehen.
Sie aßen und tranken nun in der grünen Einsamkeit, während der Kreis der Wälder in ihre Gespräche hineinrauschte. Julie saß still in die Zukunft versenkt und schien innerlich entzückt, daß nun endlich ihr ganzes Leben in des Geliebten Gewalt gegeben sei.
So kam der Abend heran. Da sahen sie zwei Männer, die in einem lebhaften Gespräche miteinander begriffen schienen, aus dem Walde zu ihnen heraufkommen. Sie erkannten Rudolf an der Stimme. Kaum hatte ihn Julie, die schon von dem vielen Weine erhitzt war, erblickt, als sie laut aufschrie und sich furchtsam an Leontin andrückte. Es war dieselbe dunkle Gestalt, die sie aus dem Wagen bei dem Leichenzuge ihres Vaters einsam auf dem beschneiten Felde hatte stehen sehen. –
O seht, was ich da habe, rief ihnen Rudolf schon von weitem entgegen, ich habe im Walde einen Poeten gefunden, wahrhaftig, einen Poeten! Er saß unter einem Baume und schmälte laut auf die ganze Welt in schönen, gereimten Versen, daß ich bis zu Tränen lachen mußte. Gib dich zufrieden, Gevatter! sagte ich so gelind als möglich zu ihm, aber er nimmt keine Vernunft an und schimpft immerfort. – Rudolf lachte hierbei so übermäßig und aus Herzensgrunde, wie sie ihn noch niemals gesehen.
Sie hatten indes in seinem Begleiter mit Freuden den lang entbehrten Herrn *Faber* erkannt. Leontin sprang sogleich auf, ergriff ihn und walzte mit ihm auf der Wiese herum, bis sie beide nicht mehr weiter konnten. Et tu Brute? – rief

endlich Faber aus, als er wieder zu Atem gekommen war, nein, das ist zu toll, der Berg muß verzaubert sein! Unten begegne ich der kleinen Marie, ich will sie aus alter Bekanntschaft haschen und küssen und bekomme eine Ohrfeige; weiter oben sitzt auf einer Felsenspitze eine Figur mit breitem Mantel und Krone auf dem Haupte wie der Metallfürst und will mir grämlich nicht den Weg weisen, ein als Ritter verkappter Phantast rennt mich fast um; dann falle ich jenem Melancholikus da in die Hände, der nicht weiß, warum er lacht; und nachdem ich mich endlich mit Lebensgefahr hinaufgearbeitet habe, seid ihr hier oben am Ende auch noch verrückt. – Das kann wohl sein, sagte Leontin lustig, denn ich bin verheiratet (hierbei küßte er Julie, die ihm die Hand auf den Mund legte) und Friedrich da, fuhr er fort, will ins Kloster gehn. Aber du weißt ja den alten Spruch: sie haben sich zu Toren gemacht vor der Welt. – Und nun sage mir nur, wie in aller Welt du uns hier aufgefunden hast?

Faber erzählte nun, daß er auf einer Wallfahrt zu dem Kloster begriffen gewesen, von dessen schöner Lage er schon viel gehört. Unterwegs habe er am Meere von Schiffsleuten vernommen, daß sich Leontin hier oben aufhalte, und daher den Berg bestiegen. – Rudolf verwandte unterdes mit komischer Aufmerksamkeit kein Auge von dem kurzen, wohlhäbigen Manne, der mit so lebhaften Gebärden sprach. Faber setzte sich zu ihnen, und sie teilten ihm nun zu seiner Verwunderung ihre Pläne mit. Rudolf war indes auch wieder still geworden und saß wie der steinerne Gast unter ihnen am Tische. Julie blickte ihn oft seitwärts an und konnte sich noch immer einer heimlichen Furcht vor ihm nicht erwehren, denn es war ihr, als verginge diesem kalten und klugen Gesichte gegenüber ihre Liebe und alles Glück ihres Lebens zu nichts.

Die Nacht war indes angebrochen, die Sterne prangten an dem heitern Himmel. Da erklang auf einmal Musik aus dem nächsten Gebüsche. Es waren Spielleute aus dem Klo-

ster, die Leontin bestellt hatte. Rudolf stand bei den ersten Klängen auf, sah sich ärgerlich um und ging fort.
Leontin, von den plötzlichen Tönen wie im innersten Herzen erweckt, hob sein Glas hoch in die Höhe und rief: Es lebe die Freiheit! Wo? – fragte Faber, indem er selbst langsam sein Glas aufhob. – Nur nicht etwa in der Brust des Philosophen allein, erwiderte Leontin, unangenehm gestört. Diese allgemeine, natürliche, philosophische Freiheit, der jede Welt gut genug ist, um sich in ihrem Hochmute frei zu fühlen, ist mir ebenso in der Seele zuwider als jene natürliche Religion, welcher alle Religionen einerlei sind. Ich meine jene uralte, lebendige Freiheit, die uns in großen Wäldern wie mit wehmütigen Erinnerungen anweht oder bei alten Burgen sich wie ein Geist auf die zerfallene Zinne stellt, der das Menschenschifflein unten wohl zufahren heißt, jene frische, ewig junge Waldesbraut, nach welcher der Jäger frühmorgens aus den Dörfern und Städten hinauszieht, und sie mit seinem Horne lockt und ruft, jener reine, kühle Lebensatem, den die Gebirgsvölker auf ihren Alpen einsaugen, daß sie nicht anders leben können, als wie es der Ehre geziemt. – Aber damit ist es nun aus. – Wenn unserer Altvordern Herzen wohl mit dreifachem Erz gewappnet waren, das vor dem rechten Strahle erklang wie das Erz von Dodona; so sind die unsrigen nun mit sechsfacher Butter des häuslichen Glückes, des guten Geschmacks, zarter Empfindungen und edelmütiger Handlungen umgeben, durch die kein Wunderlaut bis zu der Talggrube hindurchdringt. Zieht dann von Zeit zu Zeit einmal ein wunderbarer, altfränkischer Gesell, der es noch ehrlich und ernsthaft meint, wie Don Quixote, vorüber, so sehen Herren und Damen nach der Tafel gebildet und gemächlich zu den Fenstern hinaus, stochern sich die Zähne und ergötzen sich an seinen wunderlichen Kapriolen oder machen wohl gar auch Sonette auf ihn und meinen, er sei eine recht *interessante* Erscheinung, wenn er nur nicht eigentlich verrückt wäre. – Das alte große Racheschwert haben sie sorglich vergraben und verschüttet,

und keiner weiß den Fleck mehr, und darüber auf dem lockern Schutt bauen sie nun ihre Villen, Parks, Eremitagen und Wohnstuben und meinen in ihrer vernünftigen Dummheit, der Plunder könne so fortbestehn. Die Wälder haben sie ausgehauen, denn sie fürchten sich vor ihnen, weil sie von der alten Zeit zu ihnen sprechen und am Ende den Ort noch verraten könnten, wo das Schwert vergraben liegt. – Leontin ergriff hierbei hastig die Gitarre, die neben ihm auf dem Rasen lag, und sang:

O könnt' ich mich niederlegen
Weit in den tiefsten Wald,
Zu Häupten den guten Degen,
Der noch von den Vätern alt!

Und dürft' von allem nichts spüren
In dieser dummen Zeit,
Was sie da unten hantieren,
Von Gott verlassen, zerstreut;

Von fürstlichen Taten und Werken,
Von alter Ehre und Pracht,
Und was die Seele mag stärken,
Verträumend die lange Nacht!

Denn eine Zeit wird kommen,
Da macht der Herr ein End',
Da wird den Falschen genommen
Ihr unechtes Regiment.

Denn wie die Erze vom Hammer,
So wird das lockre Geschlecht
Gehaun sein von Not und Jammer
Zu festem Eisen recht.

Da wird Aurora tagen
Hoch über den Wald hinauf,
Da gibt's was zu siegen und schlagen,
Da wacht, ihr Getreuen, auf!

Und so, sagte er, will ich denn in dem noch unberührten Waldesgrün eines andern Weltteils Herz und Augen stärken und mir die Ehre und die Erinnerung an die vergangene große Zeit sowie den tiefen Schmerz über die gegenwärtige heilig bewahren, damit ich der künftigen, bessern, die wir alle hoffen, würdig bleibe und sie mich wach und rüstig finde. Und du, fuhr er zu Julie gewendet fort, wirst du ganz ein Weib sein, und, wie Shakespeare sagt, dich dem Triebe hingeben, der dich zügellos ergreift und dahin oder dorthin reißt, oder wirst du immer Mut genug haben, dein Leben etwas Höherem unterzuordnen? Und dämmert endlich die Zeit heran, die mich Gott erleben lasse! wirst du fröhlich sagen können: Ziehe hin! denn was du willst und sollst ist mehr wert als dein und mein Leben? – Julie nahm ihm fröhlich die Gitarre aus der Hand und antwortete mit folgender Romanze:

Von der deutschen Jungfrau

Es stand ein Fräulein auf dem Schloß,
Erschlagen war im Streit ihr Roß,
Schnob wie ein See die finstre Nacht,
Wollt' überschrein die wilde Schlacht.

Im Tal die Brüder lagen tot,
Es brannt' die Burg so blutigrot,
In Lohen stand sie auf der Wand,
Hielt hoch die Fahne in der Hand.

Da kam ein röm'scher Rittersmann,
Der ritt keck an die Burg hinan,
Es blitzt sein Helm gar mannigfach,
Der schöne Ritter also sprach:

Jungfrau, komm in die Arme mein!
Sollst deines Siegers Herrin sein.
Will baun dir einen Palast schön,
In prächt'gen Kleidern sollst du gehn.

Es tun dein Augen mir Gewalt,
Kann nicht mehr fort aus diesem Wald,
Aus wilder Flammen Spiel und Graus
Trag ich mir meine Braut nach Haus!

Der Ritter ließ sein weißes Roß,
Stieg durch den Brand hinauf ins Schloß,
Viel Knecht' ihm waren da zur Hand,
Zu holen das Fräulein von der Wand.

Das Fräulein stieß die Knecht' hinab,
Den Liebsten auch ins heiße Grab,
Sie selbst dann in die Flammen sprang,
Über ihnen die Burg zusammensank.

Faber brach, als sie geendigt hatte, einen Eichenzweig von einem herabhängenden Aste, bog ihn schnell zu einem Kranze zusammen und überreichte ihr denselben, indem er mit altritterlicher Galanterie vor ihr hinkniete. Julie drückte den Kranz mit seinen frischgrünen, vollen Blättern lächelnd in ihre blonden Locken über die ernsten, großen Augen und sah so wirklich dem Bilde nicht unähnlich, das sie besungen. –

Es ist seltsam, sagte Faber darauf, wie sich unser Gespräch nach und nach beinahe in einen Wechselgesang aufgelöst hat. Der weite, gestirnte Himmel, das Rauschen der Wälder ringsumher, der innere Reichtum und die überschwengliche Wonne, mit welcher neue Entschlüsse uns jederzeit erfüllen, alles kommt zusammen; es ist, als hörte die Seele in der Ferne unaufhörlich eine große, himmlische Melodie, wie von einem unbekannten Strome, der durch die Welt zieht, und so werden am Ende auch die Worte unwillkürlich melodisch, als wollten sie jenen wunderbaren Strom erreichen und mitziehen. So fällt auch mir jetzt ein Sonett ein, das euch am besten erklären mag, was ich von Leontins Vorhaben halte. Er sprach:

In Wind verfliegen sah ich, was wir klagen,
Erbärmlich Volk um falscher Götzen Thronen,
Wen'ger Gedanken, deutschen Landes Kronen,
Wie Felsen aus dem Jammer einsam ragen.

Da mocht' ich länger nicht nach euch mehr fragen,
Der Wald empfing, wie rauschend! den Entflohnen,
In Burgen alt, an Stromeskühle wohnen,
Wollt' ich auf Bergen bei den alten Sagen.

Da hört' ich Strom und Wald dort so mich tadeln:
Was willst, Lebend'ger du, hier überm Leben,
Einsam verwildernd in den eignen Tönen?

Es soll im Kampf der rechte Schmerz sich adeln,
Den deutschen Ruhm aus der Verwüstung heben,
Das will der alte Gott von seinen Söhnen!

Friedrich sagte: Es ist wahr, wovon Ihr Sonett da spricht, und doch billige ich Leontins Plan vollkommen. Denn wer, von Natur ungestüm, sich berufen fühlt, in das Räderwerk des Weltganges *unmittelbar* mit einzugreifen, der mag von hier flüchten, so weit er kann. Es ist noch nicht an der Zeit, zu bauen, solange die Backsteine, noch weich und unreif, unter den Händen zerfließen. Mir scheint in diesem Elend, wie immer, keine andere Hülfe, als die *Religion.* Denn wo ist in dem Schwalle von Poesie, Andacht, Deutschheit, Tugend und Vaterländerei, die jetzt, wie bei der babylonischen Sprachverwirrung, schwankend hin und her summen, ein sicherer Mittelpunkt, aus welchem alles dieses zu einem klaren Verständnis, zu einem lebendigen Ganzen gelangen könnte? Wenn das Geschlecht vor der Hand einmal alle seine irdischen Sorgen, Mühen und fruchtlosen Versuche, der Zeit wieder auf die Beine zu helfen, vergessen und wie ein Kleid abstreifen und sich dafür mit voller, siegreicher Gewalt zu Gott wenden wollte, wenn die Gemüter auf solche Weise von den göttlichen Wahrheiten der Religion lange vorbereitet, erweitert, gereinigt und wahrhaft durchdrungen würden, daß der Geist Gottes und das Große im öffentlichen Leben wieder Raum in ihnen gewönne, dann erst wird es Zeit sein, unmittelbar zu handeln und das alte Recht, die alte Freiheit, Ehre und Ruhm in das wiedereroberte Reich zurückzuführen. Und in dieser Gesinnung bleibe ich in Deutschland und wähle mir das Kreuz zum Schwerte. Denn, wahrlich, wie man sonst Missionarien unter Kannibalen aussandte, so tut es jetzt viel mehr not in Europa, dem *ausgebildeten* Heidensitze.

Faber kam aus tiefen Gedanken zurück, als Friedrich ausgeredet hatte. Wie Ihr da so sprecht, sagte er, ist mir gar seltsam zumute. War mir doch, als verschwände dabei die Poesie und alle Kunst wie in der fernsten Ferne und ich hätte mein Leben an eine reizende Spielerei verloren. Denn das Haschen der Poesie nach außen, das geistige Verarbeiten und Bekümmern um das, was eben vorgeht, das Ringen und Abarbeiten an der Zeit, so groß und lobenswert als Gesinnung, ist doch immer unkünstlerisch. Die Poesie mag wohl Wurzel schlagen in *demselben* Boden der Religion und Nationalität, aber unbekümmert, bloß um ihrer himmlischen Schönheit willen, als Wunderblume zu uns heraufwachsen. Sie will und soll zu nichts *brauchbar* sein. Aber das versteht Ihr nicht und macht mich nur irre. Ein fröhlicher Künstler mag sich vor Euch hüten. Denn wer die Gegenwart aufgibt, wie Friedrich, wem die frische Lust am Leben und seinem überschwenglichen Reichtume gebrochen ist, mit dessen Poesie ist es aus. Er ist wie ein Maler ohne Farben.

Friedrich, den die Zurückrufung der großen Bilder seiner Hoffnungen innerlichst fröhlich gemacht hatte, nahm statt aller Antwort die Gitarre und sang nach einer alten, schlichten Melodie:

Wo treues Wollen, redlich Streben
Und rechten Sinn der Rechte spürt,
Das muß die Seele ihm erheben,
Das hat mich jedesmal gerührt.

Das Reich des Glaubens ist geendet,
Zerstört die alte Herrlichkeit,
Die Schönheit weinend abgewendet,
So gnadenlos ist unsre Zeit.

O Einfalt gut in frommen Herzen,
Du züchtig schöne Gottesbraut!
Dich schlugen sie mit frechen Scherzen,
Weil dir vor ihrer Klugheit graut.

Wo findst du nun ein Haus, vertrieben,
Wo man dir deine Wunder läßt,
Das treue Tun, das schöne Lieben,
Des Lebens fromm vergnüglich Fest?

Wo findest du den alten Garten,
Dein Spielzeug, wunderbares Kind,
Der Sterne heil'ge Redensarten,
Das Morgenrot, den frischen Wind?

Wie hat die Sonne schön geschienen!
Nun ist so alt und schwach die Zeit;
Wie stehst so jung du unter ihnen,
Wie wird mein Herz mir stark und weit!

Der Dichter kann nicht mit verarmen;
Wenn alles um ihn her zerfällt,
Hebt ihn ein göttliches Erbarmen –
Der Dichter ist das Herz der Welt.

Den blöden Willen aller Wesen,
Im Irdischen des Herren Spur,
Soll er durch Liebeskraft erlösen,
Der schöne Liebling der Natur.

Drum hat ihm Gott das Wort gegeben,
Das kühn das Dunkelste benennt,
Den frommen Ernst im reichen Leben,
Die Freudigkeit, die keiner kennt.

Da soll er singen frei auf Erden,
In Lust und Not auf Gott vertraun,
Daß aller Herzen freier werden,
Eratmend in die Klänge schaun.

Der Ehre sei er recht zum Horte,
Der Schande leucht' er ins Gesicht!
Viel Wunderkraft ist in dem Worte,
Das hell aus reinem Herzen bricht.

Vor Eitelkeit soll er vor allen
Streng hüten sein unschuld'ges Herz,
Im Falschen nimmer sich gefallen,
Um eitel Witz und blanken Scherz.

O laßt unedle Mühe fahren,
O klinget, gleißt und spielet nicht
Mit Licht und Gnad', so ihr erfahren,
Zur Sünde macht ihr das Gedicht!

Den lieben Gott laß in dir walten,
Aus frischer Brust nur treulich sing!
Was wahr in dir, wird sich gestalten,
Das andre ist erbärmlich Ding. –

Den Morgen seh ich ferne scheinen,
Die Ströme ziehn im grünen Grund,
Mir ist so wohl! – die's ehrlich meinen,
Die grüß ich all aus Herzensgrund!

Faber reichte Friedrich, der die Gitarre wieder weglegte, die Hand zur Versöhnung. – Der Morgen warf unterdes wirklich schon vom Meere her ungewisse Scheine über den dämmernden Himmel, hin und wieder erwachten schon frühe Vögel im Walde, alle Wipfel fingen an sich frischer zu rühren. Da sprang Leontin fröhlich mitten auf den Tisch, hob sein Glas hoch in die Höh' und sang:

Kühle auf dem schönen Rheine
Fuhren wir vereinte Brüder,

Tranken von dem goldnen Weine,
Singend gute deutsche Lieder.
Was uns dort erfüllt' die Brust,
Sollen wir halten,
Niemals erkalten,
Und vollbringen treu mit Lust!
Und so wollen wir uns teilen,
Eines Fels verschiedne Quellen,
Bleiben so auf hundert Meilen
Ewig redliche Gesellen!

Alle stießen freudig mit ihren Gläsern an, und Leontin sprang wieder vom Tische herab. Denn soeben sahen sie Rudolf, unter beiden Armen schwer bepackt, aus der Burg auf sie zukommen. Lustig! lustig! rief er, als er den gläserklirrenden Jubel sah, frisch, spielt auf, Flöten und Geigen! Da habt ihr Gold! Hierbei warf er zwei große Geldsäcke vor ihnen auf die Erde, daß die Goldstücke nach allen Seiten in das Gras hervorrollten. – Das ist ein lustiges Metall, fuhr er fort, wie es in die fröhliche, unschuldige Welt hinaushüpft und rollt, mit den verwunderten Gräsern funkelnd spielt und mit dunkelroten, irren Flammen zuckt, liebäugelnd, klingend und lockend! Verfluchter unterirdischer, rotäugiger Lügengeist, der niemals hält, was er verspricht! Da, nehmt alles, greift zu! Kauft Ehre, kauft Liebe, kauft Ruhm, Lust und alles Ergötzen der Erde, seid immer satt und immer wieder durstiger bis ans Grab, und wenn ihr einmal fröhlich und zufrieden werdet, so mögt ihr mir danken. –

Alle sahen ihn erstaunt an. Faber sagte: Ich achte das Geld nur, wenn ich es brauche. Aber Dichter brauchen immer Geld. Und hiermit packte er ruhig seine Taschen voll, so daß er mit dem aufgeschwollnen Rocke sehr lächerlich anzusehen war.

Rudolf nahm hierauf kurzen Abschied von allen und wandte sich wieder nach seinem Schlosse zurück. Friedrich

eilte ihm nach, er wollte ihn so nicht gehn lassen. Da kehrte er sich noch einmal zu ihm. Du willst ins Kloster? fragte er ihn und blieb stehn. Ja, sagte Friedrich und hielt seine Hand fest, und was willst du nun künftig beginnen? – Nichts – war Rudolfs Antwort. – Ich bitte dich, sagte Friedrich, versenke dich nicht so fürchterlich in dich selbst. Dort findest du nimmermehr Trost. Du gehst niemals in die Kirche. – In mir, erwiderte Rudolf, ist es wie ein unabsehbarer Abgrund, und alles still. – Friedrich glaubte dabei zu bemerken, daß er heimlich im Innersten bewegt war. – O könnt' ich alles Große wecken, fuhr er dringender fort, was in dir verzweifelt und gebunden ringt! Hast du doch selber erzählt, daß dich alle wissenschaftliche Philosophie nicht befriedigte, daß du darin Gott und dich nie erkanntest. So wende dich denn zur Religion zurück, wo Gott selber unmittelbar zu dir spricht, dich stärkt, belehrt und tröstet! – Du meinst es gut, sagte Rudolf finster, aber das ist es eben in mir: ich kann nicht glauben. Und da mich denn der Himmel nicht mag, so will ich mich der Magie ergeben. Ich gehe nach Ägypten, dem Lande der alten Wunder. – Hiermit drückte er seinem Bruder schnell die Hand und ging mit großen Schritten in den Wald hinein. Sie sahen ihn nicht mehr wieder.
Lange blickten sie ihm nach und bedauerten den unglücklich Verwirrten, als ein Schiffer ankam, um Leontin an die Abfahrt zu mahnen, indem soeben ein günstiger Wind vom Lande trieb. Alle sahen einander stillschweigend an und schienen erschrocken, da nun der Augenblick wirklich da war, den sie selber lange vorbereitet hatten.
Der Schiffer übernahm das wenige Gepäck, und sie machten sich sogleich auf den Weg nach dem Meere. Friedrich begleitete sie. Langsam rückten Berge und Wälder bei jedem Schritte immer weiter hinter ihnen zurück, das Meer rollte sich vor ihren Blicken auseinander.
Friedrich sagte unterwegs: Mir scheint unsre Zeit dieser weiten, ungewissen Dämmerung zu gleichen! Licht und Schatten ringen noch ungeschieden in wunderbaren Massen gewaltig

miteinander, dunkle Wolken ziehn verhängnisschwer dazwischen, ungewiß, ob sie Tod oder Segen führen, die Welt liegt unten in weiter, dumpf stiller Erwartung. Kometen und wunderbare Himmelszeichen zeigen sich wieder, Gespenster wandeln wieder durch unsre Nächte, fabelhafte Sirenen selber tauchen, wie vor nahen Gewittern, von neuem über den Meeresspiegel und singen, alles weist wie mit blutigem Finger warnend auf ein großes, unvermeidliches Unglück hin. *Unsere* Jugend erfreut kein sorglos leichtes Spiel, keine fröhliche Ruhe, wie unsere Väter, uns hat frühe der Ernst des Lebens gefaßt. Im Kampfe sind wir geboren, und im Kampfe werden wir, überwunden oder triumphierend, untergehn. Denn aus dem Zauberrauche unsrer Bildung wird sich ein Kriegsgespenst gestalten, geharnischt, mit bleichem Totengesicht und blutigen Haaren; wessen Auge in der Einsamkeit geübt, der sieht schon jetzt in den wunderbaren Verschlingungen des Dampfes die Lineamente dazu aufringen und sich leise formieren. Verloren ist, wen die Zeit unvorbereitet und unbewaffnet trifft; und wie mancher, der weich und aufgelegt zur Lust und fröhlichem Dichten, sich so gern mit der Welt vertrüge, wird wie Prinz Hamlet zu sich selber sagen: Weh, daß ich zur Welt, sie einzurichten, kam! Denn aus ihren Fugen wird sie noch einmal kommen, ein unerhörter Kampf zwischen Altem und Neuem beginnen, die Leidenschaften, die jetzt verkappt schleichen, werden die Larven wegwerfen und flammender Wahnsinn sich mit Brandfackeln in die Verwirrung stürzen, als wäre die Hölle losgelassen, Recht und Unrecht, beide Parteien, in blinder Wut einander verwechseln. – Wunder werden zuletzt geschehen, um der Gerechten willen, bis endlich die neue und doch ewig alte Sonne durch die Greuel bricht, die Donner rollen nur noch fernab an den Bergen, die weiße Taube kommt durch die blaue Luft geflogen, und die Erde hebt sich verweint wie eine befreite Schöne in neuer Glorie empor. – O Leontin! wer von uns wird das erleben! –

Sie waren unterdes ans Gestade gekommen. Leontin umarmte hierauf noch einmal die Freunde, Friedrich küßte Julie auf die Stirn, und die drei bestiegen ihr Schiff. Faber ritt landeinwärts fort. Friedrich kehrte ins Kloster zurück, um es niemals mehr zu verlassen.

Als er in die Kirche eintrat, fand er dort noch alles leer und still. Nur einige fromme Pilger waren noch hin und her in den Bänken zerstreut. Auch die hohe, verschleierte Dame von gestern bemerkte er wieder unter ihnen. Er kniete vor einen Altar und betete. Als er wieder aufstand und sich umwandte, wobei ihm durch ein offenes Fenster die Morgenhelle gerade auf Brust und Gesicht fiel, sank plötzlich die Dame ohnmächtig auf den Boden nieder. Mehrere Bediente sprangen herbei und brachten sie vor die Tür, wo ein Wagen ihrer zu warten schien. – Es war Rosa.

Friedrich hatte nichts mehr davon bemerkt. Beruhigt und glückselig war er in den stillen Klostergarten hinausgetreten. Da sah er noch, wie von der einen Seite Faber zwischen Strömen, Weinbergen und blühenden Gärten in das blitzende, buntbewegte Leben hinauszog, von der andern Seite sah er Leontins Schiff mit seinem weißen Segel auf der fernsten Höhe des Meeres zwischen Himmel und Wasser verschwinden. Die Sonne ging eben prächtig auf.

ACHIM VON ARNIM

Geb. 26. Januar 1781 in Berlin, gest. 21. Januar 1831 auf Gut Wiepersdorf bei Jüterbog. Sohn des preußischen Diplomaten und späteren Intendanten der Berliner Hofoper Joachim Erdmann von Arnim. Studierte Rechts- und Naturwissenschaften in Halle a. d. Saale und Göttingen. Seine erste Veröffentlichung: *Versuch einer Theorie der elektrischen Erscheinungen* (1799). Bekanntschaft mit Tieck. Trifft 1801 Goethe in Göttingen. Beginn der Freundschaft mit Clemens Brentano. Dreijährige Bildungsreise durch Europa mit seinem Bruder Karl Otto. 1802 Rheinfahrt mit Brentano. 1803 Bekanntschaft mit Friedrich und Dorothea Schlegel in Paris. Wird dort Bonaparte vorgestellt. 1807 erste Begegnung mit den Brüdern Grimm. 1811 gründet Arnim die »Christlich-deutsche Tischgesellschaft« in Berlin (dort seit 1808). 1813 im April Hauptmann in einem Berliner Landsturmbataillon. Seit 1811 mit Bettina, der Schwester von Clemens Brentano, verheiratet. Von 1814 bis zu seinem Tod fast ununterbrochen auf seinem Gut Wiepersdorf.

Werke: *Des Knaben Wunderhorn* (mit Brentano, 1805); *Armut, Reichtum, Schuld und Buße der Gräfin Dolores* R. (1810); *Isabella von Ägypten.* Vier Novellen (1812); *Die Kronenwächter* R. (1817).

Der Palast des Barbarossa
(Die Kronenwächter, 1. Buch, 3. Geschichte)

In Arnims 1817 veröffentlichtem Roman »Die Kronenwächter. Bertholds erstes und zweites Leben«, dessen zweiter Teil posthum in Fragmenten von Bettina ediert worden ist, zeigt sich eine deutliche Wende vom Bildungs- und Entwicklungsroman zum historischen Roman. Dies hängt mit der besonderen Motivierung des Helden zusammen, dessen ursprüngliche Heimat auf eigentümliche Weise mit Arnims Geschichtskonzeption verbunden wird. Bestimmend für den Roman ist die Passivität des Helden, seine Tatenlosigkeit. Berthold kümmert sich nicht um das eigentliche Bild der Geschichte, um den wahren Ursprung. Teils real-historisch, teils geschichtlich-sagenhaft ist dieser verlorene Ursprung mit dem Geheimbund der Kronenwächter verknüpft, der für die Wiedereinsetzung der alten Stauferkrone eintritt. Dahinter steht, nur versteckt zu erfassen, die Idee von einer deutschen Einheit, die als Wunsch der Romantiker angesichts des durch Napoleon mit verursachten deutschen Debakels nationales Thema war. Aber die Restauration mißlingt, weil sie sich nicht auch im Individuum vorbereiten kann. Berthold versagt und stirbt schließlich über den Gräbern seiner Ahnen.

Im ausgewählten Abschnitt: Martin, ein finsterer Geselle, der offenbar in den Diensten der Kronenwächter steht, ist der neue Turmwächter von Waiblingen. Er hat die Frau seines Vorgängers geheiratet. Bei ihrer Hochzeit gab ein

Reiter den kleinen Berthold als zerbrechliches Gut ab. Sie beschlossen, das Findelkind als ihr eigenes anzunehmen. Der Ratsschreiber Berthold wird Pate. Eine lahme Elster ist Gespiele des Kindes; sie gehört zu den märchenhaften Vermittlungsrequisiten der Romantik, die in eine andere Welt hinüberführen. Arnims Roman verwendet eine realistische Darstellung und historische Figuren wie Maximilian, Luther, soweit es um die unmittelbare Gegenwart, um eine bestimmte Perspektive Bertholds geht, und sagenhafte Überhöhungen, wenn die märchenhafte Zeit dargestellt werden soll. Diese Verquickung führt oft zu fast surrealistischen Beschreibungen.

Die Ehe des Turmwächters Martin blieb ohne Segen eigner Kinder, um so höher ehrten die beiden Eheleute den kleinen Berthold, und Frau Hildegard hatte eigentlich keinen Augenblick, wo sie ihn vergaß. Selbst im Schlafe reichte sie ihm noch die Hand, daß er damit spielen und sie erwecken könnte, wenn er einmal früher aufwachen sollte. Die Elster war aber des Kleinen Gespielin, die ihm nie etwas zu leide tat, aber durch ihr Geschrei warnte, wo das Kind sich einer Gefahr aussetzte. Martin fand sich in seiner schwarzen Seelentiefe durch den Anblick des Knaben erhellt, schnitzte ihm Stöcke und Degen, so bunt der Kleine sie verlangte, und Berthold war eifrig beschäftigt, daß der Kleine früher als andere Kinder Buchstaben kennen lernte und bald auch buchstabierte. »Das wird ein Gelehrter«, sagte er mit Zuversicht und Martin lächelte, aber Berthold ließ sich dadurch nicht abbringen von seinem Unterrichte. Schon im siebenten Jahre schrieb der Kleine eine feste Hand, rechnete schon notdürftig und wäre in der Schule als ein Wunderkind aufgetreten, wenn er sie hätte besuchen dürfen. Aber Berthold setzte seinen Schreiberstolz darin, ihn allein weiter zu bringen, als die bequemen Geistlichen in der Stadtschule es mit allen Züchtigungen bei den Stadtkindern vermochten, und Frau Hildegard war es sehr zufrieden, weil er sonst Unarten und Ungeziefer mit annehmen könnte. Nur Martin schüttelte mit dem Kopfe und sagte, es werde der Junge zu nichts in der Welt taugen und die beste Zeit seines Lebens in dieser Einsamkeit verlieren, doch sah er ihn zu gern um sich, als daß er ihn mit Ernst entfernt hätte. Schon im zehnten Jahre wußte ihn Berthold mit schriftlichen Aufsätzen aller Art zu beschäftigen, indem er ihm einbildete, die Stadt habe ihn als Unterschreiber angenommen. Der Kleine arbeitete sich in alles mit einem Amtseifer hinein, daß Berthold schon im zwölften Jahre des Knaben ihn dem Bürgermeister zuführen konnte. Dem Bürgermeister gefiel seine gute Bildung, sein freundliches Auge, noch mehr seine Handschrift, in der er selbst dem alten Berthold überlegen war, so künstlich dieser die Anfänge der Kaufbriefe verzieren mochte. Der Bürgermeister strich ihm die langen gescheitelten, blonden Haare und versprach, ihn mit einem kleinen Gehalt zur Hülfe des alten Bertholds anzustellen. Der junge Berthold dankte, daß er ihn in seiner Stelle wolle fortbestehen lassen, und Berthold klärte mit Selbstzufriedenheit seine List auf, wie er dem Knaben durch eine eingebildete Anstellung Lust zur Arbeit gemacht habe. Dem Bürgermeister machte der Einfall viel Spaß, er erzählte ihn seiner Tochter Apollonia, die eben eintrat, ungefähr ein Jahr jünger als der junge Berthold, und seit dem Tode der Mutter des Vaters Augapfel, während der junge Berthold von tiefer Scham über seine Täuschung immer heißer erglühte und sich zuletzt des lauten Schluchzens und der Tränen nicht erwehren konnte. Der alte Berthold entschuldigte ihn mit einer ihm angebornen Blödigkeit und der Bürgermeister versprach ihm ein Kleid, wenn er etwas Altes ablegte, wo dann Jungfrau Apollonia an das grüne Tuch, welches vom Ratstische abgenommen war, erinnerte, das sich auf der linken Seite noch untadelig gefunden hätte. Der Bürgermeister schenkte es auf ihre Bitte dem Knaben, dem es zwischen den Arm von Apollonien geschoben wurde, die er dabei seitwärts durch die Tränen ganz freundlich ansah und sich dann mit dem Vater fortbewegte.

Als der Vater den Knaben in die Ratsstube führte, ihm seinen Platz anwies und wie er die Schriften ordnen sollte, da mußte der Knabe wieder weinen. Als der Vater nach der Ursache fragte, antwortete der Knabe: »Ich habe nun schon seit Jahren etwas zu tun vermeint, es war aber lauter Nichts und nur zu meiner Übung; wenn nun das alles, was ich hier treiben soll, auch nur zu meiner Prüfung und an sich zu nichts dient?« – »Vielleicht, lieber Sohn«, antwortete der Alte leise, »zuweilen überkommt mich so eine tiefere Einsicht und sie erschreckt mich nicht mehr wie sonst, du aber bist ein Kind, darum weine dich aus wie ein Kind, wirst immer noch früher wieder lachen als ich, wenn ich dich zum Schneidermeister Fingerling führe und dir das grüne Kleid anmessen lasse, was du mit deinem Schreiben dir verdienet hast. An dem Kleid magst du erkennen, daß dennoch nichts vergebens ist, was der Mensch in gutem Willen tut.« Sie gingen zu Meister Fingerling und der kleine Berthold ward in der Werkstätte vom Meister nach allen Richtungen gemessen. Seltsam war es ihm, als er den Arm mußte heben und krümmen, wie er es sonst nie getan, er meinte in dem neuen Rocke künftig immer so stehen zu müssen. Während der Meister die Umrisse des Kleids auf das Tuch nach dem Maße kreidete und zuschnitt, sah der junge Berthold mit großer Aufmerksamkeit der Schere nach. »Ich sehe es wohl an deiner Neugierde«, sprach Fingerling, »daß du Lust zum Handwerk hast und daß du die spöttischen Reden der andern Gewerke über uns Schneider nicht achtest.« Der junge Berthold antwortete darauf: »Ich verstehe nichts von Eurem Gewerke, lieber Meister, aber unbarmherzig scheint es mir, wie Ihr mit der großen Schere das schön farbige Tuch zerfetzt, mir ist's, als zerschnittet Ihr mir die Haut, so lieb habe ich diese grüne Wiesenfläche; ich hätte mir das Tuch bewahren sollen, statt es zerschneiden zu lassen, um das Geschenk der edlen Jungfrau mir auf immer zu bewahren.« –

»Du mußt ein Tuchhändler werden«, sagte der fixfingrige Mann, ohne von der geheimnisvollen Bewegung seiner Schere aufzublicken, »wenn so ein Händler mit rechtem, eignen Wohlgefallen das Tuch aufrollt und mit der Hand sanft überfährt, als ob er des Käufers ganz vergessen, da gibt jeder einige Kreuzer mehr. Ich für mein Teil denke, das Tuch wird erst durch meinen Zuschnitt zu etwas, wie der Mensch durch die Erziehung, ja ich sehe dann schon im Geiste die goldne Ehrenkette in dem Wams verdienen und darauf prangen.« – »Ich würde lieber ein Tuchhändler«, sagte der junge Berthold und empfahl sich dem Meister mit besonderer Zuneigung.

Frau Hildegard ehrte den Knaben mit tausend Zärtlichkeiten und noch mehr Ermahnungen, als sie seine neue Würde vernahm, nur Martin schüttelte mit dem Kopfe und brummte vor sich: »Sie haben ihn ganz aufgegeben und vergessen.« Der junge Berthold wußte schon, daß er um solche Redensarten den alten Martin nicht befragen durfte, daher war auch alle Neugierde über dergleichen Äußerungen bei ihm verschwunden, er meinte, das gehöre so zu einem alten Kriegsmann, wie das Fluchen. Keiner verlor aber mehr bei dieser Änderung, als der Martin. Die Frau war jünger und konnte sich so nicht in seine Launen fügen, wenn sie ihn auch lieb hatte, und ihre Liebe selbst war doch nur seiner Anwartschaft zur Türmerstelle gewesen, was konnte da mit den Jahren viel übrig bleiben, außer der guten alltäglichen Gewohnheit, alles als gemeinschaftlich zu betrachten, ausgenommen das Herz und die Gedanken.

Alle Morgen, wenn der junge Berthold vom Rathause kam, ging ihm Martin ungeduldig entgegen, sah ihn an und ließ sich berichten, was vorgefallen sei. Auf nichts mochte er sonst hören, jetzt hatte er mit dem Liebling wieder Auge und Ohr in die Welt gestreckt, und ärgerte sich an dem vielen Unrecht, was auf dem Rathause zur Sprache kam, und fluchte vom Jüngsten Tage. Der alte Berthold aber meinte: »Das Gute bringen sie nicht zum Rathaus, so wenig sie ihr

Brot auf die Straße werfen; so wissen wir im Rathause nur von den Sünden, und auf der Straße nur von der Unreinlichkeit der Menschen.«

Aber Martin wurde immer finsterer, seine Augen verdunkelten sich und es mochte wohl ein Jahr seit der Anstellung des jungen Berthold verflossen sein, als er einmal ungeduldig auf ihn wartete und endlich Frau Hildegard die Wacht anvertraute, um ihm entgegen zu gehen. Endlich kam der junge Berthold, aber nicht von der Seite des Rathauses, sondern von der Seite der wüsten Brandstätte. »Erst erkannte ich dich nicht«, rief ihm Martin entgegen, »ist mir doch jetzt beständig wie damals bei der Sonnenfinsternis, die Sonne hat einen Flecken und alles umher hat auch Flecken, nachdem ich hinein gesehen; wie kannst du mich so lange warten lassen, ich bin so neugierig, wie sich der Streit wegen des alten Fundaments geendet hat, worauf der Nachbar übergebauet hatte.« Aber der junge Berthold hörte nicht auf ihn, sondern umarmte ihn voller Seligkeit und rief wiederholend: »Das Haus des Barbarossa!« – »Was weißt du denn von dem?« fragte Martin. »Hab ich nicht täglich davon an der Papierwand von Vater Bertholds Schlafkammer gelesen, habe ich nicht lesen gelernt an der Stelle, wo der Palast in der Chronik steht, und habe immer heimlich daran gedacht, daß ich ihn finden müßte, und heute habe ich ihn gefunden, als mir die alte lahme Elster beim Heimgehen entlief. O sie weiß nun alles, was ich denke, und so zeigte sie mir den Weg und ließ mich nahe kommen und hüpfte weiter, wenn ich ihr den Finger hinhielt, daß sie darauf springen sollte, und so kletterte ich ihr ärgerlich über drei Mauern nach – ohne mich umzusehen – da erst sah ich mich um, denn sie rief weit von mir, ›Berthold, Berthold‹, – und mit freudigem Erschrecken sahe ich mich von den mächtigen Überbleibseln eines wunderbaren Gebäudes umgeben, eine Reihe ritterlicher Steinbilder steht noch fest und würdig zwischen ausgebrannten Fenstern am Hauptgebäude, ich sahe auch das Seitengebäude, ich sahe im Hintergrunde einen seltsamen, dicht verwachsenen Garten und allerlei künstliche Malerei an der Mauer, die ihn umgibt, – das ist Barbarossas Palast.« – »So seltsam rufen sie die Ihren«, sagte Martin in sich, »so viel Tausende haben als Kinder unter diesen Mauern gespielt und keinem fiel dies Gebäude auf, keiner dachte des Barbarossa.« – »Es ist mein«, rief der Knabe, »ich will es ausbauen, und will den Garten reinigen, ich weiß schon, wo die Mutter wohnen soll. Komm mit Vater, sieh es an! Du wirst sie alle wieder kennen in den Steinbildern, unsre alten Herzoge und Kaiser, von denen du mir so viel erzählt hast.«

Bei diesen Worten zog er den alten Martin über die Trümmer der wüsten Stadtseite fort und Martin folgte ihm willig, aber mit Mühe, denn in dem einsamen Wächtergange des Turms hatte er seine Sehnen zum Klettern allzu sehr erhärtet.

Da stand er endlich atemlos in der grünen Wildnis vor den Steinbildern und rief: »Wie sie mit Epheu bewachsen sind und ich erkenne sie doch, sieh, das ist Barbarossa, es ist mir doch nie so wohl geworden wie an diesem Flecke, fänden wir nur die Kapelle der heiligen drei Könige!« – »Ich war schon drin«, sagte der Knabe, »aber ich kann die Türe nicht wieder finden, auch der Alte ist fort, der mich hinführte, und je mehr ich sein gedenke, desto sonderbarer fällt es mir auf, daß er dem Steinbilde des Barbarossa ähnlich war. Seht, hier saß ich und staunte alles an, da klopfte er mir auf die Schulter, der Alte in dem seltsam prächtigen Mantel, vorn mit einem roten Steine zugeheftelt, und fragte mich, ob es mir wohlgefalle, dieses Haus in den Trümmern, er habe ein steinern Bild, wie es gewesen, im kleinen ausgeführt, das wolle er mir zeigen, so solle ich es aufbauen und ich würde viel Glück in dem Hause erleben und wenig würde mir von meinen Wünschen unerfüllt bleiben.« – »Und du hast es gesehn?« fragte Martin, indem er den Knaben auf andre Art als je ansah. »Freilich«, antwortete der junge Berthold; »und nimmer werde ich das kleine Steinbild vergessen, ich könnte es Euch hier auf dem Boden herzeichnen. Könnte ich nur die Türe wieder finden, wo er mich einführte, es ist als ob der Alte sie mit Schutt bedeckt hat. Hier war es, meine ich, da führte er mich in einen gewölbten Gang, an dessen Ende er eine metallne Türe öffnete. Wie erschrak ich, als wir da eintraten. Das ganze hochgewölbte Zimmer, von zwei hängenden Lampen erleuchtet, schien mit Gold und Edelsteinen, wie andre Häuser mit Kalk überzogen, in der Mitte stand ein Sarg und darin lagen drei hochehrwürdige Männer mit Kronen und als ich den Sarg näher betrachtete, war es dies Haus, schön neu und vollendet und schien mir gewaltig groß, ob ich gleich drüber weg und hinein sehen konnte, und als ich die alten Männer näher betrachtete, so sah ich, daß der mittlere dem Alten glich, der mich hinein führte. Ich sah mich um nach dem Alten, es war mir, als wäre er es selbst, der da lag mit Königen, aber er war fort, eine Angst füllte mein Herz, ich weiß nicht warum, ich floh aus der Kapelle, aus dem Garten über die Mauer und so fand ich Euch Vater Martin.« – »Warum flohst du dein bestes Glück, unglücklicher Knabe?« rief Martin. »Aber so ist's mit dem Menschen, der bildet sich viel auf seine Natur ein und meint, seine Liebe und sein Haß, seine Furcht und Hoffnung müssen einen wahren Grund und Boden in der Welt haben.« Der Knabe sah den Alten an und verstand ihn nicht, sondern fuhr in seiner Rede fort: »Mir ist noch immer so bange, ich fürchte, der Alte ist ein Geist gewesen.« Martin fuhr eben so in seinen Gedanken fort: »Wir schaudern vor den Geistern und gehen doch lange schon als abgeschiedne Geister umher, wenn uns die Lebenden noch für mitlebend halten. Höre nicht auf mich, mein Sohn, ich bin hier so vergnügt, wie ich lange nicht gewesen und da schwatze ich mit mir selbst. Wie die Linden schön herduften, die den Garten schließen, mir ist nie so wohlgemut gewesen. Gott führt auf immer neuen Wegen zum Heil, unser Leben ist wie ein Märchen, das eine liebe Mutter ihrem unruhigen Kinde erfindet.« – »Aber wird nicht Mutter Hildegard mit dem Essen auf uns warten?« unterbrach ihn der Knabe. »Sie wird noch öfter auf mich warten«, antwortete der Alte, »und ich werde nicht kommen, die Treppen des Turms steige ich nicht mehr hinauf und lasse auch das Seil nicht mehr zur Erde laufen nach täglicher Notdurft, sehe mir auch nicht mehr die Augen aus, ob irgend ein Strauchdieb unsern Fuhrleuten auflauert, das ist nun alles aus und ich bin hier eingesetzt, dich Berthold, den Abkömmling der Hohenstaufen zu erziehen, dir den Gebrauch ritterlicher Waffen zu zeigen und dein Schwert zu wetzen, daß es schneidet, wenn du es brauchen sollst.« Der Knabe wußte ihm nicht mehr zu antworten, sondern schmiegte sich an ihn, als er ihn aber über sich singen hörte, da erschrak er, denn so lange er um ihn gewesen, hatte Martin nie gesungen, obgleich ihm ein Wächterlied anbefohlen war, sondern sich immer am Gesange geärgert und oft mit Steinen nach Knaben und Handwerksgesellen geschleudert, die singend aus der Stadt zogen. Als aber der erste Schreck vorüber war, da hörte er dem Martin gern zu, nie hatte er eine so tiefe, ernste Stimme gehört, es war ihm, als ob er eine ganze Kirche aus der Ferne singen höre und jedes Wort blieb seinem Gedächtnisse eingeprägt.

Martin: Im See auf Felsenspitzen
Wird bald dein Schloß, die Pfalz,
So eckig weiß dir blitzen,
Als wär's ein Körnlein Salz,

Und rings in dem Kessel von Felsen,
Da siedet das Wasser am Grund,
Ich rat es euch Wagehälsen,
Verbrennet euch nicht den Mund.
[...]

E. T. A. HOFFMANN

Geb. 24. Januar 1776 in Königsberg, gest. 25. Juni 1822 in Berlin. 1792 Studium der Rechtswissenschaften in Königsberg. 1794 leidenschaftliche Zuneigung zu Dora Hatt, der er Musikunterricht erteilt (im *Majorat* geschildert). 1798 verlobt sich Hoffmann mit Minna Doerffer, einer Tochter seines Onkels Johann Ludwig Doerffer in Glogau. Versetzt nach Berlin. 1800 Assessor am Obergericht in Posen. 1802 löst sich Hoffmann von Minna und heiratet Maria Thekla Rohrer. 1804 nach Warschau versetzt. Bekanntschaft mit Zacharias Werner und Julius Hitzig, der ihn auf die romantische Bewegung aufmerksam macht. Nach Einzug der Franzosen in Warschau 1806 verliert Hoffmann seine Stellung. Vorübergehend wieder in Berlin. 1808 Kapellmeister in Bamberg, dann Theaterkomponist. 1810 Direktionsgehilfe am Bamberger Theater (Leitung Franz von Holbein). 1811 verliebt sich Hoffmann in seine Gesangsschülerin Julia Mark; starke Auswirkung auf sein späteres Werk (z. B. *Nachricht von den neuesten Schicksalen des Hundes Berganza, Kater Murr*). 1813 Kapellmeister in Dresden. 1814 Wiedereintritt in den Staatsdienst beim Kammergericht in Berlin. 1816 Ernennung zum Kammergerichtsrat. 1819 nach schwerer Krankheit zum Mitglied der »Immediatkommission zur Ermittlung hochverräterischer Verbindungen und anderer gefährlicher Umtriebe« ernannt (satirisch im *Kater Murr* und in der Knarrpanti-Episode im *Meister Floh* behandelt). 1822 wird das Manuskript zum *Meister Floh* von der preußischen Regierung beschlagnahmt. Disziplinarverfahren gegen Hoffmann wegen Knarrpanti-Episode.

Werke: *Fantasiestücke in Callots Manier* En. (1814/15); *Die Elixiere des Teufels* R. (1815/16); *Nachtstücke* (1817); *Die Serapionsbrüder* En. (1818 bis 1821); *Lebens-Ansichten des Katers Murr* R. (1820–22); *Prinzessin Brambilla* E. (1821); *Meister Floh* M. (1822).

Gefühle des Daseins, die Monate der Jugend
(Kater Murr, Vorworte und Erster Abschnitt)

Die »Lebens-Ansichten des Katers Murr nebst fragmentarischer Biographie des Kapellmeisters Johannes Kreisler in zufälligen Makulaturblättern« (erster Teil entstanden 1818, zweiter Teil 1821, ein dritter Teil war geplant; veröffent-

---

Umschlagzeichnung von E. T. A. Hoffmann zu seinem Roman »Kater Murr«

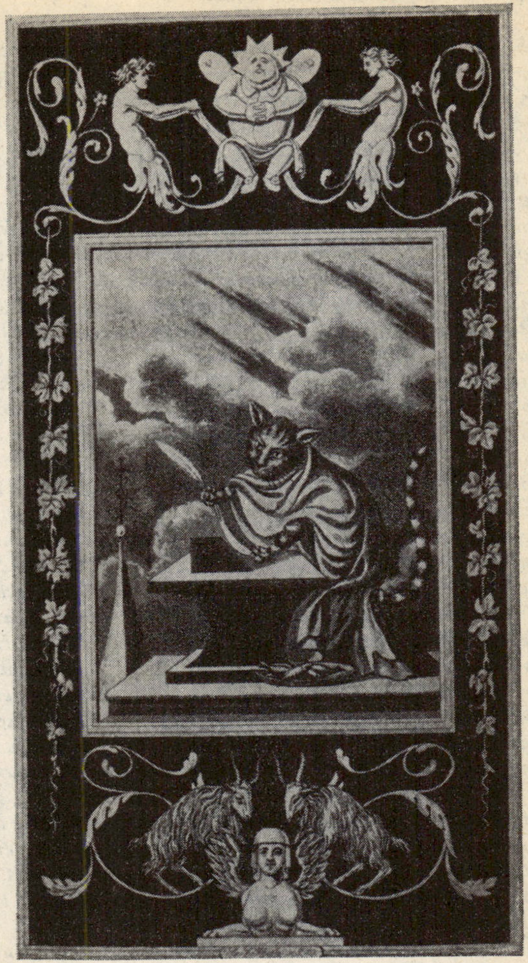

licht 1820–22) sind von Hoffmann mit vier Vorbemerkungen versehen, die um die Gunst eines geneigten Lesers bitten, um ihn auf das »zusammengewürfelte Durcheinander« aufmerksam zu machen. Es wird darin nicht nur angeführt, wie es dazu kommt, daß ein Kater seine Lebensgeschichte auf bereits bedruckte Blätter eines Buches schreibt, die sich als die fragmentarische Lebensgeschichte des Kapellmeisters Johannes Kreisler herausstellen. Murr wird ferner vom Verleger und Herausgeber ernsthaft als Partner akzeptiert (vgl. auch Tiecks »Gestiefelter Kater«). Die Vorrede Murrs zeigt ihn als die schüchterne, empfindsam bescheidene Seele. Sein unterdrücktes Vorwort als genaues Gegenstück soll insofern Verwirrung stiften, als es die Falschheit im Sinne des Katers aufdeckt, aber die Wahrheit des Autors Hoffmanns meint: Hoffmann zeigt hier an: im Kern ist auch die Katermoral keineswegs nichtig. Dieses Neben- und Gegeneinander der Vorwortdebatte bereitet den Leser auf das neue Erzählverfahren des Buches vor, wie zugleich auch der Eindruck der Willkür durch Herausgeber und Biograph verstärkt wird: der Kreisler-Teil kontrastiert durch seine innere Gemütsstimmung mit der bedächtigen Entwicklung des Kater-Teils. Hier entsteht ein komischer Effekt. Die Murr-Teile geben sich autobiographisch, die Kreisler-Teile aus Freundeshand. Die Realität wird nicht entschärft, Kreisler bleibt am Hof des Fürsten von Sieghartsweiler im Alltäglichen der Fremde, der Typ des unerfüllten Künstlers, während Murr seine glückliche Spießerexistenz im Alltäglichen führt, »die süßen Gewohnheiten des Daseins«. Aber beide Daseinsweisen werden ironisiert, und es kommt für den Leser darauf an, auch die geheimen Korrespondenzen zu entdecken.

Während im Murr-Auftakt die verkommene Bildung der Zeit abgespult wird, hat das erste Makulaturblatt eine Schlüsselstellung. In der Form des Gesprächs berichtet es retrospektiv vom Geburtstagsfest des Fürsten, das im Roman erst am Ende gerade bevorsteht.

Man hat von einem kontrapunktischen Erzählen im Murr-

Roman gesprochen: der Biograph möchte gern selbst alles über Kreisler erzählen, aber seine Kenntnisse sind mangelhaft. So ist die Kreisler-Biographie auf mehrere ineinander verschlungene Stimmen verteilt, auf Meister Abraham, den Kater, den Herausgeber. Sie erklären nach Hoffmann »das rhapsodische Wesen des Ganzen«.

Vorwort des Herausgebers

Keinem Buche ist ein Vorwort nötiger, als gegenwärtigem, da es, wird nicht erklärt, auf welche wunderliche Weise es sich zusammengefügt hat, als ein zusammengewürfeltes Durcheinander erscheinen dürfte.

Daher bittet der Herausgeber den günstigen Leser, wirklich zu lesen, nämlich dies Vorwort.

Besagter Herausgeber hat einen Freund, mit dem er ein Herz und eine Seele ist, den er ebenso gut kennt, als sich selbst. Dieser Freund sprach eines Tages zu ihm ungefähr also: »Da du, mein Guter, schon manches Buch hast drucken lassen, und dich auf Verleger verstehst, wird es dir ein leichtes sein, irgendeinen von diesen wackern Herren aufzufinden, der auf deine Empfehlung etwas druckt, was ein junger Autor von dem glänzendsten Talent, von den vortrefflichsten Gaben vorher aufschrieb. Nimm dich des Mannes an, er verdient es.«

Der Herausgeber versprach, sein Bestes zu tun für den schriftstellerischen Kollegen. Etwas verwunderlich wollt es ihm nun wohl bedünken, als sein Freund ihm gestand, daß das Manuskript von einem Kater, Murr geheißen, herrühre, und dessen Lebensansichten enthalte; das Wort war jedoch gegeben, und da der Eingang der Historie ihm ziemlich gut stilisiert schien, so lief er sofort, mit dem Manuskript in der Tasche, zu dem Herrn Dümmler Unter den Linden, und proponierte ihm den Verlag des Katerbuchs.

Herr Dümmler meinte, bis jetzt habe er zwar nicht unter seinen Autoren einen Kater gehabt, wisse auch nicht, daß irgendeiner seiner werten Kollegen mit einem Mann des Schlages bis jetzt sich eingelassen, indessen wolle er den Versuch wohl machen.

Der Druck begann, und dem Herausgeber kamen die ersten Aushängebogen zu Gesicht. Wie erschrak er aber, als er gewahrte, daß Murrs Geschichte hin und wieder abbricht, und dann fremde Einschiebsel vorkommen, die einem andern Buch, die Biographie des Kapellmeisters Johannes Kreisler enthaltend, angehören.

Nach sorgfältiger Nachforschung und Erkundigung erfuhr der Herausgeber endlich folgendes. Als der Kater Murr seine Lebensansichten schrieb, zerriß er ohne Umstände ein gedrucktes Buch, das er bei seinem Herrn vorfand, und verbrauchte die Blätter harmlos teils zur Unterlage, teils zum Löschen. Diese Blätter blieben im Manuskript und – wurden, als zu demselben gehörig, aus Versehen mit abgedruckt!

De- und wehmütig muß nun der Herausgeber gestehen, daß das verworrene Gemisch fremdartiger Stoffe durcheinander lediglich durch seinen Leichtsinn veranlaßt, da er das Manuskript des Katers hätte genau durchgehen sollen, ehe er es zum Druck beförderte, indessen ist noch einiger Trost für ihn vorhanden.

Fürs erste wird der geneigte Leser sich leicht aus der Sache finden können, wenn er die eingeklammerten Bemerkungen, *Mak. Bl.* (Makulatur-Blatt) und *M. f. f.* (Murr fährt fort) gütigst beachten will, dann ist aber das zerrissene Buch höchst wahrscheinlich gar nicht in den Buchhandel gekommen, da niemand auch nur das mindeste davon weiß. Den Freunden des Kapellmeisters wenigstens wird es daher angenehm sein, daß sie durch den literarischen Vandalismus des Katers zu einigen Nachrichten über die sehr seltsamen Lebensumstände jenes in seiner Art nicht unmerkwürdigen Mannes kommen.

Der Herausgeber hofft auf gütige Verzeihung.

Wahr ist es endlich, daß Autoren ihre kühnsten Gedanken,

die außerordentlichsten Wendungen, oft ihren gütigen Setzern verdanken, die dem Aufschwunge der Ideen nachhelfen durch sogenannte Druckfehler. So sprach z. B. der Herausgeber im zweiten Teile seiner Nachtstücke Pag. 326 von geräumigen *Boskett*s, die in einem Garten befindlich. Das war dem Setzer nicht genial genug, er setzte daher das Wörtlein *Boskett*s um in das Wörtlein *Kaskett*s. So läßt in der Erzählung, Das Fräulein Scuderi* der Setzer pfiffigerweise besagtes Fräulein statt in einer schwarzen *Robe*, in einer schwarzen *Farbe* von schwerem Seidenzeug erscheinen u. s. w.
Jedem jedoch das Seine! Weder der Kater Murr, noch der unbekannte Biograph des Kapellmeisters Kreisler soll sich mit fremden Federn schmücken, und der Herausgeber bittet daher den günstigen Leser dringend, bevor er das Werklein liest, nachfolgende Änderungen zu veranstalten, damit er von beiden Autoren nicht besser oder schlechter denke, als sie es verdienen.
Übrigens werden nur die Hauptterrata bemerkt, geringere dagegen der Diskretion des gütigen Lesers überlassen.
[Es folgt ein Verzeichnis von 14 Druckfehlern, die im Text dieser Ausgabe verbessert sind.]
Schließlich darf der Herausgeber versichern, daß er den Kater Murr persönlich kennengelernt; und in ihm einen Mann von angenehmen milden Sitten gefunden hat. Er ist auf dem Umschlage dieses Buchs frappant getroffen.

Berlin, im November 1819 *E. T. A. Hoffmann*

Vorrede des Autors

Schüchtern – mit bebender Brust, übergebe ich der Welt einige Blätter des Lebens, des Leidens, der Hoffnung, der Sehnsucht, die in süßen Stunden der Muße, der dichterischen Begeisterung, meinem innersten Wesen entströmten.
Werde, kann ich bestehen vor dem strengen Richterstuhl der

* Taschenbuch zum geselligen Vergnügen bei Gleditsch, 1820.

Kritik? Doch ihr seid es, ihr fühlenden Seelen, ihr rein kindlichen Gemüter, ihr mir verwandten treuen Herzen, ja ihr seid es, für die ich schrieb, und eine einzige schöne Träne in eurem Auge wird mich trösten, wird die Wunde heilen, die der kalte Tadel unempfindlicher Rezensenten mir schlug!

Berlin, im Mai (18 –)

Murr
(Etudiant en belles lettres)

Vorwort
Unterdrücktes des Autors

Mit der Sicherheit und Ruhe, die dem wahren Genie angeboren, übergebe ich der Welt meine Biographie, damit sie lerne, wie man sich zum großen Kater bildet, meine Vortrefflichkeit im ganzen Umfange erkenne, mich liebe, schätze, ehre, bewundere, und ein wenig anbete.

Sollte jemand verwegen genug sein, gegen den gediegenen Wert des außerordentlichen Buchs einige Zweifel erheben zu wollen, so mag er bedenken, daß er es mit einem Kater zu tun hat, der Geist, Verstand besitzt, und scharfe Krallen.

Berlin, im Mai (18 –)

Murr
(Homme de lettres très renommé.)

N. S. Das ist zu arg! – Auch das Vorwort des Autors, welches unterdrückt werden sollte, ist abgedruckt! – Es bleibt nichts übrig, als den günstigen Leser zu bitten, daß er dem schriftstellerischen Kater den etwas stolzen Ton dieses Vorworts nicht zu hoch anrechnen, und bedenken möge, daß, wenn manche wehmütige Vorrede irgendeines andern empfindsamen Autors in die wahre Sprache der innigen Herzensmeinung übersetzt werden sollte, es nicht viel anders herauskommen würde.

d. H.

Erster Abschnitt

Gefühle des Daseins, die Monate der Jugend

Es ist doch etwas Schönes, Herrliches, Erhabenes um das Leben! – »O du süße Gewohnheit des Daseins!« ruft jener niederländische Held in der Tragödie aus. So auch ich, aber nicht wie der Held in dem schmerzlichen Augenblick, als er sich davon trennen soll – nein! – in dem Moment, da mich eben die volle Lust des Gedankens durchdringt, daß ich in jene süße Gewohnheit nun ganz und gar hineingekommen und durchaus nicht willens bin, jemals wieder hinauszukommen. – Ich meine nämlich, die geistige Kraft, die unbekannte Macht, oder wie man sonst das über uns waltende Prinzip nennen mag, welches mir besagte Gewohnheit ohne meine Zustimmung gewissermaßen aufgedrungen hat, kann unmöglich schlechtere Gesinnungen haben, als der freundliche Mann bei dem ich in Kondition gegangen und der mir das Gericht Fische, das er mir vorgesetzt, niemals vor der Nase wegzieht, wenn es mir eben recht wohlschmeckt.

O Natur, heilige hehre Natur! wie durchströmt all deine Wonne, all dein Entzücken, meine bewegte Brust, wie umweht mich dein geheimnisvoll säuselnder Atem! – Die Nacht ist etwas frisch und ich wollte – doch jeder der dies lieset oder nicht lieset, begreift nicht meine hohe Begeisterung, denn er kennt nicht den hohen Standpunkt, zu dem ich mich hinaufgeschwungen! – Hinaufgeklettert wäre richtiger, aber kein Dichter spricht von seinen Füßen, hätte er auch deren viere so wie ich, sondern nur von seinen Schwingen, sind sie ihm auch nicht angewachsen, sondern nur Vorrichtung eines geschickten Mechanikers. Über mir wölbt sich der weite Sternenhimmel, der Vollmond wirft seine funkelnden Strahlen herab und in feurigem Silberglanz stehen Dächer und Türme um mich her! Mehr und mehr verbraust das lärmende Gewühl unter mir in den Straßen, stiller und stiller wird die Nacht – die Wolken ziehen – eine einsame Taube flattert in bangen Liebesklagen girrend um den Kirchturm! – Wie! –

wenn die liebe Kleine sich mir nähern wollte? – Ich fühle wunderbar es sich in mir regen, ein gewisser schwärmerischer Appetit reißt mich hin mit unwiderstehlicher Gewalt! – O käme sie die süße Huldin, an mein liebekrankes Herz wollt ich sie drücken, sie nimmer von mir lassen – ha dort flattert sie hinein in den Taubenschlag, die Falsche und läßt mich hoffnungslos sitzen auf dem Dache! – Wie selten ist doch in dieser dürftigen, verstockten, liebeleeren Zeit wahre Sympathie der Seelen.

Ist denn das auf zwei Füßen aufrecht Einhergehen etwas so Großes, daß das Geschlecht, welches sich Mensch nennt, sich die Herrschaft über uns alle, die wir mit sichererem Gleichgewicht auf Vieren daherwandeln, anmaßen darf? Aber ich weiß es, sie bilden sich was Großes ein auf etwas, was in ihrem Kopfe sitzen soll und das sie die Vernunft nennen. Ich weiß mir keine rechte Vorstellung zu machen, was sie darunter verstehen, aber so viel ist gewiß, daß wenn, wie ich es aus gewissen Reden meines Herrn und Gönners schließen darf, Vernunft nichts anders heißt, als die Fähigkeit mit Bewußtsein zu handeln und keine dumme Streiche zu machen, ich mit keinem Menschen tausche. – Ich glaube überhaupt, daß man sich das Bewußtsein nur angewöhnt; durch das Leben und zum Leben kommt man doch, man weiß selbst nicht wie. Wenigstens ist es mir so gegangen und wie ich vernehme, weiß auch kein einziger Mensch auf Erden das Wie und Wo seiner Geburt aus eigner Erfahrung, sondern nur durch Tradition, die noch dazu öfters sehr unsicher ist. Städte streiten sich um die Geburt eines berühmten Mannes und so wird es, da ich selbst nichts Entscheidendes darüber weiß, immerdar ungewiß bleiben, ob ich in dem Keller, auf dem Boden, oder in dem Holzstall, das Licht der Welt erblickte, oder vielmehr nicht erblickte, sondern nur in der Welt erblickt wurde von der teuren Mama. Denn wie es unserm Geschlecht eigen, waren meine Augen verschleiert. Ganz dunkel erinnere ich mich gewisser knurrender prustender Töne die um mich her erklangen und die ich beinahe wider meinen Willen hervorbringe, wenn mich der Zorn überwältigt. Deutlicher und beinahe mit vollem Bewußtsein finde ich mich in einem sehr engen Behältnis mit weichen Wänden eingeschlossen, kaum fähig Atem zu schöpfen und in Not und Angst ein klägliches Jammergeschrei erhebend. Ich fühlte, daß etwas in das Behältnis hinabgriff und mich sehr unsanft beim Leibe packte und dies gab mir Gelegenheit, die erste wunderbare Kraft, womit mich die Natur begabt, zu fühlen und zu üben. Aus meinen reich überpelzten Vorderpfoten schnellte ich spitze gelenkige Krallen hervor und grub sie ein in das Ding das mich gepackt und das, wie ich später gelernt, nichts anders sein konnte, als eine menschliche Hand. Diese Hand zog mich aber heraus aus dem Behältnis, und warf mich hin und gleich darauf fühlte ich zwei heftige Schläge auf den beiden Seiten des Gesichts über die jetzt ein, wie ich wohl sagen mag, stattlicher Bart herüberragt. Die Hand teilte mir, wie ich jetzt beurteilen kann, von jenem Muskelspiel der Pfoten verletzt, ein paar Ohrfeigen zu, ich machte die erste Erfahrung von moralischer Ursache und Wirkung und eben ein moralischer Instinkt trieb mich an, die Krallen ebenso schnell wieder einzuziehen, als ich sie hervorgeschleudert. Später hat man dieses Einziehen der Krallen mit Recht als einen Akt der höchsten Bonhomie und Liebenswürdigkeit anerkannt und mit dem Namen »Samtpfötchen«, bezeichnet.

Wie gesagt, die Hand warf mich wieder zur Erde. Bald darauf erfaßte sie mich aber aufs neue beim Kopf und drückte ihn nieder, so daß ich mit dem Mäulchen in eine Flüssigkeit geriet, die ich, selbst weiß ich nicht, wie ich darauf verfiel, es mußte daher physischer Instinkt sein, aufzulecken begann, welches mir eine seltsame innere Behaglichkeit erregte. Es war wie ich jetzt weiß, süße Milch die ich genoß, mich hatte gehungert und ich wurde satt indem ich trank. So trat nachdem die moralische begonnen, die physische Ausbildung ein.

Aufs neue, aber sanfter als vorher, faßten mich zwei Hände

und legten mich auf ein warmes weiches Lager. Immer besser und besser wurde mir zumute und ich begann mein inneres Wohlbehagen zu äußern, indem ich jene seltsame, meinem Geschlecht allein eigene, Töne von mir gab, die die Menschen durch den nicht unebenen Ausdruck, spinnen, bezeichnen. So ging ich mit Riesenschritten vorwärts in der Bildung für die Welt. Welch ein Vorzug, welch ein köstliches Geschenk des Himmels, inneres physisches Wohlbehagen ausdrücken zu können durch Ton und Gebärde! – Erst knurrte ich, dann kam mir jenes unnachahmliche Talent den Schweif in den zierlichsten Kreisen zu schlängeln dann die wunderbare Gabe durch das einzige Wörtlein »Miau«, Freude, Schmerz, Wonne und Entzücken, Angst und Verzweiflung, kurz alle Empfindungen und Leidenschaften, in ihren mannigfaltigsten Abstufungen auszudrücken. Was ist die Sprache der Menschen gegen dieses einfachste aller einfachen Mittel sich verständlich zu machen! – Doch weiter in der denkwürdigen, lehrreichen Geschichte meiner ereignisreichen Jugend!

Ich erwachte aus tiefem Schlaf, ein blendender Glanz umfloß mich, vor dem ich erschrak, fort waren die Schleier von meinen Augen, ich sah!

Ehe ich mich an das Licht, vorzüglich aber an das buntscheckige Allerlei das sich meinen Augen darbot, gewöhnen konnte, mußte ich mehrmals hintereinander entsetzlich niesen, bald ging es indessen mit dem Sehen ganz vortrefflich, als habe ich es schon mehrere Zeit hintereinander getrieben.

O das Sehen! es ist eine wunderbare herrliche Gewohnheit, eine Gewohnheit, ohne die es sehr schwer werden würde, überhaupt in der Welt zu bestehen! – Glücklich diejenigen Hochbegabten, denen es so leicht wird als mir, sich das Sehen anzueignen.

Leugnen kann ich nicht, daß ich doch in einige Angst geriet und dasselbe Jammergeschrei erhob, wie damals in dem engen Behältnis. Sogleich erschien ein kleiner hagerer alter Mann, der mir unvergeßlich bleiben wird, da ich meiner ausgebreiteten Bekanntschaft unerachtet keine Gestalt, die ihm gleich oder auch nur ähnlich zu nennen, jemals wieder erblickt habe. Es trifft sich häufig bei meinem Geschlecht, daß dieser, jener Mann einen weiß und schwarz gefleckten Pelz trägt, selten findet man aber wohl einen Menschen der schneeweißes Haupthaar haben sollte und dazu rabenschwarze Augenbraunen, dies war aber der Fall bei meinem Erzieher. Der Mann trug im Hause einen kurzen hochgelben Schlafrock, vor dem ich mich entsetzte und daher, so gut es bei meiner damaligen Unbehülflichkeit gehen wollte, von dem weichen Kissen herab, zur Seite kroch. Der Mann bückte sich herab zu mir mit einer Gebärde, die mir freundlich schien und mir Zutrauen einflößte. Er faßte mich, ich hütete mich wohl vor dem Muskelspiel der Krallen, die Ideen Kratzen und Schläge verbanden sich von selbst und in der Tat, der Mann meinte es gut mit mir, denn er setzte mich nieder vor einer Schüssel süßer Milch, die ich begierig auflutschte, worüber er sich nicht wenig zu freuen schien. Er sprach vieles mit mir, welches ich aber nicht verstand, da mir damals als einem jungen unerfahrenen Kiekindiewelt von Käterchen das Verstehen der menschlichen Sprache noch nicht eigen. Überhaupt weiß ich von meinem Gönner nur wenig zu sagen. So viel ist aber gewiß, daß er in vielen Dingen geschickt – in Wissenschaften und Künsten hocherfahren sein mußte, denn alle die zu ihm kamen (ich bemerkte Leute darunter, die gerade da, wo mir die Natur einen gelblichen Fleck im Pelze beschert hat, d. h. auf der Brust, einen Stern oder ein Kreuz trugen) behandelten ihn ausnehmend artig, ja zuweilen mit einer gewissen scheuen Ehrfurcht, wie ich späterhin den Pudel Skaramuz, und nannten ihn nicht anders, als mein hochverehrtester, mein teurer, mein geschätztester Meister Abraham! – Nur zwei Personen nannten ihn schlechtweg »Mein Lieber!« Ein großer dürrer Mann in papageigrünen Hosen und weißseidenen Strümpfen und eine kleine sehr dicke Frau mit schwarzem Haar und einer Menge Ringe an allen Fingern. Jener Herr soll aber ein Fürst, die Frau hingegen eine jüdische Dame gewesen sein.

Dieser vornehmen Besucher unerachtet wohnte Meister Abraham doch in einem kleinen hochgelegenen Stübchen, so daß ich meine ersten Promenaden sehr bequem durchs Fenster aufs Dach und auf den Hausboden machen konnte.

Ja! es ist nicht anders, auf einen Boden muß ich geboren sein! – Was Keller, was Holzstall – ich entscheide mich für den Boden! – Klima, Vaterland, Sitten, Gebräuche, wie unauslöschlich ist ihr Eindruck, ja wie sind sie es nur, die des Weltbürgers äußere und innere Gestaltung bewirken! – Woher kommt in mein Inneres dieser Höhesinn, dieser unwiderstehliche Trieb zum Erhabenen? Woher diese wunderbar seltene Fertigkeit im Klettern, diese beneidenswerte Kunst der gewagtesten genialsten Sprünge? – Ha! es erfüllt eine süße Wehmut meine Brust! – Die Sehnsucht nach dem heimatlichen Boden regt sich mächtig! – Dir weihe ich diese Zähren o! schönes Vaterland, dir dies wehmütig jauchzende Miau! – Dich ehren diese Sprünge, diese Sätze, es ist Tugend darin und patriotischer Mut! – Du, oh! Boden, spendest mir in freigebiger Fülle manch Mäuslein und nebenher kann man manche Wurst, manche Speckseite, aus dem Schornstein erwischen, ja wohl manchen Sperling haschen, und sogar hin und wieder ein Täublein erlauren. »Gewaltig ist die Liebe zu dir o Vaterland!«

Doch ich muß rücksichts meiner –

(Mak. Bl.) »›– – und erinneren Sie sich gnädigster Herr! denn nicht des großen Sturms, der dem Advokaten, als er zur Nachtzeit über den Pontneuf wandelte, den Hut vom Kopfe herunter in die Seine warf? – Ähnliches steht im Rabelais, doch war es eigentlich nicht der Sturm, der dem Advokaten den Hut raubte, den er, indem er den Mantel dem Spiel der Lüfte preisgab, mit der Hand fest auf den Kopf gedrückt hielt, sondern ein Grenadier riß, mit dem lauten Ausruf: ‚Es weht ein großer Wind mein Herr', vorüberlaufend, schnell den feinen Kastor dem Advokaten unter der Hand von der Perücke und nicht dieser Kastor war es, der in die Wellen der Seine hinabgeschleudert wurde,

sondern des Soldaten eignen schnöden Filz führte wirklich der Sturmwind in den feuchten Tod. Sie wissen nun, gnädigster Herr, daß in dem Augenblick als der Advokat ganz verblüfft dastand, ein zweiter Soldat mit demselben Ausruf: ‚Es weht ein großer Wind mein Herr!' vorüberrennend, den Mantel des Advokaten beim Kragen packte und ihn ihm herabriß von den Schultern und daß gleich darauf ein dritter Soldat mit demselben Ausruf: ‚Es weht ein großer Wind mein Herr!' vorbeilaufend, ihm das spanische Rohr mit dem goldnen Knopf aus den Händen wand. Der Advokat schrie aus allen Kräften, warf dem letzten Spitzbuben die Perücke nach und ging dann barhäuptig ohne Mantel und Stock hin, um das merkwürdigste aller Testamente aufzunehmen, um das seltsamste aller Abenteuer zu erfahren. Sie wissen das alles gnädigster Herr!‹

›Ich weiß‹, erwiderte der Fürst, als ich dies gesprochen, ›ich weiß gar nichts, und begreife überhaupt nicht, wie Ihr, Meister Abraham, mir solches wirres Zeug vorschwatzen könnt. Den Pontneuf kenne ich allerdings, er befindet sich zu Paris und bin ich zwar niemals darüber zu Fuße gegangen, wohl aber oft darüber gefahren, wie es meinem Stande geziemt. Den Advokaten Rabelais habe ich niemals gesehen und um Soldatenstreiche in meinem ganzen Leben mich nicht bekümmert. Als ich in jüngern Jahren noch meine Armee kommandierte, ließ ich wöchentlich einmal sämtliche Junkers durchfuchteln für die Dummheiten die sie begangen oder künftig noch begehen möchten, das Prügeln der gemeinen Leute war aber die Sache der Lieutenants, die damit meinem Beispiel gemäß auch allwöchentlich verfuhren, und zwar sonnabends, so daß sonntags es keinen Junker, keinen gemeinen Kerl in der ganzen Armee gab, der nicht seine gehörige Tracht Schläge erhalten, wodurch die Truppen, nächst der eingeprügelten Moralität, auch ans Geschlagenwerden überhaupt gewöhnt wurden, ohne jemals vor dem Feinde gewesen zu sein und in diesem Fall nichts anders tun konnten als schlagen. – Das leuchtet Euch ein, Meister Abraham, und nun sagt mir um tausend Gottes willen, was wollt Ihr mit Eurem Sturm, mit Euren auf dem Pontneuf beraubten Advokaten Rabelais, wo bleibt Eure Entschuldigung, daß das Fest sich auflöste in wilder Verwirrung, daß mir eine Leuchtkugel ins Toupet fuhr, daß mein teurer Sohn in das Bassin geriet und von verräterischen Delphinen bespritzt wurde über und über, daß die Prinzessin entschleiert mit aufgeschürztem Rock wie Atalanta durch den Park fliehen mußte, daß – daß – wer zählt die Unglücksfälle der verhängnisvollen Nacht! – Nun Meister Abraham, was sagt Ihr?‹

›Gnädigster Herr‹, erwiderte ich, mich demutsvoll verbeugend, ›was war an allem Unheil schuld, als der Sturm – das gräßliche Unwetter welches einbrach, als alles im schönsten Gange. Kann ich den Elementen gebieten? – Hab ich denn nicht selbst dabei schlimmes Malheur erlitten, habe ich nicht wie jener Advokat, den ich untertänigst bitte, nicht mit dem berühmten französischen Schriftsteller Rabelais zu verwechseln, Hut, Rock und Mantel verloren? Habe ich nicht –‹«

»Höre«, unterbrach hier den Meister Abraham, Johannes Kreisler, »höre Freund, noch jetzt, unerachtet es schon ziemlich lange her ist, spricht man von dem Geburtstage der Fürstin, dessen Feier du angeordnet hast, wie von einem dunklen Geheimnis, und gewiß hast du nach deiner gewöhnlichen Art und Weise viel Abenteuerliches begonnen. Hielt das Volk dich schon immer für eine Art von Hexenmeister, so scheint dieser Glaube durch jenes Fest noch um vieles stärker geworden zu sein. Sage mir nur geradezu wie sich alles begeben. Du weißt, ich war damals nicht hier –«

»Eben das«, fiel Meister Abraham dem Freunde ins Wort, »eben das, daß du nicht hier, daß du, der Himmel weiß, von welchen Furien der Hölle getrieben, fortgerannt warst wie ein Wahnsinniger, eben das machte mich toll und wild, eben deshalb beschwor ich die Elemente herauf, ein Fest zu stören, das meine Brust zerschnitt, da du, der eigentliche Held des Stücks, fehltest, ein Fest das nur erst dürftig und mühsam daherschlich, dann aber über geliebte Personen nichts brachte als die Qual beängstigender Träume – Schmerz – Entsetzen! – Erfahre es jetzt Johannes, ich habe tief in dein Inneres geschaut und das gefährliche – bedrohliche Geheimnis erkannt, das darin ruht, ein gärender Vulkan, in jedem Augenblick vermögend loszubrechen in verderblichen Flammen, rücksichtslos alles um sich her verzehrend! – Es gibt Dinge in unserm Innern, die sich so gestalten, daß die vertrautesten Freunde darüber nicht reden dürfen. Darum verhehlte ich dir sorglich was ich in dir erschaut, aber mit jenem Fest, dessen tieferer Sinn nicht die Fürstin, sondern eine andere geliebte Person und dich selbst traf, wollte ich dein ganzes Ich gewaltsam erfassen. Die verborgensten Qualen sollten lebendig werden in dir, und wie aus dem Schlaf erwachte Furien mit verdoppelter Kraft deine Brust zerfleischen. Wie einem zum Tode Siechen sollte Arznei, dem Orkus selbst entnommen, die im stärksten Paroxysmus kein weiser Arzt scheuen darf, dir den Tod bereiten oder Genesung! – Wisse Johannes, daß der Fürstin Namenstag zusammentrifft mit dem Namenstage Julias, die auch wie sie Maria, geheißen.«

»Ha!« rief Kreisler indem er, zehrendes Feuer im Blick, aufsprang, »ha! – Meister! ist dir die Macht gegeben mit mir freches höhnendes Spiel zu treiben? – Bist du das Verhängnis selbst, daß du mein Inneres erfassen magst?«

»Wilder unbesonnener Mensch«, erwiderte Meister Abraham ruhig, »wann wird endlich der verwüstende Brand in deiner Brust zur reinen Naphthaflamme werden, genährt von dem tiefsten Sinn für die Kunst, für alles Herrliche und Schöne der in dir wohnt! – Du verlangtest von mir die Beschreibung jenes verhängnisvollen Festes; so höre mich denn ruhig an, oder ist deine Kraft gebrochen ganz und gar, daß du das nicht vermagst, so will ich dich verlassen.«

»Erzähle«, sprach Kreisler mit halberstickter Stimme, indem er, beide Hände vors Gesicht, sich wieder hinsetzte.

»Ich will«, sprach Meister Abraham, plötzlich einen heitern Ton annehmend, »ich will dich, lieber Johannes, gar nicht ermüden mit der Beschreibung aller der sinnreichen Anordnungen, die größtenteils dem erfindungsreichen Geiste des Fürsten selbst ihren Ursprung verdankten. Da das Fest am späten Abend begann, so versteht es sich von selbst, daß der ganze schöne Park, der das Lustschloß umgibt, erleuchtet war. Ich hatte mich bemüht, in dieser Erleuchtung ungewöhnliche Effekte hervorzubringen, das gelang aber nur zum Teil, da auf des Fürsten ausdrücklichen Befehl in allen Gängen, mittelst auf großen schwarzen Tafeln angebrachter buntfarbiger Lampen, der Namenszug der Fürstin brennen mußte, nebst der fürstlichen Krone darüber. Da die Tafeln an hohen Pfählen angenagelt, so glichen sie beinahe illuminierten Warnungsanzeigen, daß man nicht Tabak rauchen oder die Maut nicht umfahren solle. Der Hauptpunkt des Festes war das durch Gebüsch und künstliche Ruinen gebildete Theater in der Mitte des Parks, welches du kennst. Auf diesem Theater sollten die Schauspieler aus der Stadt etwas Allegorisches agieren, welches läppisch genug war, um ganz außerordentlich zu gefallen, hätte es auch nicht der Fürst selbst verfaßt und wäre es daher auch nicht, um mich des geistreichen Ausdrucks jenes Schauspieldirektors, der ein fürstliches Stück aufführte, zu bedienen, aus einer durchlauchtigen Feder geflossen. Der Weg vom Schloß bis zum Theater war ziemlich weit. Nach der poetischen Idee des Fürsten sollte der wandelnden Familie ein in den Lüften schwebender Genius mit zwei Fackeln vorleuchten, sonst aber kein Licht brennen, sondern erst nachdem die Familie und das Gefolge Platz genommen, das Theater plötzlich erleuchtet werden. Deshalb blieb besagter Weg finster. Vergebens stellte ich die Schwierigkeit dieser Maschinerie vor, welche die Länge des Wegs herbeiführte, der Fürst hatte in den Fêtes de Versailles etwas Ähnliches gelesen, und da er hinterher den poetischen Gedanken selbst gefunden, bestand er auf dessen Ausführung. Um jeden unverdienten Vorwurf zu entgehen, überließ ich den Genius samt den Fackeln dem Theater-Maschinisten aus der Stadt. – Sowie nun das fürstliche Paar, hinter ihm das Gefolge, aus der Türe des Salons trat, wurde ein kleines pausbackiges Männlein, in die Hausfarben des Fürsten gekleidet, mit zwei brennenden Fackeln in den Händchen, vom Dache des Lustschlosses herabgezogen. Die Puppe war aber zu schwer, und es begab sich, daß kaum zwanzig Schritt davon die Maschine stockte, so daß der leuchtende Schutzgeist des fürstlichen Hauses hängen blieb, und da die Arbeiter stärker anzogen, sich überkugelte. Nun schleuderten die brennenden abwärts gekehrten Wachskerzen glühende Tropfen zur Erde. Der erste dieser Tropfen traf den Fürsten selbst, der indessen mit stoischem Gleichmut den Schmerz verbiß, wiewohl er in der Gravität des Schrittes nachließ und schneller vorwärts eilte. Der Genius schwebte jetzt fort über der Gruppe, die der Hofmarschall mit den Kammerjunkern nebst andern Hofchargen bildete, Füße oben, Kopf unten, so daß der Glutregen aus den Fackeln bald diesen, bald jenen auf den Kopf und auf die Nase traf. Den Schmerz zu äußern und so das frohe Fest zu stören, hätte den Respekt verletzt, es war daher hübsch anzusehen, wie die Unglücklichen, eine ganze Kohorte stoischer Scävolas, mit gräßlich verzerrten Gesichtern und doch mit Gewalt die Qual niederkämpfend, ja wohl gar ein Lächeln erzwingend das dem Orkus anzugehören schien, daherschritten, lautlos, kaum bangen Seufzern Raum gebend. Dazu wirbelten die Pauken, schmetterten die Trompeten, riefen hundert Stimmen: ›Vivat, vivat die gnädigste Frau Fürstin! Vivat der gnädigste Herr Fürst!‹ so daß der durch den wunderlichen Kontrast jener laokoontischen Gesichter mit dem lustigen Jubel erzeugte tragische Pathos der ganzen Szene eine Majestät gab, wie kaum zu denken.

Der alte dicke Hofmarschall konnte es endlich nicht mehr ertragen; als ihn ein glühender Tropfen grade auf die Backe traf, sprang er in grimmer Wut der Verzweiflung seitwärts, verwickelte sich aber in die Stricke die zur Flugmaschine gehörend gerade an der Seite hart über dem Boden fortliefen und stürzte mit dem lauten Ausruf: ›Alle Teufel!‹ nieder zur Erde. In demselben Moment hatte auch der luftige Page seine Rolle ausgespielt. Der gewichtige Hofmarschall zog ihn mit Zentnerschwere nieder, er stürzte herab mitten unter das Gefolge, das laut aufschreiend auseinanderprallte. Die Fackeln verlöschten, man befand sich in der dicksten Finsternis. Dies alles geschah dicht vor dem Theater. Ich hütete mich wohl den Zünder anzustecken, der alle Lampen, alle Feuerbecken des Platzes auf einmal in Brand setzen mußte, sondern wartete damit ein paar Minuten, um der Gesellschaft Zeit zu lassen, sich in Baum und Gebüsch gehörig zu verwirren. ›Licht – Licht‹ – rief der Fürst wie der König im Hamlet, ›Licht – Licht‹ eine Menge heisere Stimmen durcheinander. Als der Platz erleuchtet, glich der auseinandergesprengte Haufe einem geschlagenen Heer, das sich mühsam zusammenfindet. Der Oberkammerherr bewies sich als ein Mann von Gegenwart des Geistes, als der geschickteste Taktiker seiner Zeit; denn in wenigen Minuten war vermöge seiner Bemühungen die Ordnung wiederhergestellt. Der Fürst trat mit der nächsten Umgebung auf eine Art von erhöhten Blumenthron, der in der Mitte des Zuschauer-Platzes errichtet. Sowie das fürstliche Paar sich niederließ, fielen vermöge einer sehr pfiffigen Vorrichtung jenes Maschinisten eine Menge Blumen auf dasselbe herab. Nun wollte es aber das dunkle Verhängnis, daß eine große Feuerlilie dem Fürsten gerade auf die Nase fiel und sein ganzes Gesicht glutrot überstäubte, wodurch er ein ungemein majestätisches, der Feierlichkeit des Festes würdiges, Ansehen gewann.«

»Das ist zu arg – das ist zu arg«, rief Kreisler, indem er eine rasende Lache aufschlug, daß die Wände dröhnten.

»Lache nicht so konvulsivisch«, sprach Meister Abraham, »auch ich lachte in jener Nacht unmäßiger als jemals, ich fühlte mich eben zu allerlei tollem Mutwillen aufgelegt, und hätte wie der Spukgeist Droll selbst gern alles noch mehr durcheinanderjagen, noch mehr verwirren mögen, aber desto tiefer drangen dann die Pfeile, die ich gegen andere gerichtet, ein in meine eigene Brust. –«

III. Lyrik. Darstellung des Gemüts

Auf die Frage, wie es zu einer spezifisch romantischen Lyrik gekommen ist, gibt es zwei grundsätzliche Antworten: 1. die herausragende Leistung der Heidelberger Romantiker, die Liedersammlung »Des Knaben Wunderhorn« von Arnim und Brentano, hatte einen außerliterarischen Grund: Die nationale Romantik wollte, wie Arnim in seinem Nachwort bemerkt, das Alte-Echte bewußt machen, den Volksgeist, der sich im Lied durch die Jahrhunderte bewahrt hat, wieder lebendig werden lassen. 2. Nahezu alle Autoren der Romantik haben Gedichte geschrieben; ihre Gedichte sind aber nicht ursächlich als selbständige Gebilde zu betrachten, sondern sind – wie bei der Behandlung des Romans klargeworden ist – als Einlagen in den Romanen verwendet worden. Dafür gibt es wiederum zwei Begründungen: Die meisten Romanhelden führen eine poetische Existenz, und wann immer es ihnen gefällt, jubilieren und singen sie, drücken je nach Stimmung Freude oder Schmerz im lyrischen Gedicht aus. Der Roman ist aber auch die *universelle Gattung, in der sich alle Formen der Poesie vereinen. Darum scheint die Lyrik zunächst etwas Abgeleitetes zu sein und nicht die Selbständigkeit zu besitzen wie in anderen Epochen. Primär haben sich die romantischen Dichter auch nicht als Lyriker verstanden. Dennoch gibt es zwei, deren Gedichte als wesentlicher Teil ihres Gesamtwerks verstanden werden müssen und die durch ihre Gedichte – über deren Stellenwert in den Romanen hinaus – als überragende Lyriker ausgewiesen sind: Brentano und Eichendorff. Brentano mit den volksliedhaften Gedichten und Romanzen im Umkreis der Rheinromantik und den hochartistischen Gedichten der Spätzeit sowie den Hunderte von Strophen umfassenden »Romanzen vom Rosenkranz«. Der Hochromantiker Eichendorff hat sogar (wie übrigens noch später auch Tieck) seine Gedichte – die Gattung also wieder akzeptierend – in einem Lyrikband (1837) unter Gruppentitel wie »Wanderlieder«, »Sängerleben«, »Zeitlieder«, »Frühling und Liebe«, »Totenopfer«, »Geistliche Gedichte«, »Romanzen« geordnet.*

Eine Sonderstellung nimmt Novalis' großes Gedicht von der Todesüberwindung »Hymnen an die Nacht«, der philosophischen Gedankenlyrik zugehörend, ein. Es ist gegenrationalistisch, entscheidet sich für das Dunkle und Geheimnisvolle (Werner Kohlschmidt). Die romantische Lyrik sonst setzt einen bestimmten Volksliedbegriff voraus, von Herder her aufgenommen, zunächst in der »Wunderhorn«-Sammlung praktiziert: das Leichte, Einfache, Volksliedhafte soll natürliche Gefühle, Stimmungen so wiedergeben, daß sie sich im Gedicht unmittelbar wieder ans Gefühl des Menschen wenden und nicht literarische Bildung zum Verständnis voraussetzen. Sowenig einerseits das Volkslied »Volksdichtung« ist, muß andererseits die Lyrik der Romantik, wie Hermann August Korff sie genannt hat, als »Kunst-Volkslied« bezeichnet werden. Diese Lyrik des Gemüts ist bei aller Schlichtheit bewußt künstlerisch-artistischen Ursprungs. Daß hier mittels Lyrik Themen wie Ferne, Sehnsucht, Wandern, Liebe angeschlagen werden, die nicht naiv so vorgegeben sind, sondern im Bruch zur Realität entstanden und nur im Vorgang des Gedichteten da sind, sollte dabei nicht übersehen werden. Novalis hatte von »Gemüterregungskunst« gesprochen. Soweit romantische Lyrik von dieser Definition her zu begreifen ist, gibt es für sie auch kaum Außerlyrisches, auf das sich das Gedicht beziehen könnte.

NOVALIS

Hymnen an die Nacht (2. und 3. Hymne)

Die »Hymnen an die Nacht« sind 1800 im »Athenäum« erschienen. Sie bestehen aus sechs Hymnen und sind Novalis' einziges fertiggestelltes Werk. Es gab dafür wohl einen biographisch begründeten Anlaß: den frühen Tod seiner jungen Braut Sophie von Kühn. Doch geht dieses große freirhythmische Poem weit über diesen Vorwurf hinaus, ist, wie die Forschung heute weiß, »Ergebnis eines langen und diffizilen Denkprozesses« (Gerhard Schulz). Das Thema: Im Bild der Nacht wird die Überwindung des Todes als »hoher Raum« gesucht. In einer Vision gibt die Geliebte Hinweis auf das Jenseits, mit dem auch eine Verbindung durch den heiligen Schlaf möglich wird. Schließlich wird in Christus das Neue, Höhere erkannt. Er wird als Überwinder des Tages gefeiert. Werner Kohlschmidt nannte die Hymnen »undogmatische, protestantische Mystik mit starker Affinität zum Katholizismus«.

2.

Muß immer der Morgen wiederkommen? Endet nie des Irdischen Gewalt? Unselige Geschäftigkeit verzehrt den himmlischen Anflug der Nacht. Wird nie der Liebe geheimes Opfer ewig brennen? Zugemessen ward dem Lichte seine Zeit; aber zeitlos und raumlos ist der Nacht Herrschaft. – Ewig ist die Dauer des Schlafs. Heiliger Schlaf – beglücke zu selten nicht der Nacht Geweihte in diesem irdischen Tagewerk. Nur die Toren verkennen dich und wissen von keinem Schlafe, als dem Schatten, den du in jener Dämmerung der wahrhaften Nacht mitleidig auf uns wirfst. Sie fühlen dich nicht in der goldenen Flut der Trauben – in des Mandelbaums Wunderöl, und dem braunen Safte des Mohns. Sie wissen nicht, daß du es bist, der des zarten Mädchens Busen umschwebt und zum Himmel den Schoß macht – ahnden nicht, daß aus alten Geschichten du himmelöffnend entgegentrittst und den Schlüssel trägst zu den Wohnungen der Seligen, unendlicher Geheimnisse schweigender Bote.

3.

Einst da ich bittre Tränen vergoß, da in Schmerz aufgelöst meine Hoffnung zerrann, und ich einsam stand am dürren Hügel, der in engen, dunkeln Raum die Gestalt meines Lebens barg – einsam, wie noch kein Einsamer war, von unsäglicher Angst getrieben – kraftlos, nur ein Gedanken des Elends noch. – Wie ich da nach Hülfe umherschaute, vorwärts nicht konnte und rückwärts nicht, und am fliehenden, verlöschten Leben mit unendlicher Sehnsucht hing: – da kam aus blauen Fernen – von den Höhen meiner alten Seligkeit ein Dämmerungsschauer – und mit einemmale riß das Band der Geburt – des Lichtes Fessel. Hin floh die irdische Herrlichkeit und meine Trauer mit ihr – zusammen floß die Wehmut in eine neue, unergründliche Welt – du Nachtbegeisterung, Schlummer des Himmels kamst über mich – die Gegend hob sich sacht empor; über der Gegend schwebte mein entbundner, neugeborner Geist. Zur Staubwolke wurde der Hügel – durch die Wolke sah ich die verklärten Züge der Geliebten. In Ihren Augen ruhte die Ewigkeit – ich faßte Ihre Hände, und die Tränen wurden ein funkelndes, unzerreißliches Band. Jahrtausende zogen abwärts in die Ferne, wie Ungewitter. An Ihrem Halse weint ich dem neuen Leben entzückende Tränen. – Es war der erste, einzige Traum – und erst seitdem fühl ich ewigen, unwandelbaren Glauben an den Himmel der Nacht und sein Licht, die Geliebte.

ARNIM UND BRENTANO

Lieder aus Des Knaben Wunderhorn

Diese berühmte Sammlung, das exemplarische Werk der Heidelberger Romantik, erschien bei Mohr und Zimmer 1806 in Heidelberg. Die deutsche lyrische »Volks«-Dichtung der letzten drei Jahrhunderte ist hier von den beiden Freunden Arnim und Brentano zusammengetragen worden, zum Teil überarbeitet, zum Teil von ihrem eigenen dichterischen Temperament überformt. Es ging nicht um philologische Arbeit, sondern um ein praktisches Ziel. Das hat ihnen teilweise heftige Kritik von Voß und den Brüdern Grimm eingebracht, enthusiastisches Lob von Goethe, dem die Sammlung gewidmet ist. Neben den eigentlichen Volksliedern, also den inhaltlich einfachen, gereimten, an eine Melodie gebundenen Versen, deren Verfasser unbekannt sind, enthält die Sammlung auch volkstümliche Lieder von Johann Christian Günther, Paul Gerhardt, Martin Opitz, Simon Dach, Friedrich von Spee bis Schubart. Wir finden Liebeslieder, Tanzreime, geistliche Lieder, Mundartgedichte, Romanzen und eine große Zahl von Situationsgedichten und Lebensregeln; Erfahrenes, Tradiertes und wieder Erfahrbares wird weitergereicht.

Entscheidend für diese Sammlung war der Einfluß Herders; er glaubte, in der Ossian-Dichtung Macphersons »Fragments of Ancient Poetry« 1760 und den »Reliques of Ancient English Poetry« von Thomas Percy die ursprünglich sinnliche Kraft von Volkspoesie entdeckt zu haben. Herder wollte ferner eine Sammlung aller Quellen, die etwas vom Ursprung, vom echt Naiven andeuten. Die Romantiker bezogen sich dann – nationalliterarisch – nur auf deutsche Denkmäler. In Arnims Nachwort »Von Volksliedern« wird die »Wunderhorn«-Sammlung der Gegenwart als Spiegel vorgehalten. Er greift kritisch einzelne Mißstände von Kultur und Gesellschaft auf (Selbstentleibung Deutschlands, Verwirtschaftung der Natur, Neutönerei, Absinken der Kultur, Konsumdenken).

Laß rauschen, Lieb, laß rauschen!

Mündlich

Ich hört ein Sichlein rauschen,
Wohl rauschen durch das Korn,
Ich hört ein Mägdlein klagen,
Sie hätt ihr Lieb verlorn.

Laß rauschen, Lieb, laß rauschen,
Ich acht nicht, wie es geht,
Ich tät mein Lieb vertauschen
In Veilchen und im Klee.

Du hast ein Mägdlein worben
In Veilchen und im Klee,
So steh ich hier alleine,
Tut meinem Herzen weh.

Ich hör ein Hirschlein rauschen,
Wohl rauschen durch den Wald,
Ich hör mein Lieb sich klagen,
Die Lieb verrauscht so bald.

Laß rauschen, Lieb, laß rauschen,
Ich weiß nicht, wie mir wird,
Die Bächlein immer rauschen,
Und keines sich verirrt.

Spinnerlied

Mündlich

Spinn, Mägdlein, spinn!
So wachsen dir die Sinn;

Wachsen dir gelbe Haar,
Kommen dir die kluge Jahr!

Ehr, Mägdlein, ehr
Die alte Spinnkunst sehr;
Adam hackt und Eva spann,
Zeigen uns die Tugendbahn.

Lieb, Mägdlein, lieb
Der Hanna ihren Trieb;
Wie sie mit der Spindel kann
Nähren ihren blinden Mann.

Preis, Mägdlein, preis
Der Mutter Gottes Fleiß;
Diese heilge Himmelskron
Spann ein Röcklein ihrem Sohn.

Sing, Mägdlein, sing
Und sei fein guter Ding;
Fang dein Spinnen lustig an,
Mach ein frommes End daran.

Lern, Mägdlein, lern,
So hast du Glück und Stern;
Lerne bei dem Spinnen fort
Gottesfurcht und Gotteswort.

Glaub, Mägdlein, glaub,
Dein Leben sei nur Staub;
Daß du kömmst so schnell ins Grab,
Als dir bricht der Faden ab.

Lob, Mägdlein, lob,
Dem Schöpfer halte Prob;
Daß dir Glaub und Hoffnung wachs
Wie dein Garn und wie dein Flachs.

Dank, Mägdlein, dank
Dem Herrn, daß du nicht krank,

Daß du kannst fein oft und viel
Treiben dieses Rockenspiel.
Dank, Mägdlein, dank!

Ikarus

Mitgeteilt, wahrscheinlich nicht sehr alt

Mir träumt, ich flög gar bange
Wohl in die Welt hinaus,
Zu Straßburg durch alle Gassen
Bis vor Feinsliebchens Haus.

Feinsliebchen ist betrübt,
Als ich so flieg, und rennt:
»Wer dich so fliegen lehrt,
Das ist der böse Feind.«

»Feinsliebchen, was hilft hier lügen,
Da du doch alles weißt,
Wer mich so fliegen lehrt,
Das ist der böse Geist.«

Feinsliebchen weint und schreiet,
Daß ich vom Schrei erwacht,
Da saß ich, ach, in Augsburg
Gefangen auf der Wacht.

Und morgen muß ich hangen,
Feinslieb mich nicht mehr ruft,
Wohl morgen als ein Vogel
Schwank ich in freier Luft.

Bei der Schusterrechnung zu singen

Sechsmal hab ich sie angetroffen,
Siebenmal bin ich fehl geloffen

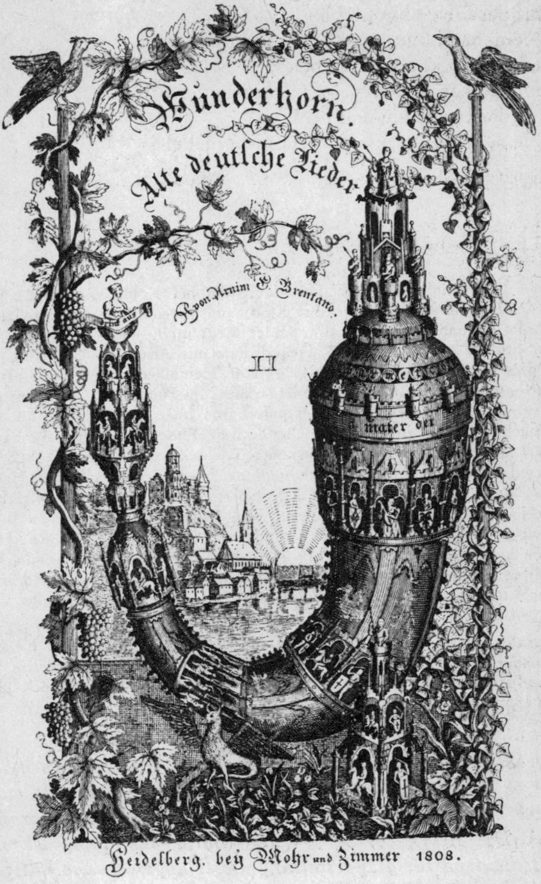

Titel vom zweiten Teil von »Des Knaben Wunderhorn« (1808)

Auf der Heide hin und her:
»Nein, mein Bue, es geschieht nicht mehr.«
Sechs Paar Schuh und sieben Paar Sohlen
Hab ich von wegen meiner Sennerin verloffen
Auf der Heide hin und her!
»Nein, mein Bue, es geschieht nicht mehr!«

CLEMENS BRENTANO

Geb. 8. September 1778 in Ehrenbreitstein bei Koblenz, gest. 28. Juli 1842 in Aschaffenburg. Zunächst Kaufmannslehre. Studierte Bergwissenschaft in Bonn und Halle a. d. Saale; Medizin in Jena. Dort im Kreis der Schlegel und Tieck. 1801 Freundschaft mit Arnim. 1803 Heirat mit Sophie Mereau in Marburg. 1804 nach Heidelberg; dort gemeinsame Arbeit mit Arnim an dem Volksliederbuch. Im Herbst 1805 erscheint der erste Band von *Des Knaben Wunderhorn*. 1806 stirbt Sophie bei der Totgeburt des dritten Kindes. Unglückliche Ehe mit Auguste Busmann. 1809 Übersiedlung nach München und Trennung von Auguste (1812 geschieden). 1809 Besuch bei Goethe in Jena, bei Henrich Steffens in Halle, bei Hegel und Gotthilf Heinrich Schubert in Nürnberg. 1810 Mitarbeit an Kleists *Berliner Abendblättern*. 1816 Beginn der Gedichte an Luise Hensel. Hält um ihre Hand an und wird abgewiesen. 1817 Rückkehr zum katholischen Glauben. 1819–24 in Dülmen (Westf.), wo er die Betrachtungen der stigmatisierten Nonne Anna Katharina Emmerick niederschrieb. Danach unstetes Wanderleben. Zu Lebzeiten nur wenige Veröffentlichungen.

Werke: *Godwi* R. (1801); *Ponce de Leon* Lsp. (1804); *Des Knaben Wunderhorn* (mit Arnim, 1806–08); *Gockel, Hinkel und Gackeleia* M. (1838); *Romanzen vom Rosenkranz* G. (entst. 1803–12, veröffentl. 1852 bis 1855).

Die Stichworte für Brentanos Lyrik sind Zauber, Musikalität, Synästhesie, Artistik. Brentanos Lyrik geht oft (wie seine Märchen) von volkstümlichen Quellen und Formen aus. Die Arbeit an der »Wunderhorn«-Sammlung ist mit entscheidend für die Gestaltung dieser ungemein vielfältigen lyrischen Darbietungsformen. Im volksliedhaften Gedicht wird das scheinbar unmittelbare Erlebnis durch eine sehr kunstvolle Virtuosität erreicht, die vor allem in einer großen Sprachmusikalität gründet. So ist das Gedicht »Abendständchen« ein eindringliches Beispiel für romantische Synästhesie: Flötenklänge, Brunnenrauschen, Farben in der Nacht verwandeln und verklären sich zu einer neuen sensitiv empfundenen Erfahrung. Im Gedicht »Nachtigall« wird das Thema – in der ersten Zeile durch die Substantive Sehnsucht, Schwermut, Wehmut angedeutet – durch eine Fülle von Reimpaaren, umarmenden Reimen, Endreimen, Binnenreimen, Schlagreimen, Assonanzen und Alliterationen zum Klingen gebracht. Der »Liebeswiderspruch« wird so sinnfällig in Sehnsucht, Lust und Liebe zu einem disparaten Lebensgefühl vereint. Diese Art von innerer Schmerzdarstellung ist lyrisch-artistisch; allerdings nicht zu verwechseln mit dem subjektiven Leid Brentanos. Es geht ihm um eine poetische Existenz, die ohne den anderen Menschen gelebt wurde, mit dem er sein persönliches Leid hätte teilen können.

In »Sprich aus der Ferne« wird der Gegensatz zum Volkslied deutlich: Was dort schon durch die Naturphänomene Poesie wird – Rose, Mond, Abend –, ist hier Chiffre für eine Seelenlage. Die Auflösung der Seele wird durch die Natur nur vorbereitet, die Distanz zwischen sprechendem Ich und Natur ist aufgehoben, bzw. ob das Ich oder die Natur spricht, ist nicht auszumachen. Brentano spielt also mit der unbestimmten Nähe der Dinge, in der Natur und Individuum sich nicht trennen lassen.

»Wenn der lahme Weber träumt, er webe« – ein artistisches Gedicht, das durch sein virtuoses Verfahren vom volksliedhaft Romantischen wegführt. Thema ist der Traum als Möglichkeit des Lebens. Die genannten Figuren des Gedichts sind im Traum »Träumer und Geträumte« (Enzensberger), sind ihr Subjekt und Objekt zugleich, solange nicht die Wahrheit erscheint, das bedeutet, solange das Gedicht den Traum sagen kann.

Mit dem Gedicht »Auf dem Rhein« hat Brentano vielleicht

den überragendsten Romanzentypus geschaffen: Die Traumvision des Fischers im Kahn gewinnt ihren eigentlichen Reiz aus der gelungenen Mischung von Volkstümlichkeit und persönlicher künstlerischer Virtuosität, aus einerseits ganz konkreter Gegenständlichkeit und andererseits lyrisch-märchenhafter Verwandlung des Handlungsablaufs. Wenn in der hier abgedruckten Fassung in den beiden Schlußversen der Dichter die Fischermaske fallenläßt und das lyrische Subjekt selbst hervortritt, entpuppt sich die Romanze auch als modernes Liebesgedicht.

»Die Romanzen vom Rosenkranz« gelten als Beispiel von Brentanos Werdegang, da sie ihn lange begleitet haben (zwischen 1803 und 1812); sie sind der spanischen Romanze nachgebildet, die durch A. W. Schlegel in Deutschland bekannt wurde; Quartette aus vierfüßigen trochäischen Versen geformt, in der zweiten und vierten Zeile Reime oder Assonanzen, die durch das ganze Gedicht laufen. Bei Brentano finden sich viele Abwandlungen. Thema: »Eine Reihe von romantischen Fabeln, in welchen sich eine schwere, alte Erbsünde mit der Entstehung des Rosenkranzes löst« (Brentano in einem Brief an Philipp Otto Runge). Die Romanzen der drei Rosen Rosablanca, Rosadora, Rosarosa laufen zunächst getrennt, sind aber eng miteinander verknüpft, so daß sie Kranz und Rosen bilden. An den drei Schwestern wird die Versuchung durch die Erbsünde demonstriert. Die Sündhaftigkeit wird aber ausschließlich als geschlechtliche Lust verstanden. Es ist ein apokryph religiöses Gedicht, zum Teil erotisch, zum Teil andachtsvoll, mit wenigen klaren Handlungsvorgängen und überwiegend lyrischer Gestaltung. Die Form erscheint überaus artifiziell und gehört zu dem ganz eigenwilligen Neuen, was Brentano und damit romantische Dichtung hervorgebracht hat.

SPRICH AUS DER FERNE,
Heimliche Welt,

Die sich so gerne
Zu mir gesellt.

Wenn das Abendrot niedergesunken,
Keine freudige Farbe mehr spricht,
Und die Kränze stilleuchtender Funken
Die Nacht um die schattigte Stirne flicht:

Wehet der Sterne
Heiliger Sinn
Leis durch die Ferne
Bis zu mir hin.

Wenn des Mondes still lindernde Tränen
Lösen der Nächte verborgenes Weh;
Dann wehet Friede. In goldenen Kähnen
Schiffen die Geister im himmlischen See.

Glänzender Lieder
Klingender Lauf
Ringelt sich nieder,
Wallet hinauf.

Wenn der Mitternacht heiliges Grauen
Bang durch die dunklen Wälder hinschleicht,
Und die Büsche gar wundersam schauen,
Alles sich finster tiefsinnig bezeugt:

Wandelt im Dunkeln
Freundliches Spiel,
Still Lichter funkeln
Schimmerndes Ziel.

Alles ist freundlich wohlwollend verbunden,
Bietet sich tröstend und traurend die Hand,
Sind durch die Nächte die Lichter gewunden,
Alles ist ewig im Innern verwandt.

Sprich aus der Ferne
Heimliche Welt,

Die sich so gerne
Zu mir gesellt.

FABIOLA[1]

Hör', es klagt die Flöte wieder,
Und die kühlen Brunnen rauschen.

PIAST

Golden wehn die Töne nieder,
Stille, stille, laß uns lauschen!

FABIOLA

Holdes Bitten, mild Verlangen,
Wie es süß zum Herzen spricht!

PIAST

Durch die Nacht, die mich umfangen,
Blickt zu mir der Töne Licht.

Nachtigall

Sehnsucht, Schwermut, Wehmut,
O wie schwüle Gefühle fühle
Ich im kleinen Herzen,
Daß ich stolz in Demut,
Recht im Glutgewühle
Mir den Mut erkühle
Und in bittern Schmerzen
Süß kann scherzen,
O du Liebeswiderspruch!
Stummes Echo, segensvoller Fluch,
Feuer das erquicket, Luft die ersticket,

1. Das Gedicht ist ein Duett in Brentanos Singspiel »Die lustigen Musikanten« (1803).

Wasser, das dürstend flehet,
Erde, die wie Luft und Feuer wehet.
O wie ist der Streit so geschwinde und gelinde,
Daß die Lust die Liebe finde, beide überwinde
Mit dem blinden Kinde Amor, der die Binde
Seiner Augen niederreißt im Siege,
Um zu schauen, wie die Lieb' der Lust erliege,
Daß das Leben sich zu beiden schmiege,
Und er sieht, der Kampf ist nur die Wiege,
Daß die weinende Sehnsucht schwiege
Und das neue Leben schaukelnd gaukelnd
Zu den Sternen fliege.

Hörst du wie die Brunnen rauschen,
Hörst du wie die Grille zirpt?
Stille, stille, laß uns lauschen,
Selig, wer in Träumen stirbt.
Selig, wen die Wolken wiegen,
Wem der Mond ein Schlaflied singt,
O wie selig kann der fliegen,
Dem der Traum den Flügel schwingt,
Daß an blauer Himmelsdecke
Sterne er wie Blumen pflückt:
Schlafe, träume, flieg', ich wecke
Bald Dich auf und bin beglückt.

Wenn der lahme Weber träumt, er webe,
Träumt die kranke Lerche auch, sie schwebe,
Träumt die stumme Nachtigall, sie singe,
Daß das Herz des Widerhalls zerspringe,
Träumt das blinde Huhn, es zähl' die Kerne,
Und der drei je zählte kaum, die Sterne,
Träumt das starre Erz, gar linde tau' es,
Und das Eisenherz, ein Kind vertrau' es,

Träumt die taube Nüchternheit, sie lausche,
Wie der Traube Schüchternheit berausche;
Kömmt dann Wahrheit mutternackt gelaufen,
Führt der hellen Töne Glanzgefunkel
Und der grellen Lichter Tanz durchs Dunkel,
Rennt den Traum sie schmerzlich übern Haufen,
Horch! die Fackel lacht, horch! Schmerz-Schalmeien
Der erwachten Nacht ins Herz all schreien;
Weh, ohn' Opfer gehn die süßen Wunder,
Gehn die armen Herzen einsam unter!

Auf dem Rhein

Ein Fischer saß im Kahne,
Ihm war das Herz so schwer
Sein Lieb war ihm gestorben,
Das glaubt er nimmermehr.

Und bis die Sternlein blinken,
Und bis zum Mondenschein
Harrt er sein Lieb zu fahren
Wohl auf dem tiefen Rhein.

Da kömmt sie bleich geschlichen,
Und schwebet in den Kahn
Und schwanket in den Knieen,
Hat nur ein Hemdlein an.

Sie schwimmen auf den Wellen
Hinab in tiefer Ruh',
Da zittert sie, und wanket,
Feinsliebchen, frierest du?

Dein Hemdlein spielt im Winde,
Das Schifflein treibt so schnell,
Hüll' dich in meinen Mantel,
Die Nacht ist kühl und hell.

Stumm streckt sie nach den Bergen
Die weißen Arme aus,
Und lächelt, da der Vollmond
Aus Wolken blickt heraus.

Und nickt den alten Türmen,
Und will den Sternenschein
Mit ihren starren Händlein
Erfassen in dem Rhein.

O halte dich doch stille,
Herzallerliebstes Gut!
Dein Hemdlein spielt im Winde,
Und reißt dich in die Flut.

Da fliegen große Städte,
An ihrem Kahn vorbei,
Und in den Städten klingen
Wohl Glocken mancherlei.

Da kniet das Mägdlein nieder,
Und faltet seine Händ'
Aus seinen hellen Augen
Ein tiefes Feuer brennt.

Feinsliebchen bet' hübsch stille,
Schwank' nit so hin und her,
Der Kahn möcht' uns versinken,
Der Wirbel reißt so sehr.

In einem Nonnenkloster
Da singen Stimmen fein,
Und aus dem Kirchenfenster
Bricht her der Kerzenschein.

Da singt Feinslieb gar helle,
Die Metten in dem Kahn,
Und sieht dabei mit Tränen
Den Fischerknaben an.

Da singt der Knab' gar traurig
Die Metten in dem Kahn
Und sieht dazu Feinsliebchen
Mit stummen Blicken an.

Und rot und immer röter
Wird nun die tiefe Flut,
Und bleich und immer bleicher
Feinsliebchen werden tut.

Der Mond ist schon zerronnen
Kein Sternlein mehr zu sehn,
Und auch dem lieben Mägdlein
Die Augen schon vergehn.

Lieb Mägdlein, guten Morgen,
Lieb Mägdlein gute Nacht!
Warum willst du nun schlafen,
Da schon der Tag erwacht?

Die Türme blinken sonnig,
Es rauscht der grüne Wald,
Vor wildentbrannten Weisen,
Der Vogelsang erschallt.

Da will er sie erwecken,
Daß sie die Freude hör',
Er schaut zu ihr hinüber,
Und findet sie nicht mehr.

Ein Schwälblein strich vorüber,
Und netzte seine Brust,
Woher, wohin geflogen,
Das hat kein Mensch gewußt.

Der Knabe liegt im Kahne
Läßt alles Rudern sein,
Und treibet weiter, weiter
Bis in die See hinein.

Ich schwamm im Meeresschiffe
Aus fremder Welt einher,
Und dacht' an Lieb und Leben,
Und sehnte mich so sehr.

Ein Schwälblein flog vorüber,
Der Kahn schwamm still einher,
Der Fischer sang dies Liedchen,
Als ob ich's selber wär'.

Aus den Romanzen vom Rosenkranz

[I.] Rosablankens Traum (Auszug)

In des ernsten Tales Büschen
Ist die Nachtigall entschlafen,
Mondenschein muß auch verblühen,
Wehet schon der Frühe Atem.

Jetzt auch hält auf stummen Hügeln
Einsam freudig seine Wache
Phosphoros, der Held der Frühe,
Strahlend, ernsthaft, sinnend, harrend.

Und es geht mit leisen Füßen,
Daß der Vater nicht erwache,
Rosablanka aus der Hütte,
Um die Sonne zu erwarten.

Nieder sitzt sie an der Türe
Und blickt betend in den Garten,
Ehe noch mit grauem Flügel
An dem Dach die Schwalbe raschelt.

Auf den Schattenkelchen glühen
Milden Taues Diamanten;
Sind es Tränen, sind es Küsse,
Ist's der Glanz prophet'scher Flammen?

»Morgenstern, o sei gegrüßet
Du, Maria, voll der Gnaden,
Bitte für uns arme Sünder
Jetzt und in dem Tode, Amen!«

Spricht sie – und vom Stern der Frühe
Weissagt auch die fromme Schwalbe,
Und des Traumes schwülen Flügel
Spannt sie über Rosablanken.

Auf der goldnen Locken Fülle,
Schwer vom blanken Nacken wallend,
Sinkt ihr schlummernd Haupt zurücke,
Himmelsspiegel wird die Wange.

Schüchtern um die ros'gen Füße
Ihr der Tau die Traumflut sammelt,
Und der West mit kühlem Flüstern
Dunkle Schlummersegel spannet.

Und der Traum spielt, sie berückend,
Auf der Wimpern goldnen Strahlen,
Die zum Schlummer sind entzücket
In des Morgensternes Glanze.

Und es kreuziget die Süße
Fromm gewohnt sich Stirn und Wange,
Legt in Gottes Hand die Zügel
Der nachtwandelnden Gedanken.
[...]

JOSEPH VON EICHENDORFF

Geb. 10. März 1788 auf Schloß Lubowitz (Oberschlesien), gest. 26. November 1857 in Neiße. Studierte Rechtswissenschaften in Halle a. d. Saale und Heidelberg, 1807 Kolleg bei Görres. 1808 Bildungsreise nach Paris und Wien; Rückkehr nach Lubowitz, wo er mit seinem Bruder Wilhelm den Vater als Landwirt unterstützt. 1809/10 Reise nach Berlin. Bekanntschaft mit Adam Müller, Brentano, Arnim, Kleist. 1811/12 Studienjahre in Wien. Freundschaft mit den Brüdern Schlegel. 1813 Teilnahme an den Befreiungskriegen. 1814 Stellungssuche in Berlin. 1815 beim Oberkriegskommissariat. Nochmals in der Befreiungsarmee. 1816 Referendar bei der Breslauer Regierung. Nach bestandener Prüfung als Assessor in Berlin tätig. 1821 »katholischer Rat« bei der Regierung in Danzig. 1823 Oberpräsident in Königsberg. 1831 am Kultusministerium in Berlin. 1841 Geheimer Regierungsrat für katholische Angelegenheiten. Ausscheiden aus dem Staatsdienst wegen schlechter Gesundheit. 1846/47 in Wien. Begegnet Robert und Clara Schumann, Anastasius Grün, Meyerbeer, Grillparzer, Stifter.

Werke: *Ahnung und Gegenwart* R. (entst. 1811, ersch. 1815); *Das Marmorbild* N. (Frauentaschenbuch 1819); *Aus dem Leben eines Taugenichts* N. (1826); *Die Freier* Lsp. (1833); *Dichter und ihre Gesellen* R. (1834); *Schloß Dürande* N. (Urania 1837); *Gedichte* (1837); *Über die ethische und religiöse Bedeutung der neueren romantischen Poesie in Deutschland* (1847); *Zur Geschichte des Dramas* (1854).

Es ist mehrfach gesagt worden, Eichendorffs Gedichte verstünden sich von selbst, stellten dem Lesenden keine Verständnisschwierigkeiten entgegen. Die Popularität seiner Lyrik ist auf einen dreifachen Umstand zurückzuführen: 1. Das volksliedhaft Eingängige seiner Verse, die nur aus einem schmalen, immer wiederkehrenden Formel- und Motivvorrat bestehen. Eichendorffs Lyrik ist auch von Anfang an fertig, eine Entwicklung ist so gut wie nicht faßbar. 2. Einige seiner Lieder sind durch Vertonungen bis auf den heutigen Tag lebendig geblieben, z. B. »Zwielicht« und »Mondnacht« durch Robert Schumann. 3. Seine Lyrik bildet – wie Eberhard Lämmert treffend festgestellt hat – in der Sprache eine Schwelle aus, von der aus man das Traum- und Sehnsuchtsland gewahrt, aber doch mit dem Bewußtsein, daß man sich selbst in der banalen Alltäglichkeit befindet. Dies ist genau die Position des Spätromantikers. Der berühmte Vierzeiler »Wünschelrute« heißt:

Schläft ein Lied in allen Dingen,
Die da träumen fort und fort,

Und die Welt hebt an zu singen,
Triffst du nur das Zauberwort.

An die Möglichkeit, Welt so zu erwecken, glaubt der Dichter, weil er das Geheimnis, die Grundmelodie des Lebens von vornherein in ihr verborgen weiß. Voraussetzung ist aber nun, daß das Gemüt des Dichters den Verwandlungsprozeß durchs Zauberwort auslösen kann. Daß dies nicht in einem Dauerzustand wirklich werden kann, sagt das Motto, das Eichendorff seinen Zeitliedern voranstellt:

Wo ruhig sich und wilder
Unstete Wellen teilen,
Des Lebens schöne Bilder
Und Kläng' verworren eilen,
Wo ist der sichre Halt? –
So ferne, was wir sollen,
So dunkel, was wir wollen,
Faßt alle die Gewalt.

Auf die Frage nach dem »sichren Halt« gibt es nur Teilantworten; sie machen ein Hauptthema von Eichendorffs Lyrik, die Trennung von Poesie (von poetischem Leben) und Dasein, evident. Im »Frohen Wandersmann« ist der Glückliche der, der in die Welt reist, die Zurückgebliebenen sind die Trägen, vom Alltag Niedergedrückten. Im Gedicht »Sehnsucht« wird die Absonderung des Lebens vom romantisch verklärten Ziel in dem Ausruf »Ach, wer da mitreisen könnte / In der prächtigen Sommernacht!« besonders nachdrücklich markiert.

Die Natur wird immer als Sehnsuchtslandschaft gedichtet, ist nie Natur an sich, nur Anlaß für die Entrückung. Deshalb ist, wie im Gedicht »Mondnacht«, ihre konkrete Erscheinung gar nicht richtig gegenwärtig, sondern die Natursituation wird zu einer psychischen Erfahrung für das Ich. Die Requisiten dieser Landschaft sind nur Träger einer Stimmung; neben dem immer wiederkehrenden Waldes- und

Bächerauschen, dem Wogen der Ährenfelder, dem Schlagen der Vögel, dem Posthorn, dem Mondenschein, die Trost und Sehnsucht evozieren, gibt es die Situation der Bedrohung, das Verführerische, Dämonische der Landschaft; es droht die Gefahr, in Nacht verlorenzugehen. »Zwielicht« deutet im Titel den gemeinten Sachverhalt des Gedichts genau an.
Ausgang von Eichendorffs Dichten ist immer die profane und zugleich religiöse Gebundenheit: das Sänger- und Wanderleben, auf Gott vertrauen, aber zugleich das Rühren ans Dämonische. Das nahe Beieinander dieser Welten durchzieht Eichendorffs gesamtes Werk. (Vgl. auch die Novelle »Das Marmorbild« in diesem Band.)
Die Romanze »Das kranke Kind«, ein spätes Gedicht von 1835, rührt an Soziales; die Lösung des Problems aber, von Eichendorffs religiöser Sicherheit und Frömmigkeit bestimmt, wird ins paradiesische Jenseits verlegt: das kranke Kind, das unbeachtet von den Vorübergehenden stirbt, findet Befreiung und Erlösung im Himmel.

Der frohe Wandersmann

Wem Gott will rechte Gunst erweisen,
Den schickt er in die weite Welt;
Dem will er seine Wunder weisen
In Berg und Wald und Strom und Feld.

Die Trägen, die zu Hause liegen,
Erquicket nicht das Morgenrot,
Sie wissen nur von Kinderwiegen,
Von Sorgen, Last und Not um Brot.

Die Bächlein von den Bergen springen,
Die Lerchen schwirren hoch vor Lust,
Was sollt ich nicht mit ihnen singen
Aus voller Kehl und frischer Brust?

Den lieben Gott lass ich nur walten;
Der Bächlein, Lerchen, Wald und Feld
Und Erd und Himmel will erhalten,
Hat auch mein Sach aufs best bestellt!

Zwielicht

Dämmrung will die Flügel spreiten,
Schaurig rühren sich die Bäume,
Wolken ziehn wie schwere Träume –
Was will dieses Graun bedeuten?

Hast ein Reh du lieb vor andern,
Laß es nicht alleine grasen,
Jäger ziehn im Wald und blasen,
Stimmen hin und wieder wandern.

Hast du einen Freund hienieden,
Trau ihm nicht zu dieser Stunde,
Freundlich wohl mit Aug und Munde,
Sinnt er Krieg im tückschen Frieden.

Was heut müde gehet unter,
Hebt sich morgen neugeboren.
Manches bleibt in Nacht verloren –
Hüte dich, bleib wach und munter!

Sehnsucht

Es schienen so golden die Sterne,
Am Fenster ich einsam stand
Und hörte aus weiter Ferne
Ein Posthorn im stillen Land.
Das Herz mir im Leib entbrennte,
Da hab ich mir heimlich gedacht:

Ach, wer da mitreisen könnte
In der prächtigen Sommernacht!

Zwei junge Gesellen gingen
Vorüber am Bergeshang,
Ich hörte im Wandern sie singen
Die stille Gegend entlang:
Von schwindelnden Felsenschlüften,
Wo die Wälder rauschen so sacht,
Von Quellen, die von den Klüften
Sich stürzen in die Waldesnacht.

Sie sangen von Marmorbildern,
Von Gärten, die überm Gestein
In dämmernden Lauben verwildern,
Palästen im Mondenschein,
Wo die Mädchen am Fenster lauschen,
Wann der Lauten Klang erwacht
Und die Brunnen verschlafen rauschen
In der prächtigen Sommernacht.

In der Fremde

Ich hör die Bächlein rauschen
Im Walde her und hin,
Im Walde in dem Rauschen
Ich weiß nicht, wo ich bin.

Die Nachtigallen schlagen
Hier in der Einsamkeit,
Als wollten sie was sagen
Von der alten, schönen Zeit.

Die Mondesschimmer fliegen,
Als säh ich unter mir
Das Schloß im Tale liegen,
Und ist doch so weit von hier!

Als müßte in dem Garten,
Voll Rosen weiß und rot,
Meine Liebste auf mich warten,
Und ist doch lange tot.

Mondnacht

Es war, als hätt der Himmel
Die Erde still geküßt,
Daß sie im Blütenschimmer
Von ihm nun träumen müßt.

Die Luft ging durch die Felder,
Die Ähren wogten sacht,
Es rauschten leis die Wälder,
So sternklar war die Nacht.

Und meine Seele spannte
Weit ihre Flügel aus,
Flog durch die stillen Lande,
Als flöge sie nach Haus.

Das kranke Kind

Die Gegend lag so helle,
Die Sonne schien so warm,
Es sonnt sich auf der Schwelle
Ein Kindlein krank und arm.

Geputzt zum Sonntag heute
Ziehn sie das Tal entlang,
Das Kind grüßt alle Leute,
Doch niemand sagt ihm Dank.

Viel Kinder jauchzen ferne,
So schön ists auf der Welt!

Ging' auch spazieren gerne,
Doch müde stürzts im Feld.

»Ach, Vater, liebe Mutter,
Helft mir in meiner Not! –«
Du armes Kind! die ruhen
Ja unterm Grase tot.

Und so im Gras alleine
Das kranke Kindlein blieb,
Frug keiner, was es weine,
Hat jeder seins nur lieb.

Die Abendglocken klangen
Schon durch die stille Welt,
Die Engel Gottes sangen
Und gingen übers Feld.

Und als die Nacht gekommen
Und alles das Kind verließ,
Sie habens mitgenommen,
Nun spielts im Paradies.

IV. Märchentheater, Lustspiel, Drama des Innenraums

Arnim plante Anfang 1816 mit Brentano eine Folge von Briefen, in denen beide die Theaterzustände ihrer Zeit, besonders die von Berlin, kritisieren wollten. Das ist nur teilweise verwirklicht in den »Briefen über das neue Theater« 1818 in der Zeitschrift »Die Wünschelrute«; darin sind zwei Briefe des Direktors (Arnim) und einer des Poeten (Brentano) enthalten, die sich gegen den Dekorationsprunk und das ideallose Treiben wenden. In einer Theaterrezension Brentanos mit dem Titel »Über die auf der modernen europäischen Schaubühne zur Hauptsache gewordenen Nebensachen Kostüm und Dekoration in Gegenwirkung mit Poesie und Schauspielkunst« heißt es, das gegenwärtige Theater sei ein »Leichnam, köstlich einbalsamiert«. Wie kommt es zu dieser Kritik? Das Theater braucht eine andere, konkrete Öffentlichkeit als die Literaturformen, die nur für Leser *bestimmt sind. Im antiken Drama war das Volk Bestandteil des Theaters selbst. Friedrich Schlegel stellt fest, daß, da es derzeit an einem Gemeinsinn des Bürgers fehle, an einer Einheit des Volkes, das Theater keinen Adressaten habe angesichts der verwirrten politischen Verhältnisse. Das Drama müsse zunächst im Bürger einen Sinn für Poesie bilden, ihm eine »popularisierte Poesie« anbieten.*

Das Drama ist aber auch Teil der frühromantischen Roman*lehre: »Alle klassischen Dichtarten in ihrer strengen Reinheit sind jetzt lächerlich« (F. Schlegel). Der Roman als historische Form soll ja nicht nur alle Gattungen ersetzen, sondern vermischen und vereinen.*

Fehlende Öffentlichkeit bzw. die Zeitumstände sowie die bestimmende theoretische Orientierung auf die Romanlehre machen das romantische Drama zu einer weitgehend peri-

pheren Kunstform – zumindest soweit an deren Realisierung auf der Bühne gedacht werden muß. Man zieht sich lieber in den privaten Kreis zurück und liest vor Eingeweihten. Das Ergebnis ist das hochliterarische Antitheater Tiecks und Brentanos, das Märchentheater (das bezeichnenderweise in die Märchensammlung des »Phantasus« eingebaut wird), das Sprechstück Brentanos, dessen Wirkung wesentlich auf Wortwitz beruht. Fast reine Erzählstücke von stark epischem Gewicht sind z. B. das historisch-romantische Drama Brentanos »Die Gründung Prags« und Arnims »Halle und Jerusalem«. Eichendorffs Lustspiel »Die Freier« bleibt ein harmloses Verkleidungs- und Verwechslungsstück in Prosa und Versen.

Die hier vorgestellten Auszüge sind also – nimmt man Kleist gesondert – wegen ihrer originellen Konzeption ausgewählt: Tieck muß zu den ersten Autoren gerechnet werden, die eine neue literarische Form aus vorgegebener Literatur ableiten, den Zuschauer auf die Bühne holen und gegen das Theater spielen, um Illusion wieder durch Illusion aufzuheben. Bei Brentano spielt sich das Theater vor allem auf der Sprachebene ab, während Arnim die Strenge des Barockdramas aufsprengt und in die Gegenwart zu überführen versucht. (Insofern scheint es berechtigt, auf Zacharias Werner zu verzichten, der sich stark an Calderon und Schiller und später an das Barockdrama anlehnt, obwohl er neben Kleist der einzige ist, dessen Stücke theatralisch konzipiert sind.) Kommt bei Tieck die Verwirrung rein auf dem Theater durch Vertauschung und Wechselwirkung der Illusionsebenen zustande, so konfrontiert Kleist mit einem inneren Konflikt, der sich aus der Leitung durch das Gefühl und die übergeordnete Gesetzmäßigkeit ergibt. Im Amazonenstaat muß die Staatsnorm siegen, Penthesilea sieht keinen anderen Ausweg, als durch den Tod Achills und den eigenen Stimmigkeit herbeizuführen. Im »Prinz von Homburg« siegt Humanität über die Staatsräson. Obschon Kleist die Romantik überwindet, ist er dennoch insofern romantisch zu nennen, als die konsequente Verlagerung des Handlungs- und Entscheidungsraums in den seelischen Innenraum einen wesentlichen Unterschied zur Klassik ausmacht.

LUDWIG TIECK

Der gestiefelte Kater
(Aus dem 3. Akt)

Das Stück ist zuerst in den »Volksmärchen« von Peter Lebe-recht (Pseudonym Tiecks), Band 2, und zugleich in zwei Einzelausgaben 1797 erschienen, eine erweiterte Fassung dann im »Phantasus«, Band 2. »Der gestiefelte Kater« ist Märchentheater, das einem aufgeklärten (im Sinne seines Autors nichtaufgeklärten, unemanzipierten) Publikum vorgeführt werden soll. Der Dichter, der das Publikum anredend ins Spiel einbezieht, der Kater als Schauspieler widersprechen dem herkömmlichen Stil. Vom mitspielenden Zuschauer wird das Märchen kommentiert. Der Kontrast zwischen Publikumserwartung, d. h. seinem Zeitgeschmack, und der Dichterintention schaffen die theatralischen Effekte. Das Stück wird Gegenstand des Stückes. Und indem Theater über das Theater gespielt wird, wird die Illusion durchbrochen.

Im 3. Akt, als retardierendes Moment, streiten sich Dichter, Maschinist, Schauspieler und Zuschauer. »Jetzt rede ich ja aber zu Ihnen, als bloßer Schauspieler« bedeutet: der Schauspieler ist neben seiner Rolle auch Person, die über ihre Rolle reflektieren kann – so wie auch Hinze und Gottlieb über das Stück reden. Durch den Hanswurst wird eine extreme Desillusionierung als Aktschluß provoziert: »Tun Sie, als merken Sie gar nicht wie schlecht es ist ...« (das Stück).

Mit dem Zuschauer Bötticher wird auf den Feingeist und Iffland-Enthusiasten Karl August Böttiger angespielt. Lieblingswendungen aus seinem Buch »Entwicklung des Ifflandschen Stils in 14 Darstellungen auf dem Weimarer Hoftheater im Aprilmonat 1796« sind in dessen Rede einmontiert. Tiecks Quelle war »Chat botté« aus Charles Perraults »Contes de ma mère l'Oie« (1697). Der Stoff wiederum stammt wahrscheinlich aus dem »Pentamerone« (1634–36 bzw. 1674) des Giambattista Basile.

Maschinist. Meinen Sie denn wirklich, daß das etwas helfen wird?

Dichter. Ich bitte, ich beschwöre Sie, schlagen Sie mir meine Bitte nicht ab, meine einzige Hoffnung beruht darauf.

Leutner. Was ist denn das wieder? – Wie kommen denn diese Menschen in Gottliebs Stube?

Schlosser. Ich zerbreche mir über nichts mehr den Kopf.

Maschinist. Aber, lieber Freund, Sie verlangen auch wahrhaftig zu viel, daß das alles so in der Eil', ganz aus dem Stegreife zu Stande kommen soll.

Dichter. Ich glaube Sie verfolgen mich auch, Sie freuen sich ebenfalls über mein Unglück.

Maschinist. Nicht im mindesten.

Dichter *(fällt vor ihm nieder).* Beweisen Sie es mir also dadurch, daß Sie meiner Bitte nachgeben; wenn das Mißfallen des Publikums wieder so laut ausbricht, so lassen Sie auf einen Wink von mir alle Maschinen spielen, der zweite Akt ist so schon ganz anders geschlossen, als es in meinem Manuskripte steht –

Maschinist. Was ist denn das? – Wer hat denn die Gardine aufgezogen?

Dichter. Alles Unglück vereinigt sich, ich bin verloren! – *(Er flieht beschämt hinter die Kulissen.)*

Maschinist. Solche Verwirrung ist noch an keinem Abende gewesen. *(Geht ab. – Eine Pause.)*

W i e s e n e r. Gehört denn das zum Stück?

N a c h b a r. Natürlich, – das motiviert ja die nachherigen Verwandlungen.

F i s c h e r. Den heutigen Abend sollte man doch wirklich im Theaterkalender[1] beschreiben.

K ö n i g *(hinter der Szene).* Nein, ich geh' nicht vor, durchaus nicht, ich kann es nicht vertragen, wenn ich ausgelacht werde.

D i c h t e r. Aber Sie, – teuerster Freund – es ist doch einmal nicht zu ändern.

H a n s w u r s t. Nun, ich will mein Glück versuchen. *(Er tritt hervor und verbeugt sich possierlich gegen das Publikum.)*

M ü l l e r. Wie kömmt denn der Hanswurst nun in die Bauernstube?

S c h l o s s e r. Er wird gewiß einen abgeschmackten Monolog halten wollen.

H a n s w u r s t. Verzeihen Sie, wenn ich mich erkühne, ein Paar Worte vorzutragen, die eigentlich nicht zum Stücke gehören.

F i s c h e r. O Sie sollten nur ganz stille schweigen, Sie sind uns schon im Stück zuwider, vielmehr nun gar so –

S c h l o s s e r. Ein Hanswurst untersteht sich mit uns zu reden?

H a n s w u r s t. Warum nicht? denn wenn ich ausgelacht werde, so tut mir das nichts, ja es wäre grade mein heißester Wunsch, daß Sie über mich lachen möchten. Genieren Sie sich also nicht.

L e u t n e r. Das ist ziemlich possierlich.

H a n s w u r s t. Was dem Könige freilich wenig ansteht, schickt sich desto besser für mich, er wollte daher auch gar nicht vorkommen, sondern überließ mir diese wichtige Ankündigung.

M ü l l e r. Wir wollen aber nichts hören.

1. H. A. O. Reichardts »Theaterkalender« (Gotha 1775–1800).

H a n s w u r s t. Meine lieben deutschen Landsleute –

S c h l o s s e r. Ich denke das Stück spielt in Asien.

H a n s w u r s t. Jetzt rede ich ja aber zu Ihnen, als bloßer Schauspieler zu den Zuschauern.

S c h l o s s e r. Leute, nun bin ich hin, ich bin verrückt.

H a n s w u r s t. Geruhen Sie doch zu vernehmen, daß die vorige Szene, die Sie eben sahen, gar nicht zum Stücke gehört.

F i s c h e r. Nicht zum Stücke? wie kömmt sie denn aber hinein?

H a n s w u r s t. Der Vorhang war zu früh aufgezogen. Es war eine Privatunterredung, die gar nicht auf dem Theater vorgefallen wäre, wenn es zwischen den Kulissen nicht so abscheulich eng gewesen wäre. Sind Sie also illudiert gewesen, so ist es wahrlich um so schlimmer, sein Sie dann nur so gütig, diese Täuschung aus sich wieder auszurotten, denn von jetzt an, verstehn Sie mich, nachdem ich weggegangen bin, nimmt der Akt erst eigentlich seinen Anfang. Unter uns, alles Vorhergehende gehört gar nicht zur Sache. – Aber Sie sollen entschädigt werden, es wird im Gegenteil bald manches kommen, was sehr zur Sache gehört, ich habe den Dichter selber gesprochen und er hat's mir zugeschworen.

F i s c h e r. Ja, Euer Dichter ist der rechte Kerl.

H a n s w u r s t. Nicht wahr, er ist nichts wert? Nun, das freut mich doch, daß noch jemand anders meinen Geschmack hat –

D a s P a r t e r r e. Wir alle, wir alle.

H a n s w u r s t. Gehorsamer Diener, gar zu viel Ehre. – Ja, es ist, weiß Gott, ein elender Dichter, – nur um ein schlechtes Beispiel zu geben: welche armselige Rolle hat er mir zugeteilt? Wo bin ich denn witzig und spaßhaft? Ich komme in so wenigen Szenen vor, und ich glaube, wenn ich nicht noch jetzt durch einen glücklichen Zufall herausgetreten wäre, erschien' ich gar nicht wieder.

D i c h t e r *(hervorstürzend)*. Unverschämter Mensch –

Hanswurst. Nun, sehn Sie, sogar auf die kleine Rolle, die ich jetzt spiele, ist er neidisch.

Dichter *(auf der andern Seite des Theaters mit einer Verbeugung).* Verehrungswürdige! ich hätte es nie wagen dürfen, diesem Manne eine größere Rolle zu geben, da ich Ihren Geschmack kenne –

Hanswurst *(auf der andern Seite).* Ihren Geschmack? – Nun sehen Sie den Neid – und so eben haben Sie alle erklärt, daß mein Geschmack auch der Ihrige wäre.

Dichter. Ich wollte Sie durch gegenwärtiges Stück nur erst zu noch ausschweifendern Geburten der Phantasie vorbereiten.

Alle im Parterre. Wie? – was?

Hanswurst. Gewiß zu Stücken, wo ich gar keine Rolle drin hätte.

Dichter. Denn stufenweise muß diese Ausbildung vor sich gehn.

Hanswurst. Glauben Sie ihm kein Wort.

Dichter. Ich empfehle mich indes, um den Gang des Stücks nicht länger zu unterbrechen. *(Geht ab.)*

Hanswurst. Adieu, bis auf Wiedersehn. – *(Geht ab und kömmt schnell wieder.)* Apropos! – noch eins, – auch was jetzt unter uns vorgefallen ist, gehört nicht zum Stück. *(Geht ab.)*

(Das Parterre lacht.)

Hanswurst *(kömmt schnell wieder).* Lassen Sie uns heut das miserable Stück zu Ende spielen, tun Sie, als merken Sie gar nicht wie schlecht es ist, so wie ich nach Hause komme, setz' ich mich hin und schreibe eins für Sie nieder, das Ihnen gewiß gefällt. *(Er geht ab, einige klatschen.)*

(Gottlieb und Hinze treten auf.)

Gottlieb. Lieber Hinze, es ist wahr, Du tust viel für mich, aber ich kann noch immer nicht einsehn, was es mir helfen soll.

Hinze. Auf mein Wort, ich will Dich glücklich machen.

Gottlieb. Bald, sehr bald muß es kommen, sonst ist es zu spät, es ist schon halb acht und um acht ist die Komödie aus.

Hinze. Was Teufel ist denn das?

Gottlieb. Ah, ich war in Gedanken, – sieh! wollt' ich sagen, wie schön die Sonne aufgegangen ist. – Der verdammte Souffleur spricht so undeutlich, und wenn man dann manchmal extemporieren will, geht's immer schief.

Hinze *(leise)*. Nehmen Sie sich doch zusammen, das ganze Stück bricht sonst in tausend Stücke.

Schlosser. Sagt mir nur, wie es ist, ich kann aus nichts mehr klug werden.

Fischer. Jetzt steht mir auch der Verstand stille.

Gottlieb. Also heut noch soll sich mein Glück entscheiden?

Hinze. Ja lieber Gottlieb, noch ehe die Sonne untergeht. – Sieh, ich liebe Dich so sehr, daß ich für Dich durchs Feuer laufen möchte, – und Du zweifelst an meiner Redlichkeit?

Wiesener. Haben Sie's wohl gehört? – Er wird durchs Feuer laufen. – Ah schön, da bekommen wir noch die Dekoration aus der Zauberflöte, mit dem Wasser und Feuer.

Nachbar. Katzen gehn aber nicht ins Wasser.

Wiesener. Desto größer ist ja des Katers Liebe für seinen Herrn, sehn Sie, das will uns ja der Dichter eben zu verstehn geben.

Hinze. Was hast Du denn wohl Lust zu werden in der Welt?

Gottlieb. Ach, das weiß ich selber nicht.

Hinze. Möchtest Du wohl Prinz oder König werden?

Gottlieb. Das noch am ersten.

Hinze. Fühlst Du auch die Kraft in Dir, ein Volk glücklich zu machen?

Gottlieb. Warum nicht? – Wenn ich nur erst glücklich bin.

H i n z e. Nun, so sei zufrieden, ich schwöre Dir, Du sollst den Thron besteigen. *(Geht ab.)*

G o t t l i e b. Wunderlich müßt' es zugehn – doch kömmt ja in der Welt so manches unerwartet. *(Geht ab.)*

B ö t t i c h e r. Bemerken Sie doch die unendliche Feinheit, wie der Kater immer seinen Stock hält.

F i s c h e r. Sie sind uns schon längst zur Last, Sie sind noch langweiliger als das Stück.

S c h l o s s e r. Sie machen uns den Kopf erst noch recht konfuse.

M ü l l e r. Sie sprechen immer und wissen nicht was Sie wollen.

V i e l e S t i m m e n. Hinaus! hinaus! er ist uns zur Last. *(Ein Gedränge, Bötticher sieht sich genötigt das Theater zu verlassen.)*

F i s c h e r. Mit seinen Feinheiten!

S c h l o s s e r. Er ärgerte mich immer, da er sich für solchen Kenner hielt.

(Freies Feld.)

H i n z e *(mit Tornister und Sack)*. Ich bin der Jagd ganz gewohnt worden, alle Tage fang' ich Rebhühner, Kaninchen und dergleichen, und die lieben Tierchen kommen auch immer mehr in die Übung, sich fangen zu lassen. – *(Er spreitet seinen Sack aus.)* Die Zeit mit den Nachtigallen ist nun vorbei, ich höre keine einzige singen.

(Die beiden Liebenden treten auf.)

E r. Geh, Du bist mir zur Last.

S i e. Du bist mir zuwider.

E r. Eine schöne Liebe!

S i e. Jämmerlicher Heuchler, wie hast Du mich betrogen!

E r. Wo ist denn Deine unendliche Zärtlichkeit geblieben?

S i e. Und Deine Treue?

E r. Deine Wonnetrunkenheit?

S i e. Deine Entzückungen?

B e i d e. Der Teufel hat's geholt! – das kömmt vom Heiraten.

H i n z e. So ist die Jagd noch nie gestört worden, – wenn Sie doch geruhen wollten, zu bemerken, daß dieses freie Feld für Ihre Schmerzen offenbar zu eng ist und irgend einen Berg besteigen.

E r. Schlingel! *(Er gibt Hinzen eine Ohrfeige.)*

S i e. Flegel! *(Gibt ihm ebenfalls eine Ohrfeige.)*

H i n z e *(knurret).*

S i e. Ich dächte, wir ließen uns wieder scheiden.

E r. Ich stehe zu Befehl. – *(Die Liebenden gehn ab.)*

H i n z e. Niedliches Volk, die sogenannten Menschen. – Sieh da, zwei Rebhühner, – ich will sie schnell hintragen. – Nun, Glück, tummle dich, denn fast wird mir auch die Zeit zu lang. – Jetzt hab' ich gar keine Lust mehr, die Rebhühner zu fressen. So gewiß ist es, daß wir durch bloße Gewohnheit unserer Natur alle möglichen Tugenden einimpfen können. *(Geht ab.)*

ACHIM VON ARNIM

Halle und Jerusalem, Studentenspiel und Pilgerabenteuer
(2. Aufzug, 10. Auftritt)

Mit »Halle und Jerusalem« (1811) beabsichtigte Arnim ein realistisch-phantastisches Spiel; derbe, volkstümliche Studenten- und Judenszenen vermischen sich mit den idealistischen Cardenio-Olympia-Partien, den mythischen des ewigen Juden und des Teufels. Den Stoff gibt teilweise das Drama »Cardenio und Celinde« (1657) von Andreas Gryphius.

Der Student Cardenio und die schöne Olympia lieben einander. Der Vater versagt die Einwilligung zur Heirat. Ein anderer Bewerber, Lysander, dringt in Olympias Schlaf-

gemach, muß aber flüchten. Olympia glaubt, daß es Cardenio war, dieser beteuert jedoch seine Unschuld. Arnims Abweichung ist die Einführung Ahasvers, des Ewigen Juden; er hat ferner die Monologe von Gryphius dramatisiert, und durch die Verlagerung nach Halle in die Gegenwart werden die lustigen Szenen ermöglicht. Im zweiten Teil wird der Einfluß von Zacharias Werner spürbar; die Szene wird nach Jerusalem verlegt, Cardenio, Celinde und Ahasver befinden sich auf einer Bußfahrt zu Schiff nach Jerusalem. In der unbekannten Wüste stellt sich heraus, daß Cardenio Ahasvers Sohn ist. Am Heiligen Grab, in der großen Schlußszene, vereinigen sich die verschiedenen Konfessionen.

Straße vor Olympiens Hause. Cardenio und Pamphilio. Viele Hochzeitgäste gehen ins Haus, das hell erleuchtet glänzet.

Cardenio *(stößt einen der Gäste um).* Geh aus dem Wege.

Gast. Das schien mir doch ein wenig impoli[1]. *(Ab.)*

Pamphilio. Du bist verzerrt, gräßlich, der Reichtum deines Lebens ist versieget in der trocknen Hitze deines Unglücks, ich selber fürchte mich vor dir.

Cardenio. Es wird bald schlimmer werden, gib mich nur auf, verlaß mich bald. Schon fühl ich eine lächerliche Neigung, Feuer anzulegen oder Feuer auszurufen, das glanzerfüllte Hochzeithaus brennt fürchterlich in meinen Augen und blendet aus das schwache Lichtlein der Vernunft.

Pamphilio. Du mußt bald fort von hier, notwendig ist es dir, wenn auch des Philosophen Tod dir nicht kann zugerechnet werden, des Spielers Tod verheimlicht bleibt; der Streich mit Nathan macht zu vielen Lärm, der Nathan ist der beste Freund von dem Minister, gewisser-

1. *frz., unhöflich.*

maßen hilft er ihm regieren, der Streich kann dir nicht gut bekommen.

Cardenio. Wer spricht von gut bekommen einem, der zum Sterben krank. Hat nicht der Jude mit dem einen Worte: Lysander werde heut Olympien vermählt, mein Dasein aus den Wurzeln fortgerissen und in den Strom gestürzt, was sind dagegen ihm die tausend Taler, wovon ich ihn erlöst, dies Galgenmännlein, der Dukaten stolze Zierde wird mich genug verführen und zerquälen, bis ich es wieder los. *(Zu einem Gaste.)* Wohin so schön geputzt?

Gast. Bin ich Euch Antwort schuldig?

Cardenio. Beim Himmel, ja.

Gast. Wir gehen zu Lysanders und Olympiens Hochzeit. *(Ab.)*

Cardenio. Da hörst du wohl, wie ohne Scheu der Schuft das spricht, als ging's mich gar nichts an. Als mir's der Jude heute morgen zum erstenmal gesagt, da stand ich vor ihm wie versteinert, mein Herz stand in mir still – wie geronnene Eiszapfen sahen die Lichtstrahlen in das Zimmer, alles war mir rings so still, und in meinen Ohren trieb es brausend, als wenn tief im Höllenschlunde frische Kohlen angeschüret, weil ein frischer Brand von Teufeln eben sollte fertig werden. Bei Gott, ich nahm das Geld in jenem Augenblick nur des Skandales wegen fort, in jenem Augenblick hätt' ich mein Hemde weggegeben, um recht Skandal zu geben, in jenem Augenblick hätt' ich ein altes Weib heiraten mögen, um recht Skandal zu geben, in jenem Augenblick hätt' ich Olympien auf meinem Tische gern anatomiert, ihr Herz mit buntem Wachse ausgespritzt, bloß des Skandales wegen. Die hab ich geliebt, geliebt, nun lieb ich nimmermehr.

Pamphilio. Wie unbegreiflich, gestern hast du sie stolz ausgeschlagen.

Cardenio. Sei still, mach mich nicht rasend. Seit jenem Augenblick kann ich nicht weinen, vergebens netze ich mit einem Ozean von Wein die Kehle, kein Tropfen tritt mir in die trocknen Augen, in die ein Giftpilz seinen dürren Staub zerstreut. Bald sollen bei dem Spiel, das du mir hast bereitet, meine Tränen fließen, wozu kann ich mein Elend weiter brauchen, als selber mich damit zu rühren; ich will mich rühren und betrüben über mich, daß alle Steine Wasser schwitzen, ich werde den verschmähten Prinzen trefflich sprechen lassen.

(Von der einen Seite laufen die Juden mit einem Sarge vorbei, von der andern kommen die Soldaten mit einem Trauermarsche und tragen den Sarg des Hauptmanns Volte, durch dieses Zusammentreffen stockt der Zug.)

Pamphilio. Ihr Herren, welche Leiche ist denn das?

Einer. Der Hauptmann Volte, der in der letzten Nacht im schwarzen Keller ist erstochen.

Cardenio. Gottlob, ein Schurke wen'ger in der Welt, ich glaub, er schlägt dem Teufel noch die Volte und sprengt des Himmels Bank. Wer wird denn hier getragen, edle Juden?

Ahasverus. Der reiche Nathan, er ist an tausend Talern heut verstorben, die er im Trunke ohne Sicherheit verliehn.

Cardenio. Der Teufel hat die Seele um sehr bill'gen Preis.

Ahasverus. Ist keine Reu' in Eurem Herzen, ich kenn' Euch wohl, denn Euer Name steht bei jenem Scheine.

Cardenio. Du kennst mich, gut, so kenn mich ganz. Wer möchte nicht einen Fuß noch vor den andern setzen, sollt' man für alle Folgen stehn, ich habe nicht die Welt geschaffen, ich leb darauf, soviel ich kann, und bin ich Eisen, sag, wie kann ich's hindern, daß mich die Welt nicht schnell zum Richtschwert schmiede, da ihr der Richter fehlt.

Ahasverus. Hat Euch die Liebe nie gemildert?

Cardenio. Zum Ehering da nimmt man Gold, so Grafengold, Lysandergold, das liegt im Sand, wird mühsam ausgefischt, ich raub mit einem Schlag, was mein. Und doch wie weh ist mir, daß ich so groß Gelüsten habe, Gold zu sein.

Ahasverus. Und glaubst du nicht an die Verwandlung der Metalle?

Cardenio. Das Geld ist ein Gespenst, das Eisen lebt in unsrer Zeit, kannst du der Vorzeit Geister nicht beschwören, so kannst du wahrlich nicht zu meinem Urquell mich so rückwärts aufwärts leiten, daß ich dies harte widerspenst'ge Wesen in mir tausche.

Ahasverus. Ich sage dir, wo eine Feuerseele in der Demut bleibt und von der Liebe eine Speise zu ihrem Brunnen einziehen will, da ist ein Engel Gottes gleich bereit, zu streiten mit dem feurig wilden Drachen der Eigenheit, er lebet abgeschieden, müßig und nähret so die heil'ge Kraft.

Cardenio. Du greifst unmenschlich mir ins Herz, doch könnte wohl ein Tag noch kommen, wo ich dich wieder hören möchte, wo werd ich dich dann finden, heut braust mir's vor den Ohren.

Ahasverus. Wenn du mich brauchst, so wirst du mich auch finden; sieh her, woran du mich noch kennen kannst, denn viele gleichen mir, sieh dieses Zeichen meines Bartes recht, der, halb geblichen in fremder Zone, doch an den Spitzen wieder schwarz ausstrebt.

Pamphilio. Ein blauer Fuchs am Bauche so erscheint.

Cardenio. Sei denn ein Fuchs, weil du nichts Größres tust als sagst; für heut verwunderst du mich nicht, vergebens sprichst du heut zu mir, kannst du nicht eines mir verkünden, ob ich natürlich sterben werde?

Ahasverus. Ein jeder stirbt in der Natur, worin er hat gelebt.

Cardenio. So lauf zu der Natur, die dir die Beine gab. *(Ahasverus eilt ab.)* Ganz finster wird's in mir, was soll der Plunder angespießter Leuchtgewürme. *(Er zerschlägt die Laterne.)*

Pamphilio. Ich bitte dich, halt ein, die Häscher eilen schon herbei, du wirst jetzt grausam.

Cardenio. Ich werde lustig nur vor Liebchens Haus. Da brennt noch so ein schön Laternchen. *(Er schlägt's ein.)*

Pamphilio. Zum Teufel, eben schlug ein Springstock mir ans Bein.

Die Häscher. Ihr Herren, Platz, wer hat hier eingeschlagen die Laternen?

Cardenio. Da läuft er noch, es schien ein alter Jude und halbverrückt.

Die Häscher. Das ist erschrecklich, die Juden werden jetzt recht vornehm auch, bleibt nur zusammen, Leute, der Kerl scheint mir viel zu schnell, den kriegen wir nicht mehr, wir haben uns doch brav gehalten heut, wir wollen hier zur Wache bleiben bei der Hochzeit.

Cardenio. Ich hab mich ausgetobt, Pamphilio, jetzt bin ich ruhig wie nach einem Aderlaß, nun laß uns denken an das Maskenspiel.

Pamphilio. Ich sag dir, die Gevatterin bringt alle Kleider her, doch hab ich wenig Lust dazu, ich wäre lieber weit davon, ich glaub, ich hab das Fieber von dem Spaße gestern.

Cardenio. Ich hab ein doppelt Fieber, und das hindert nichts.

Gevatterin *(kommt mit einem großen Pakete).* Ihr macht's mir heute auch gewaltig sauer.

Pamphilio. Wie sauer hast du uns die Kirschen oft gegeben.

Gevatterin. Nun ziehet euch die Maskenkleider an.

Pamphilio. Wird sich's auch schicken?

Gevatterin. Du Narr! Hab alte Leute nicht zum besten.

HEINRICH VON KLEIST

Geb. 18. Oktober 1777 in Frankfurt a. d. Oder, Selbstmord mit Henriette Vogel am 21. November 1811 am Wannsee. 1792–99 Offizierslaufbahn, seit Ostern 1799 studierte er Philosophie, besonders Kant, Physik, Mathematik. Zwischen 1800 und 1803 – nach Abbruch des Studiums – unstetes Reisen, Stationen: Würzburg, Berlin, Paris, Weimar, Leipzig, Dresden, Schweiz, Mailand, Genf, Lyon, Paris. 1802/03 Bekanntschaft mit Goethe, Schiller, Wieland in Weimar und Oßmannstedt. Wollte in französischen Diensten am Krieg gegen England teilnehmen, von Boulogne zurücktransportiert, brach er Ende 1803 in Mainz zusammen. 1804–06 Amt an der Königsberger Domänenkammer. In Berlin von Franzosen als vermeintlicher Spion verhaftet. 1808 mit Adam Müller Zeitschrift *Phöbus* in Dresden. 1809 im Mai Aufbruch zum österreichischen Kriegsschauplatz, kommt aber zu spät. Seit 1810 gab er in Berlin, ebenfalls mit Adam Müller, die *Berliner Abendblätter* heraus.

Werke: *Familie Schroffenstein* Dr. (1803); *Penthesilea* Dr. (1808); *Erzählungen* (enth. u. a. *Michael Kohlhaas*, *Die Marquise von O.*, *Das Erdbeben in Chili, Die Verlobung in San Domingo*) (1810/11), *Käthchen von Heilbronn* Dr. (1810); *Der zerbrochne Krug* K. (1811).

Penthesilea
(14. Auftritt)

In Jamben geschrieben, gegen die Theaterpraxis in 24 Szenen bzw. Auftritte ohne Akte gegliedert. Vorherrschend sind Bericht und eine nach innen gewendete Handlung. In der Zeitschrift »Phöbus« wurde ein »Organisches Fragment« vorabgedruckt. Niederschrift 1806 während der Königsberger Zeit, 1807 in der französischen Gefangenschaft in Châlons-sur-Marne. Hauptquellen: Benjamin Hederichs »Gründliches Lexicon mythologicum«, Homers »Ilias« und Euripides.

Die Gründung des Amazonenstaates und die Tötung Achills durch Penthesilea sind Kleists Erfindung. Der Konflikt in Kleists Drama entsteht durch den Widerspruch von persönlichem Gefühl und Entscheidung, die im Gegensatz zur herrschenden Staatsideologie stehen: Penthesilea will auf dem trojanischen Schlachtfeld, wo sie Achill entdeckt hat, diesen als Liebenden besitzen. Das Gesetz gebietet aber Besiegung und Gefangennahme des Mannes und – nach dem Rosenfest, bei dem die Vereinigung für das Fortbestehen des Stammes stattfindet – seine Vernichtung. Penthesilea gehorcht also nicht mehr dem Gesetz ihres Staates, sondern nimmt die Liebe zu Achill als Maßstab für die Welt. »Mein ew'ger Traum warst du! Die ganze Welt / Lag wie ein ausgespanntes Musternetz / Vor mir; in jeder Masche, weit und groß, / War deiner Taten eine eingeschürzt, / Und in mein Herz, wie Seide weiß und rein, / Mit Flammenfarben jede brannt' ich ein.« Mit Prothoe, deren persönliche Liebe zu Lykaon, dem gefangenen Fürst der Arkadier, sie ebenfalls wecken will, versucht sie Achill zu gewinnen. Sie will erneut gegen ihn in den Kampf ziehen, wird aber besiegt und verwundet. Doch Achill, der ihre Liebe erkennt, läßt sie im Glauben, sie sei die Siegerin, und begibt sich in ihre Gewalt. Im weiteren Kampf zwischen Amazonen und Griechen wird Penthesilea offenbar, wer der wahre Sieger ist. Als Achill ihr einen Zweikampf anbietet, läßt sie, zwischen Gesetz, Liebe und Haß schwankend, den waffenlosen Geliebten durch Hunde zu Tode jagen. Und als die Oberpriesterin, die längst Penthesileas Frevel entdeckt hat, ihr die abscheuliche Tat bewußt macht, gibt sie sich im Schmerz ihrer Liebe selbst den Tod.

Das eigentlich Dramatische in Kleists Stück ist also der ständige Umschlag der Gefühle von Freude und Schmerz, Liebe und Haß, die »nichts als ihr töricht Herz« erzwingen. Es ist der Konflikt zwischen dem Dogmatismus des Gesetzes und die durch Leidenschaft hervorgerufene eigenwillige Entscheidung.

P r o t h o e. Penthesilea! O du Träumerin!
In welchen fernen Glanzgefilden schweift
Dein Geist umher, mit unruhvollem Flattern,
Als ob sein eigner Sitz ihm nicht gefiele,

Indes das Glück, gleich einem jungen Fürsten,
In deinen Busen einkehrt, und verwundert,
Die liebliche Behausung leer zu finden,
Sich wieder wendet und zum Himmel schon
Die Schritte wieder flüchtig setzen will?
Willst du den Gast nicht fesseln, o du Törin? –
Komm, hebe dich an meine Brust.

Penthesilea. Wo bin ich?

Prothoe.
– Kennst du die Stimme deiner Schwester nicht?
Führt jener Fels dich, dieser Brückenpfad,
Die ganze blühnde Landschaft nicht zurück?
– Sieh diese Jungfraun, welche dich umringen:
Wie an den Pforten einer schönren Welt
Stehn sie und rufen dir: willkommen! zu.
– Du seufzest. Was beängstigt dich?

Penthesilea. Ach, Prothoe!
Welch einen Traum entsetzensvoll träumt' ich –
Wie süß ist es, ich möchte Tränen weinen,
Dies mattgequälte Herz, da ich erwache,
An deinem Schwesterherzen schlagen fühlen –
– Mir war, als ob im heftigen Getümmel
Mich des Peliden Lanze traf: umrasselt
Von meiner erznen Rüstung schmettr' ich nieder;
Der Boden widerhallte meinem Sturz.
Und während das erschrockne Heer entweicht,
Umstrickt an allen Gliedern lieg ich noch,
Da schwingt er sich vom Pferde schon herab,
Mit Schritten des Triumphes naht er mir,
Und er ergreift die Hingesunkene,
In starken Armen hebt er mich empor,
Und jeder Griff nach diesem Dolch versagt mir.
Gefangen bin ich und mit Hohngelächter
Zu seinen Zelten werd' ich abgeführt.

Prothoe. Nicht, meine beste Königin! Der Hohn
Ist seiner großmutsvollen Seele fremd.

Wär' es, was dir im Traum erschien: glaub mir,
Ein sel'ger Augenblick wär' dir beschieden,
Und in den Staub vielleicht, dir huldigend,
Sähst du den Sohn der Götter niederfallen.

Penthesilea.
Fluch mir, wenn ich die Schmach erlebte, Freundin!
Fluch mir, empfing' ich jemals einen Mann,
Den mir das Schwert nicht würdig zugeführt.

Prothoe. Sei ruhig, meine Königin.

Penthesilea. Wie! Ruhig –

Prothoe. Liegst du an meinem treuen Busen nicht!
Welch ein Geschick auch über dich verhängt sei,
Wir tragen es, wir beide: fasse dich.

Penthesilea.
Ich war so ruhig, Prothoe, wie das Meer,
Das in der Bucht der Felsen liegt; nicht ein
Gefühl, das sich in Wellen mir erhob.
Dies Wort: sei ruhig! jagt mich plötzlich jetzt,
Wie Wind die offnen Weltgewässer, auf.
Was ist es denn, das Ruh' hier nötig macht? –
Ihr steht so seltsam um mich, so verstört –
– Und sendet Blicke, bei den ew'gen Göttern,
In meinen Rücken hin, als stünd' ein Unhold,
Mit wildem Antlitz dräuend, hinter mir.
– Du hörst's, es war ja nur ein Traum, es *ist* nicht –
Wie! Oder ist es? Ist's? Wär's wirklich? Rede! –
– Wo ist denn Meroe? Megaris?
(Sie sieht sich um und erblickt den Achilles.)
Entsetzlich!
Da steht der Fürchterliche hinter mir.
Jetzt meine freie Hand – *(Sie zieht den Dolch.)*

Prothoe. Unglückliche!

Penthesilea. O die Nichtswürdige, sie wehret mir –

Prothoe. Achilles! Rette sie.

Penthesilea. O Rasende!
Er soll den Fuß auf meinen Nacken setzen!

Prothoe. Den Fuß, Wahnsinnige –
Penthesilea. Hinweg, sag ich! –
Prothoe. So sieh ihn doch nur an, Verlorene –!
Steht er nicht ohne Waffen hinter dir?
Penthesilea. Wie? Was?
Prothoe. Nun ja! Bereit, wenn du's verlangst,
Selbst deinem Fesselkranz sich darzubieten.
Penthesilea.
Nein, sprich.
Prothoe. Achill! Sie glaubt mir nicht. Sprich du!
Penthesilea. Er wär' gefangen mir?
Prothoe. Wie sonst? Ist's nicht?
Achilles *(der währenddessen vorgetreten).*
In jedem schönern Sinn, erhabne Königin!
Gewillt, mein ganzes Leben fürderhin
In deiner Blicke Fesseln zu verflattern.
(Penthesilea drückt ihre Hände vors Gesicht.)
Prothoe. Nun denn, da hörtest du's aus seinem Mund.
– Er sank wie du, als ihr euch traft, in Staub;
Und während du entseelt am Boden lagst,
Ward er entwaffnet – nicht?
Achilles. Ich ward entwaffnet;
Man führte mich zu deinen Füßen her.
(Er beugt ein Knie vor ihr.)
Penthesilea *(nach einer kurzen Pause).*
Nun denn, so sei mir, frischer Lebensreiz,
Du junger, rosenwang'ger Gott, gegrüßt!
Hinweg jetzt, o mein Herz, mit diesem Blute,
Das aufgehäuft, wie seiner Ankunft harrend,
In beiden Kammern dieser Brüste liegt.
Ihr Boten, ihr geflügelten, der Lust,
Ihr Säfte meiner Jugend, macht euch auf,
Durch meine Adern fleucht, ihr jauchzenden,
Und laßt es einer roten Fahne gleich
Von allen Reichen dieser Wangen wehn:
Der junge Nereïdensohn ist mein! *(Sie steht auf.)*

Prothoe. O meine teure Königin, mäß'ge dich.
Penthesilea *(indem sie vorschreitet).*
Heran, ihr sieggekrönten Jungfraun jetzt,
Ihr Töchter Mars', vom Wirbel bis zur Sohle
Vom Staub der Schlacht noch überdeckt, heran,
Mit dem Argiverjüngling jegliche,
Den sie sich überwunden, an der Hand!
Ihr Mädchen, naht euch, mit den Rosenkörben:
Wo sind für so viel Scheitel Kränze mir?
Hinaus mir über die Gefilde, sag ich,
Und mir die Rosen, die der Lenz verweigert,
Mit eurem Atem aus der Flur gehaucht!
An euer Amt, ihr Priestrinnen der Diana:
Daß eures Tempels Pforten rasselnd auf,
Des glanzerfüllten, weihrauchduftenden,
Mir, wie des Paradieses Tore, fliegen:
Zuerst den Stier, den feisten, kurzgehörnten,
Mir an den Altar hin; das Eisen stürz' ihn,
Das blinkende, an heil'ger Stätte lautlos,
Daß das Gebäu erschüttere, danieder.
Ihr Dienrinnen, ihr rüstigen, des Tempels,
Das Blut, wo seid ihr? rasch, ihr Emsigen,
Mit Perserölen, von der Kohle zischend,
Von des Getäfels Plan hinweggewaschen!
Und all ihr flatternden Gewänder, schürzt euch,
Ihr goldenen Pokale, füllt euch an,
Ihr Tuben, schmettert, donnert, ihr Posaunen,
Der Jubel mache, der melodische,
Den festen Bau des Firmamentes beben! –
O Prothoe! Hilf jauchzen mir, frohlocken,
Erfinde, Freundin, Schwesterherz, erdenke,
Wie ich ein Fest jetzt göttlicher, als der
Olymp durchjubelte, verherrliche,
Das Hochzeitsfest der krieggeworbnen Bräute,
Der Inachiden und der Kinder Mars'! –
O Meroe, wo bist du? Megaris?

Prothoe *(mit unterdrückter Rührung).*
Freud' ist und Schmerz dir, seh ich, gleich verderblich,
Und gleich zum Wahnsinn reißt dich beides hin.
Du wähnst, wähnst dich in Themiscyra schon,
Und wenn du so die Grenzen überschwärmst,
Fühl ich gereizt mich, dir das Wort zu nennen,
Das dir den Fittich plötzlich wieder lähmt.
Blick um dich her, Betrogene, wo bist du?
Wo ist das Volk? Wo sind die Priesterinnen?
Asteria? Meroe? Megaris? Wo sind sie?
Penthesilea *(an ihrem Busen).*
O laß mich, Prothoe! O laß dies Herz
Zwei Augenblick' in diesem Strom der Lust,
Wie ein besudelt Kind, sich untertauchen;
Mit jedem Schlag in seine üpp'gen Wellen
Wäscht sich ein Makel mir vom Busen weg,
Die Eumeniden fliehn, die schrecklichen,
Es weht wie Nahn der Götter um mich her,
Ich möchte gleich in ihren Chor mich mischen,
Zum Tode war ich nie so reif als jetzt.
Doch jetzt vor allem: du vergibst mir doch?
Prothoe. O meine Herrscherin!
Penthesilea. Ich weiß, ich weiß –
Nun, meines Blutes beßre Hälft' ist dein.
– Das Unglück, sagt man, läutert die Gemüter,
Ich, du Geliebte, ich empfand es nicht;
Erbittert hat es, Göttern mich und Menschen
In unbegriffner Leidenschaft empört.
Wie seltsam war auf jedem Antlitz mir,
Wo ich sie traf, der Freude Spur verhaßt;
Das Kind, das in der Mutter Schoße spielte,
Schien mir verschworen wider meinen Schmerz.
Wie möcht' ich alles jetzt, was mich umringt,
Zufrieden gern und glücklich sehn! Ach, Freundin!
Der Mensch kann groß, ein Held, im Leiden sein.
Doch göttlich ist er, wenn er selig ist!

– Doch rasch zur Sache jetzt. Es soll das Heer
Zur Rückkehr schleunig jede Anstalt treffen;
Sobald die Scharen ruhten, Tier und Menschen,
Bricht auch der Zug mit den Gefangenen
Nach unsern heimatlichen Fluren auf –
– Wo ist Lykaon?

Prothoe. Wer?

Penthesilea *(mit zärtlichem Unwillen).*
Wer, fragst du noch!
Er, jener blühende Arkadierheld,
Den dir das Schwert erwarb. Was hält ihn fern?

Prothoe *(verwirrt).*
Er weilt noch in den Wäldern, meine Königin!
Wo man die übrigen Gefangnen hält.
Vergönne, daß er, dem Gesetz gemäß,
Eh' nicht als in der Heimat mir erscheine.

Penthesilea.
Man ruf ihn mir! – Er weilt noch in den Wäldern!
– Zu meiner Prothoe Füßen ist sein Platz!
– – Ich bitte dich, Geliebte, ruf ihn her,
Du stehst mir, wie ein Maienfrost, zur Seite
Und hemmst der Freude junges Leben mir.

Prothoe *(für sich).*
Die Unglückselige! – Wohlan, so geht,
Und tut, wie euch die Königin befohlen.
(Sie winkt einer Amazone; diese geht ab.)

Penthesilea.
Wer schafft mir jetzt die Rosenmädchen her?
(Sie erblickt Rosen auf dem Boden.)
Sieh! Kelche finden, und wie duftende,
Auf diesem Platz sich –!
(Sie fährt sich mit der Hand über die Stirne.)
Ach mein böser Traum!
(Zu Prothoe.) War denn der Diana Oberpriestrin hier?

Prothoe. Nicht, daß ich wüßte, meine Königin –

Penthesilea. Wie kommen denn die Rosen her?

P r o t h o e *(rasch).* Sieh da!
Die Mädchen, die die Fluren plünderten,
Sie ließen einen Korb voll hier zurück.
Nun, diesen Zufall wahrlich nenn ich günstig.
Hier, diese duft'gen Blüten raff ich auf,
Und winde den Pelidenkranz dir. Soll ich?
(Sie setzt sich an der Eiche nieder.)

P e n t h e s i l e a.
Du Liebe! Treffliche! Wie du mich rührst. –
Wohlan! Und diese Hundertblättrigen geb
Ich dir zum Siegerkranz Lykaons. Komm.
(Sie rafft gleichfalls einige Rosen auf und setzt sich neben Prothoe nieder.)
Musik, ihr Fraun, Musik! Ich bin nicht ruhig.
Laßt den Gesang erschallen! Macht mich still.

E i n e J u n g f r a u *(aus ihrem Gefolge).*
Was wünschest du?

E i n e a n d e r e. Den Siegsgesang?

P e n t h e s i l e a. – Die Hymne.

D i e J u n g f r a u.
Es sei. – O die Betrogene! – Singt! Spielt!

C h o r d e r J u n g f r a u n *(mit Musik).*
Ares entweicht!
Seht, wie sein weißes Gespann
Fernhin dampfend zum Orkus niedereilt!
Die Eumeniden öffnen, die scheußlichen:
Sie schließen die Tore wieder hinter ihm zu.

E i n e J u n g f r a u. Hymen! Wo weilst du?
Zünde die Fackel an und leuchte! leuchte!
Hymen! wo weilst du?

C h o r. Ares entweicht! usw.

A c h i l l e s *(nähert sich während des Gesanges der Prothoe heimlich).*
Sprich! Wohin führt mich dies! Ich will es wissen!

P r o t h o e. Noch einen Augenblick, Großherziger,
Fleh ich dich um Geduld – du wirst es sehn.

(Wenn die Kränze gewunden sind, wechselt Penthesilea den ihrigen gegen den Kranz der Prothoe, sie umarmen sich und betrachten die Windungen. Die Musik schweigt. Die Amazone kehrt zurück.)

Penthesilea. Hast du's bestellt?

Die Amazone. Lykaon wird sogleich,
Der junge Prinz Arkadiens, erscheinen.

Prinz Friedrich von Homburg
(4. Akt, 3. und 4. Auftritt)

Entstehungszeit 1809/10, abgeschlossen im Sommer 1811. Quellen: Friedrich II., »Mémoires pour servir à l'histoire de la Maison de Brandebourg« (1751) und K. H. Krause, »Mein Vaterland unter den hohenzollerischen Regenten« (1803).

Der Prinz von Homburg ist der traumversonnene Held, der schlafwandelnd einherschreitet und, den Handschuh der Prinzessin Natalie in seiner Hand, den Befehl seines Kurfürsten überhört, nicht eher in die Schlacht einzugreifen, als die feindlichen Linien sich in Auflösung befinden. Doch der Prinz greift ein und geht (in der Version Kleists) als Sieger aus der Schlacht von Fehrbellin hervor. Die Nichteinhaltung der Ordre jedoch bedeutet für den Prinzen die Todesstrafe, die der Kurfürst aussprechen will. Im Gefängnis überbringt Natalie dem Prinzen einen Brief des Kurfürsten, der ihn freispricht, sofern er sich ins Unrecht gesetzt fühlt. Aber der Prinz kennt Gesetz und Staatsräson. Der innere Konflikt entsteht hier aus Gefühl, Gesetz und Noblesse. Die Zurückweisung der Begnadigung löst aber auch im Kurfürsten eine Läuterung aus. Er weicht von der Staatsnorm ab und entscheidet human. So kann im Schluß die geträumte Empfindung für den Prinzen Wirklichkeit werden. Dialektik bzw. Übereinstimmung von Personalität und Staat sind Kleists Modell für einen vollkommenen Staat.

Szene: Gefängnis des Prinzen.

DRITTER AUFTRITT

Der Prinz von Homburg hängt seinen Hut an die Wand, und läßt sich nachlässig auf ein, auf der Erde ausgebreitetes Kissen nieder.

Der Prinz von Homburg.
Das Leben nennt der Derwisch eine Reise,
Und eine kurze. Freilich! Von zwei Spannen
Diesseits der Erde nach zwei Spannen drunter.
Ich will auf halbem Weg mich niederlassen!
Wer heut sein Haupt noch auf der Schulter trägt,
Hängt es schon morgen zitternd auf den Leib,
Und übermorgen liegts bei seiner Ferse.
Zwar, eine Sonne, sagt man, scheint dort auch,
Und über buntre Felder noch, als hier:
Ich glaubs; nur schade, daß das Auge modert,
Das diese Herrlichkeit erblicken soll.

VIERTER AUFTRITT

Prinzessin Natalie tritt auf, geführt von dem Rittmeister, Graf Reuß. Hofdamen folgen. Ihnen voran tritt ein Läufer mit einer Fackel. – Der Prinz von Homburg.

Läufer. Durchlaucht, Prinzessin von Oranien!
Der Prinz von Homburg *(steht auf)*.
Natalie!
Läufer. Hier ist sie selber schon.
Natalie *(verbeugt sich gegen den Grafen)*.
Laßt uns auf einen Augenblick allein!
(Graf Reuß und der Läufer ab.)
Der Prinz von Homburg.
Mein teures Fräulein!
Natalie. Lieber, guter Vetter!
Der Prinz von Homburg *(führt sie vor)*.
Nun sagt, was bringt Ihr? Sprecht! Wie stehts mit mir?

Natalie. Gut. Alles gut. Wie ich vorher Euch sagte,
Begnadigt seid Ihr, frei; hier ist ein Brief,
Von seiner Hand, der es bekräftiget.
Der Prinz von Homburg.
Es ist nicht möglich! Nein! Es ist ein Traum!
Natalie. Lest, lest den Brief! So werdet Ihrs erfahren.
Der Prinz von Homburg *(liest).*
»Mein Prinz von Homburg, als ich Euch gefangen setzte,
Um Eures Angriffs, allzufrüh vollbracht,
Da glaubt ich nichts, als meine Pflicht zu tun;
Auf Euren eignen Beifall rechnet ich.
Meint Ihr, ein Unrecht sei Euch widerfahren,
So bitt ich, sagts mir mit zwei Worten –
Und gleich den Degen schick ich Euch zurück.«
(Natalie erblaßt. Pause. Der Prinz sieht sie fragend an.)
Natalie *(mit dem Ausdruck plötzlicher Freude).*
Nun denn, da stehts! Zwei Worte nur bedarfs –!
O lieber süßer Freund! *(Sie drückt seine Hand.)*
Der Prinz von Homburg. Mein teures Fräulein!
Natalie. O sel'ge Stunde, die mir aufgegangen! –
Hier, nehmt, hier ist die Feder; nehmt, und schreibt!
Der Prinz von Homburg.
Und hier die Unterschrift?
Natalie. Das F; sein Zeichen! –
O Bork! O freut euch doch! – O seine Milde
Ist uferlos, ich wußt es, wie die See. –
Schafft einen Stuhl nur her, er soll gleich schreiben.
Der Prinz von Homburg.
Er sagt, wenn ich der Meinung wäre –?
Natalie *(unterbricht ihn).* Freilich!
Geschwind! Setzt Euch! Ich will es Euch diktieren.
(Sie setzt ihm einen Stuhl hin.)
Der Prinz von Homburg.
– Ich will den Brief noch einmal überlesen.
Natalie *(reißt ihm den Brief aus der Hand).*
Wozu? – Saht Ihr die Gruft nicht schon im Münster,

Mit offnem Rachen, Euch entgegengähn'n? –
Der Augenblick ist dringend. Sitzt und schreibt!

Der Prinz von Homburg *(lächelnd).*
Wahrhaftig, tut Ihr doch, als würde sie
Mir, wie ein Panther, übern Nacken kommen.
(Er setzt sich, und nimmt eine Feder.)

Natalie *(wendet sich und weint).*
Schreibt, wenn Ihr mich nicht böse machen wollt!
(Der Prinz klingelt einem Bedienten; der Bediente tritt auf.)

Der Prinz von Homburg.
Papier und Feder, Wachs und Petschaft mir!
(Der Bediente nachdem er diese Sachen zusammengesucht, geht wieder ab. Der Prinz schreibt. – Pause.)

Der Prinz von Homburg *(indem er den Brief, den er angefangen hat, zerreißt und unter den Tisch wirft).*
Ein dummer Anfang. *(Er nimmt ein anderes Blatt.)*

Natalie *(hebt den Brief auf).*
Wie? Was sagtet Ihr? –
Mein Gott, das ist ja gut; das ist vortrefflich!

Der Prinz von Homburg *(in den Bart).*
Pah! – Eines Schuftes Fassung, keines Prinzen. –
Ich denk mir eine andre Wendung aus.
(Pause. – Er greift nach des Kurfürsten Brief, den die Prinzessin in der Hand hält.)
Was sagt er eigentlich im Briefe denn?

Natalie *(ihn verweigernd).*
Nichts, gar nichts!

Der Prinz von Homburg.
Gebt!

Natalie.
Ihr last ihn ja!

Der Prinz von Homburg *(erhascht ihn).*
Wenn gleich!
Ich will nur sehn, wie ich mich fassen soll.
(Er entfaltet und überliest ihn.)

Natalie *(für sich).*
O Gott der Welt! Jetzt ists um ihn geschehn!

Der Prinz von Homburg *(betroffen).*
Sieh da! Höchst wunderbar, so wahr ich lebe!
– Du übersahst die Stelle wohl?

Natalie. Nein! – Welche?

Der Prinz von Homburg.
Mich selber ruft er zur Entscheidung auf!

Natalie. Nun, ja!

Der Prinz von Homburg.
Recht wacker, in der Tat, recht würdig!
Recht, wie ein großes Herz sich fassen muß!

Natalie. O seine Großmut, Freund, ist ohne Grenzen!
– Doch nun tu auch das Deine du, und schreib,
Wie ers begehrt; du siehst, es ist der Vorwand,
Die äußre Form nur, deren es bedarf:
Sobald er die zwei Wort in Händen hat,
Flugs ist der ganze Streit vorbei!

Der Prinz von Homburg *(legt den Brief weg).*
Nein, Liebe!
Ich will die Sach bis morgen überlegen.

Natalie. Du Unbegreiflicher! Welch eine Wendung? –
Warum? Weshalb?

Der Prinz von Homburg *(erhebt sich leidenschaftlich vom Stuhl).* Ich bitte, frag mich nicht!
Du hast des Briefes Inhalt nicht erwogen!
Daß er mir unrecht tat, wies mir bedingt wird,
Das kann ich ihm nicht schreiben; zwingst du mich,
Antwort, in dieser Stimmung, ihm zu geben,
Bei Gott! so setz ich hin, du tust mir recht!

(Er läßt sich mit verschränkten Armen wieder an den Tisch nieder und sieht in den Brief.)

Natalie *(bleich).*
Du Rasender! Was für ein Wort sprachst du?
(Sie beugt sich gerührt über ihn.)

Der Prinz von Homburg *(drückt ihr die Hand).*
Laß, einen Augenblick! Mir scheint –
(Er sinnt.)

Natalie. Was sagst du?

Der Prinz von Homburg.
Gleich werd ich wissen, wie ich schreiben soll.

Natalie *(schmerzvoll).*
Homburg!

Der Prinz von Homburg *(nimmt die Feder).*
Ich hör! Was gibts?

Natalie. Mein süßer Freund!
Die Regung lob ich, die dein Herz ergriff.
Das aber schwör ich dir: das Regiment
Ist kommandiert, das dir Versenktem morgen,
Aus Karabinern, überm Grabeshügel,
Versöhnt die Totenfeier halten soll.
Kannst du dem Rechtsspruch, edel wie du bist,
Nicht widerstreben, nicht ihn aufzuheben,
Tun, wie ers hier in diesem Brief verlangt:
Nun so versichr' ich dich, er faßt sich dir
Erhaben, wie die Sache steht, und läßt
Den Spruch mitleidsvoll morgen dir vollstrecken!

Der Prinz von Homburg *(schreibend).*
Gleichviel!

Natalie. Gleichviel?

Der Prinz von Homburg.
Er handle, wie er darf;
Mir ziemts hier zu verfahren, wie ich soll!

Natalie *(tritt erschrocken näher).*
Du Ungeheuerster, ich glaub, du schriebst?

Der Prinz von Homburg *(schließt).*
»Homburg; gegeben, Fehrbellin, am zwölften –«;
Ich bin schon fertig. – Franz!
(Er kuvertiert und siegelt den Brief.)

Natalie. O Gott im Himmel!

Der Prinz von Homburg *(steht auf).*
Bring diesen Brief aufs Schloß, zu meinem Herrn!
(Der Bediente ab.)
Ich will ihm, der so würdig vor mir steht,

Nicht, ein Unwürdger, gegenüber stehn!
Schuld ruht, bedeutende, mir auf der Brust,
Wie ich es wohl erkenne; kann er mir
Vergeben nur, wenn ich mit ihm drum streite,
So mag ich nichts von seiner Gnade wissen.

Natalie *(küßt ihn).*
Nimm diesen Kuß! – Und bohrten gleich zwölf Kugeln
Dich jetzt in Staub, nicht halten könnt ich mich,
Und jauchzt und weint und spräche: du gefällst mir!
– Inzwischen, wenn du deinem Herzen folgst,
Ists mir erlaubt, dem meinigen zu folgen.
– Graf Reuß!

(Der Läufer öffnet die Tür; der Graf tritt auf.)

Graf Reuß. Hier!

Natalie. Auf, mit Eurem Brief,
Nach Arnstein hin, zum Obersten von Kottwitz!
Das Regiment bricht auf, der Herr befiehlts;
Hier, noch vor Mitternacht, erwart ich es!

(Alle ab.)

Weiterführende Leseliste

Die aus Märchen, Novelle und Roman ausgewählten Textbeispiele sind zentralen Werken entnommen, deren vollständige Lektüre empfohlen wird. Sie werden deshalb in dieser Rubrik nicht mehr einzeln aufgeführt. Genaue bibliographische Angaben hierzu im Quellenverzeichnis. Eigens zitiert werden die leicht zugänglichen Ausgaben von Reclams Universal-Bibliothek.

Achim von Arnim

Isabella von Ägypten. (E.) Nachwort von Werner Vordtriede. Stuttgart o. J. (Reclams UB Nr. 8894 [2].)

Der tolle Invalide auf dem Fort Ratonneau. Owen Tudor. (E.) Nachwort von Kurt Weigand. Stuttgart o. J. (Reclams UB Nr. 197.)

Die Majoratsherren. (E.) In: A. v. A., Sämtliche Romane und Erzählungen in drei Bänden. Hrsg. von Walther Migge. Bd. 3. München 1965.

Armut, Reichtum, Schuld und Buße der Gräfin Dolores. (R.) Ebenda, Bd. 1, 1962.

Clemens Brentano

Geschichte vom braven Kasperl und dem schönen Annerl. (E.) Stuttgart o. J. (Reclams UB Nr. 411.)

Gockel und Hinkel (Urfassung). (M.) Stuttgart o. J. (Reclams UB Nr. 450.)

Die mehreren Wehmüller und ungarischen Nationalgesichter. (E.) Nachwort von Detlev Lüders. Stuttgart o. J. (Reclams UB Nr. 8732.)

Ponce de Leon. (Lsp.) Hrsg. von Siegfried Sudhoff. Stuttgart 1968 u. ö. (Reclams UB Nr. 8542 [2].)

Die Rheinmärchen. In: C. B., Werke in vier Bänden. Bd. 3. Hrsg. von Friedhelm Kemp. München 1965.

Gedichte: Wiegenlied eines jammernden Herzen; Der Traum der Wüste; Wenn der Sturm das Meer umschlinget; Frühlingsschrei eines Knechtes aus der Tiefe; Verzweiflung an der Liebe in der Liebe. Ebenda, Bd. 1, 1968. Hrsg. von Wolfgang Frühwald, Bernhard Gajek u. Friedhelm Kemp. (Teilweise in: C. B., Gedichte. Auswahl und Nachwort von Paul Requadt. Stuttgart o. J. Reclams UB Nr. 8669.)

Joseph von Eichendorff

Aus dem Leben eines Taugenichts. (N.) Nachwort von Konrad Nußbächer. Stuttgart 1970 u. ö. (Reclams UB Nr. 2354.)

Das Marmorbild. Das Schloß Dürande. (N.) Stuttgart o. J. (Reclams UB Nr. 2365.)

Gedichte: Täuschung; Liebe in der Fremde; Wandernder Dichter; Die Zeit geht schnell; Dichterfrühling; Nachtlied; Prinz Rokoko; Weltlauf; Der alte Garten; Nachts (Ich wandre durch die stille Nacht). In: J. v. E., Werke. Hrsg. von Wolfdietrich Rasch. München 1959. (Teilweise in: J. v. E., Gedichte. Auswahl und Nachwort von Konrad Nußbächer. Stuttgart o. J. Reclams UB Nr. 7925 [2].)

E. T. A. Hoffmann

Meister Floh. (M.) Hrsg. von Wulf Segebrecht. Stuttgart 1970. (Reclams UB Nr. 365 [3].)

Nußknacker und Mausekönig. (M.) Mit einem Nachwort. Stuttgart o. J. (Reclams UB Nr. 1400.)

Rat Krespel. Die Fermate. Don Juan. (N.) Nachwort von Josef Kunz. Stuttgart 1970 u. ö. (Reclams UB Nr. 5274.)

Der Sandmann. Das öde Haus. (E.) Hrsg. von Manfred Wacker. Stuttgart 1969 u. ö. (Reclams UB Nr. 230.)

Die Brautwahl. (E.) In: E. T. A. H., Sämtliche Werke in fünf Einzelbänden. Hrsg. von Walter Müller-Seidel, Wolfgang Kron u. Wulf Segebrecht. München 1960 f. Bd. Die Serapionsbrüder, 1963.

Ritter Gluck. (E.) Ebenda, Bd. Fantasie- und Nachtstücke, 1964.

Klein Zaches genannt Zinnober. (E.) Ebenda, Bd. Späte Werke, 1965.

Heinrich von Kleist

Das Erdbeben in Chili. Das Bettelweib von Locarno. Die heilige Cäcilie. Über das Marionettentheater und andere Prosastücke. Stuttgart o. J. (Reclams UB Nr. 7670.)

Die Marquise von O... Die Verlobung in St. Domingo. (E.) Stuttgart o. J. (Reclams UB Nr. 1957.)

Michael Kohlhaas. (E.) Nachwort von Bruno Markwardt. Stuttgart o. J. (Reclams UB Nr. 218.)

Der zerbrochne Krug. (Lsp.) Stuttgart o. J. (Reclams UB Nr. 91.)

Ludwig Tieck

Der blonde Eckbert. Der Runenberg. Die Elfen. (M.) Nachwort von Konrad Nußbächer. Stuttgart o. J. (Reclams UB Nr. 7732.)

Die verkehrte Welt. In: L. T., Die Märchen aus dem Phantasus. Dramen. Hrsg. von Marianne Thalmann. München 1964.

Wilhelm Heinrich Wackenroder und Ludwig Tieck

Herzensergießungen eines kunstliebenden Klosterbruders. Nachwort von Richard Benz. Stuttgart o. J. (Reclams UB Nr. 7860 [2].)

Ausgewählte Forschungsliteratur

Allgemeine Literatur

(Siehe auch »Romantik I« unter Forschungsliteratur die Arbeiten von H. A. Korff, Wolfdietrich Rasch und Wolfgang Baumgart.)

Konrad, Gustav: Neue Themen der Romantikforschung. In: Welt und Wort 25 (1970) S. 240–242.

Lukács, Georg: Die Theorie des Romans. Neuwied 1971. (Sammlung Luchterhand 36.)

Lukács, Georg: Walter Scott. Aus: Der historische Roman. In: G. L., Literatursoziologie. Ausgewählt und eingeleitet von Peter Ludz. Neuwied [4]1970. S. 419–451.

Müller, Joachim: Romantikforschung. In: Der Deutschunterricht 15 (1963) Beilage zu H. 4 und 17 (1965) Beilage zu H. 5.

Robertson, J. G. u. Edna Purdie: Das 19. Jahrhundert bis zu den Anfängen des Naturalismus (1800–1890). Kap. 1–5. In: J. G. R. u. E. P., Geschichte der deutschen Literatur. Göttingen 1968. S. 344–405.

Roisch, Ursula: Analyse einiger Tendenzen der westdeutschen bürgerlichen Romantikforschung seit 1945. In: Weimarer Beiträge 16 (1970) S. 52–81.

Zu einzelnen romantischen Darbietungsformen

Bausinger, Hermann: ›Historisierende‹ Tendenzen im deutschen Märchen seit der Romantik. In: Wirkendes Wort 10 (1960) S. 279–286.

Böckmann, Paul: Deutsche Lyrik im 19. Jahrhundert. In: Formkräfte der deutschen Dichtung vom Barock bis zur Gegenwart. Hrsg. von Hans Steffen. Göttingen 1963. S. 165–186.

Buchmann, Rudolf: Helden und Mächte des romantischen Kunstmärchens. Leipzig 1910.

Heinisch, Klaus Joachim: Deutsche Romantik. Interpretationen. Paderborn 1966.

Klotz, Volker: Weltordnung im Märchen. In: Neue Rundschau (1970) H. 1. S. 73–91.

Kluge, Gerhard: Das Lustspiel in der deutschen Romantik. In:

Das deutsche Lustspiel. Hrsg. von Hans Steffen. Göttingen 1968. Bd. 1. S. 181–203.

Lüthi, Max: Märchen. Stuttgart [3]1968. (Sammlung Metzler M 16.)

Moser, Hugo: Sage und Märchen in der deutschen Romantik. In: Die deutsche Romantik. Hrsg. von Hans Steffen. Göttingen 1967. S. 253–266.

Müller-Seidel, Walter: Nachwort zu: Klassische deutsche Dichtung. Bd. 18. Lyrik. Hrsg. von Fritz Martini u. Walter Müller-Seidel. Freiburg i. Br. 1969. S. 760–784.

Schmidt, Peter: Romantisches Drama. Zur Theorie eines Paradoxons. In: Deutsche Romantheorien. Hrsg. von Reinhold Grimm. Frankfurt a. M. 1971. Bd. 1. S. 245–269.

Schmidt-Henkel, Gerhard: Anfang und Wiederkehr. Romananfänge und Romanschlüsse der deutschen Romantik. In: Romananfänge. Versuch zu einer Poetik des Romans. Hrsg. von Norbert Miller. Berlin 1965. S. 92–134.

Sengle, Friedrich: Der romantische Beitrag zur Entwicklung des Geschichtsdramas. In: F. S., Das historische Drama in Deutschland. Geschichte eines literarischen Mythos. Stuttgart [2]1969. S. 68–106.

Steffen, Hans: Märchendichtung in Aufklärung und Romantik. In: Formkräfte der deutschen Dichtung. Hrsg. von H. St. Göttingen 1963. S. 100–123.

Thalmann, Marianne: Das Märchen und die Moderne. Zum Begriff der Surrealität im Märchen der Romantik. Stuttgart 1961.

(Über die Märchen siehe auch Literatur bei Wackenroder, Novalis, Tieck, Brentano, E. T. A. Hoffmann.)

Zu den einzelnen Autoren

Achim von Arnim

Göres, Jörn: Das Verhältnis von Historie und Poesie in der Erzählkunst Achim von Arnims. Heidelberg, Phil. Diss. 1957.

Knaack, Jürgen: Achim von Arnim – Nicht nur Poet. Die politische Anschauung Arnims in ihrer Entwicklung. Darmstadt 1976.

Neumann, Peter Horst: Legende, Sage und Geschichte in Achim von Arnims ›Isabella von Ägypten‹. In: Jahrbuch der Deutschen Schillergesellschaft 12 (1968) S. 296–317.

Offermanns, Ernst-Ludwig: Der universale romantische Gegenwartsroman Achim von Arnims: ›Die Gräfin Dolores‹. Zur Struktur und ihren geistesgeschichtlichen Voraussetzungen. Köln, Phil. Diss. 1959.

Paulin, Roger: Gryphius' ›Cardenio und Celinde‹ und Arnims ›Halle und Jerusalem‹. Eine vergleichende Untersuchung. Tübingen 1968.

Rasch, Wolfdietrich: Achim von Arnims Erzählkunst. In: Der Deutschunterricht 7 (1955) H. 2. S. 38–55. (U. a. Einquartierung im Pfarrhaus.)

Riebe, Harald: Erzählte Welt. Interpretationen zur dichterischen Prosa Achim von Arnims. Göttingen, Phil. Diss. 1952.

Vordtriede, Werner: Nachwort. In: A. v. A., Isabella von Ägypten. Stuttgart o. J. (Reclams UB Nr. 8894 [2].)

Vordtriede, Werner: Achim von Arnims ›Kronenwächter‹. In: Neue Rundschau 73 (1962) S. 136–145. Wiederabgedruckt in: Deutsche Romane von Grimmelshausen bis Musil. Hrsg. von Jost Schillemeit. Frankfurt a. M.: S. Fischer 1966. (Interpretationen 3.) S. 155–163.

Wiese, Benno von: Achim von Arnim, Der tolle Invalide auf dem Fort Ratonneau. In: B. v. W., Die deutsche Novelle von Goethe bis Kafka. Bd. 2. Düsseldorf 1962. S. 71–86.

Bonaventura

Brinkmann, Richard: Nachtwachen von Bonaventura. Kehrseite der Frühromantik? In: Die deutsche Romantik. Hrsg. von Hans Steffen. Göttingen 1967. S. 134–158.

Paulsen, Wolfgang: Nachwort. In: Bonaventura, Nachtwachen. Hrsg. von W. P. Stuttgart 1964 u. ö. (Reclams UB Nr. 8926 [2].) S. 163–178.

Schillemeit, Jost: Bonaventura, der Verfasser der ›Nachtwachen‹. München 1973.

Clemens Brentano

Arntzen, Helmut: Das Spiel der Maskierten. Brentanos ›Ponce de Leon‹. In: H. A., Die ernste Komödie. Das deutsche Lustspiel von Lessing bis Kleist. München 1968. S. 156–168.

Enzensberger, Hans Magnus: Brentanos Poetik. München 1961.

Mahl, Ilse: Der Prosastil in den Märchen Brentanos. Berlin 1931. (Nachdruck: Nendelen/Lichtenstein 1967.)

Mennemeier, Franz Norbert: Rückblick auf Brentanos ›Godwi‹. Ein Roman ohne Tendenz. In: Wirkendes Wort 1 (1966) S. 24–33.

Migge, Walther: Clemens Brentanos Leitmotive seiner Existenz. Pfullingen 1968.

Killy, Walther: Gemüterregungskunst. Clemens Brentano. In: W. K., Wandlungen des lyrischen Bildes. Göttingen 1958. S. 53–72.

Adelbert von Chamisso

Hoffmann, Volker: Drücken, unterdrücken – drucken. Zum Neubeginn von Chamissos politischer Lyrik anhand eines ersten Briefes an Uhland. In: Jahrbuch der Deutschen Schillergesellschaft 20 (1976) S. 38–86.

Loeb, Ernst: Symbol und Wirklichkeit im Schlemihl. In: Germanisch-Romanische Monatsschrift 4 (1965) S. 398–408.

Wiese, Benno von: Adelbert von Chamisso, ›Peter Schlemihls wundersame Geschichte‹. In: B. v. W., Die deutsche Novelle von Goethe bis Kafka. Bd. 1. Düsseldorf 1956. S. 97–116.

Joseph von Eichendorff

Adorno, Theodor W.: Zum Gedächtnis Eichendorffs. In: Th. W. A., Noten zur Literatur. Frankfurt a. M. 1958. S. 105–143.

Bormann, Alexander von: Natura loquitur. Naturpoesie und emblematische Formel bei Joseph von Eichendorff. Tübingen 1968.

Emrich, Wilhelm: Eichendorff, Skizze einer Ästhetik der Geschichte. In: W. E., Protest und Verheißung. Frankfurt a. M. 1960. S. 11–24.

Emrich, Wilhelm: Dichtung und Gesellschaft bei Eichendorff. In: W. E., Protest und Verheißung. Frankfurt a. M. 1960. S. 104–110.

Killy, Walther: Ahnung und Gegenwart. In: W. K., Wirklichkeit und Kunstcharakter. Neun Romane des 19. Jahrhunderts. München 1963. S. 36–58.

Lämmert, Eberhard: Eichendorffs Wandel unter den Deutschen. In: Die deutsche Romantik. Hrsg. von Hans Steffen. Göttingen 1967. S. 219–252.

Offermanns, Ernst L.: Eichendorffs Roman ›Dichter und ihre Gesellen‹. In: Literaturwissenschaft und Geschichtsphilosophie. Hrsg. von Helmut Arntzen, Bernd Balzer u. a. Berlin 1975. S. 373–387.

Pörnbacher, Hans: Eichendorff als Beamter. Dargestellt aufgrund bisher unbekannter Akten. Frankfurt a. M., Phil. Diss. 1963.

Rehm, Walther: Prinz Rokoko im alten Garten. Eine Eichendorff-Studie. In: Jahrbuch des Freien Deutschen Hochstifts 1962. S. 97–207.

Schnebel, Dieter: Sprache als Musik in der Musik (Analyse eines Schumann-Liedes. Eichendorffs ›Zwielicht‹). In: Schweizer Monatshefte 6 (1966) S. 560–563.

Stöcklein, Paul: Joseph von Eichendorff in Selbstzeugnissen und Bilddokumenten. Reinbek bei Hamburg 1963. (Rowohlts Monographien 84.)

E. T. A. Hoffmann

Fühmann, Franz: E. T. A. Hoffmann. In: Sinn und Form 28 (1976) H. 3. S. 480–498.

Martini, Fritz: Die Märchendichtungen E. T. A. Hoffmanns. In: Der Deutschunterricht 7 (1955) H. 2. S. 56–78.

Mayer, Hans: Die Wirklichkeit E. T. A. Hoffmanns. In: H. M., Von Lessing bis Thomas Mann. Pfullingen 1959. 198–246.

Meyer, Herman: Der Sonderling in der deutschen Dichtung. München 1963.

Meyer, Herman: Das Zitat in der Erzählkunst. Zur Geschichte und Poetik des europäischen Romans. Stuttgart 1961. S. 114 bis 134.

Mühlher, Robert: Leitmotiv und dialektischer Mythos in E. T. A. Hoffmanns ›Der goldene Topf‹. In: Mitteilungen der E. T. A. Hoffmann-Gesellschaft 2/3 (1940) S. 65–96.

Prang, Helmut (Hrsg.): E. T. A. Hoffmann. Darmstadt 1976.

Rotermund, Erwin: Musikalische und dichterische Arabeske bei E. T. A. Hoffmann. In: Poetica 2 (1968) S. 48–69.

Segebrecht, Wulf: Autobiographie und Dichtung. Eine Studie zum Werk E. T. A. Hoffmanns. Stuttgart 1967.

Segebrecht, Wulf: E. T. A. Hoffmanns Auffassung vom Richteramt und vom Dichterberuf. Mit unbekannten Zeugnissen aus Hoffmanns juristischer Tätigkeit. In: Jahrbuch der Deutschen Schillergesellschaft 11 (1967) S. 62–138.

Singer, Herbert: Kater Murr. In: Der deutsche Roman vom Barock bis zur Gegenwart. Struktur und Geschichte. Hrsg. von Benno von Wiese. Bd. 1. Düsseldorf 1963. S. 301–328.

Heinrich von Kleist

Best, Otto F.: Schuld und Vergebung. Zur Rolle von Wahrsagerin und ›Amulett‹ in Kleists ›Michael Kohlhaas‹. In: Germanisch-Romanische Monatsschrift NF. 20 (1970) S. 180–189.

Binder, Wolfgang: Ironischer Idealismus. Kleists unwillige Zeitgenossenschaft. In: Weimarer Beiträge (Aufschlüsse) 1976. S. 311 bis 329.

Conrady, Karl Otto: Kleists ›Erdbeben in Chili‹. Ein Interpretationsversuch. In: Germanisch-Romanische Monatsschrift NF. 4 (1954) S. 185–195.

Fricke, Gerhard: Penthesilea. In: Das deutsche Drama vom Barock bis zur Gegenwart. Hrsg. von Benno von Wiese. Bd. 1. Düsseldorf 1958. S. 363–384.

Mayer, Hans: Heinrich von Kleist. Der geschichtliche Augenblick. In: H. M., Zur deutschen Klassik und Romantik. Pfullingen 1963. S. 185–242.

Müller-Seidel, Walter: Die Struktur des Widerspruchs in Kleists ›Marquise von O.‹ In: Deutsche Vierteljahrsschrift für Literaturwissenschaft und Geistesgeschichte 28 (1954) S. 497–515.

Müller-Seidel, Walter: Versehen und Erkennen. Eine Studie über Heinrich von Kleist. Köln u. Graz 1961.

Müller-Seidel, Walter: Kleists Weg zur Dichtung. In: Die deutsche Romantik. Hrsg. von Hans Steffen. Göttingen 1967. S. 112 bis 133.

Sieck, Albrecht: Kleists Penthesilea. Versuch einer neuen Interpretation. Bonn 1976.

Wittkowski, Wolfgang: Weltdialektik und Weltüberwindung. Zur Dramaturgie Kleists. In: Deutsche Dramentheorien. Hrsg. von Reinhold Grimm. Frankfurt a. M. 1971. Bd. 1. S. 270 bis 292.

Novalis

(Siehe Marianne Thalmann: Das Märchen und die Moderne sowie Forschungsliteratur »Romantik I«.)

Beck, Hans-Joachim: Friedrich von Hardenberg. Oeconomie des Styls. Die Wilhelm Meister-Rezeption im Heinrich von Ofterdingen. Bonn 1976.

Kohlschmidt, Werner: Der Wortschatz der Innerlichkeit bei Novalis. In: W. K., Form und Innerlichkeit. Beiträge zur Geschichte und Wirkung der deutschen Klassik und Romantik. München 1955. S. 120–156.

Samuel, Richard: Novalis: ›Heinrich von Ofterdingen‹. In: Der deutsche Roman vom Barock bis zur Gegenwart. Struktur und Geschichte. Hrsg. von Benno von Wiese. Bd. 1. Düsseldorf 1963. S. 252–300.

Ludwig Tieck

(Siehe Marianne Thalmann: Das Märchen und die Moderne.)

Anger, Alfred: Nachwort. In: Ludwig Tieck, Franz Sternbalds Wanderungen. Studienausgabe. Hrsg. von A. A. Stuttgart 1966. u. ö. (Reclams UB Nr. 8715 [7].) S. 543–583.

Geulen, Hans: Zeit und Allegorie im Erzählvorgang von Ludwig Tiecks Roman ›Franz Sternbalds Wanderungen‹. In: Germanisch-Romanische Monatsschrift 18 (1968) S. 281–298.

Hinck, Walter: Das deutsche Lustspiel des 17. und 18. Jahrhunderts und die italienische Komödie. Stuttgart 1965. S. 386 bis 394 (über Tieck).

Kohlschmidt, Werner: Der junge Tieck und Wackenroder. In: Die deutsche Romantik. Hrsg. von Hans Steffen. Göttingen 1967. S. 30–44.

Kreuzer, Helmut: Nachwort. In: Ludwig Tieck, Der gestiefelte Kater. Hrsg. von H. K. Stuttgart 1964 u. ö. (Reclams UB Nr. 8916.) S. 66–80.

Segebrecht, Wulf (Hrsg.): Ludwig Tieck. Darmstadt 1976.

Szondi, Peter: Über Tiecks Komödien. In: P. S., Satz und Gegensatz. Frankfurt a. M. 1964. S. 18–24.

Synoptische Tabelle

	Literatur	*Geschichte*	*Künste, Wissenschaft und Technik*
1789	Goethe: Tasso (Dr.) Schiller: Die Götter Griechenlands (G.) Schiller: Was heißt und zu welchem Ende studiert man Universalgeschichte	Französische Revolution	Wasser in Wasserstoff und Sauerstoff zerlegt
1794	Fichte: Grundlage der gesamten Wissenschaftslehre	Robespierre wird hingerichtet Preußisches Allgemeines Landrecht in Kraft	J. G. Schadow: Viktoria mit Viergespann (für das Brandenburger Tor)
1795	Goethe: Unterhaltungen deutscher Ausgewanderten; Wilhelm Meisters Lehrjahre (II. Teil 1796) Schiller: Über die ästhetische Erziehung des Menschen L. Tieck: Geschichte des Herrn William Lovell (R.)	Direktorium in Paris Sonderfriede von Basel (Rückkehr Preußens zur frankophilen Politik) Dritte polnische Teilung zwischen Österreich und Preußen	Beethoven: Drei Klaviertrios (Op. 1)
1796	Jean Paul: Siebenkäs (R.)		Chr. W. Hufeland: Makrobiotik oder die Kunst, sein Leben zu verlängern

1797	W. H. Wackenroder: Herzensergießungen F. Schelling: Ideen zu einer Philosophie der Natur L. Tieck: Volksmärchen (darin u. a. Ritter Blaubart; Der gestiefelte Kater; Der blonde Eckbert) F. Hölderlin: Hyperion (Buch I u. II) Goethe/Schiller: Xenien H. Heine geb.	Friede von Campo Formio (nach Bonapartes Feldzug in Italien 1796) Österreich akzeptiert gegenüber Frankreich die Rheingrenze	
1798	F. u. A. W. Schlegel begründen Athenäum L. Tieck: Franz Sternbalds Wanderungen F. Schelling: Von der Weltseele F. Schlegel: Fragmente Novalis: Blütenstaub-Fragmente F. Schlegel: Über Goethes Meister Jean Paul: Titan (R.) W. H. Wackenroder gest.	Der Koalitionskrieg gegen Frankreich (bis 1801) Bonaparte in Ägypten	Haydn: Die Schöpfung (Orat.) H. Cavendish mißt direkt Gravitation und Erddichte
1799	F. Schleiermacher: Reden über die Religion F. Hölderlin: Hyperion (Buch III u. IV)	Napoleon Bonaparte stürzt Direktorium, wird Erster Konsul G. Washington, 1. Präsident der USA, gest.	Erste Dampfmaschine in Berlin A. v. Humboldts Forschungsreise nach Mittel- und Südamerika (bis 1804)

	W. H. Wackenroder: Phantasien über die Kunst für Freunde der Kunst Novalis: Die Christenheit oder Europa (1802 posthum ersch.) F. Schlegel: Lucinde (R.)		L. v. Beethoven: 1. Sinfonie C-Dur
1800	Novalis: Hymnen an die Nacht J. G. Fichte: Die Bestimmung des Menschen F. Schleiermacher: Monologen F. Schlegel: Gespräch über die Poesie; Über die Unverständlichkeit	England besetzt Malta, die Folge: Solidarisierung Europas gegen England und dadurch zugleich Abwendung von der Französischen Revolution Soziale Reformen in einer englischen Baumwollspinnerei	A. Volta entdeckt erstes elektrisches Element F. W. Herschel entdeckt Wärmestrahlen des Sonnenspektrums
1801	Schiller: Die Jungfrau von Orleans. Eine romantische Tragödie C. Brentano: Godwi (R.) Novalis gest. A. W. Schlegel: Charakteristiken und Kritiken; Vorlesungen über schöne Kunst und Literatur F. Hölderlin: Späte Lyrik	Friede von Lunéville zwischen Österreich, dem Reich und Frankreich. Rhein als Grenze. Die linksrheinischen deutschen Fürsten sollen rechtsrheinisch unter franz. Aufsicht entschädigt werden	J. W. Ritter entdeckt ultraviolette Strahlen K. F. Gauß gibt Werk über Zahlentheorie heraus
1802	Novalis: Heinrich von Ofterdingen (R., posthum ersch.) F. R. Chateaubriant: Der Geist des Christentums Hölderlin wird geisteskrank	Napoleon lebenslänglich zum Konsul ernannt	L. v. Beethoven: Heiligenstädter Testament

1803	A. W. Schlegel: Über Literatur, Kunst und Geist des Zeitalters F. G. Klopstock gest.	Säkularisierung geistlichen Besitzes durch Reichsdeputationshauptschluß	
1804	Nachtwachen von Bonaventura C. Brentano: Ponce de Leon (Lsp.) L. Tieck: Kaiser Octavianus (Lsp.) Jean Paul: Vorschule der Ästhetik; Flegeljahre (R.) I. Kant gest. E. Mörike geb.	Bonaparte wird franz. Kaiser, Napoleon I. K. A. v. Hardenberg preuß. Außenminister Frhr. vom Stein in der preuß. Regierung Code Civil Napoléon in franz. Herrschaftsbereich eingeführt	Pestalozzi: Erziehungs- und Lehrerbildungsanstalt in Yverdon
1805	A. Stifter geb. Schiller gest.	Napoleon besiegt Österreich und Rußland in der Schlacht bei Austerlitz	K. F. Schinkel nach Berlin berufen F. Sertürner entdeckt das Morphium
1806	Arnim/Brentano: Des Knaben Wunderhorn (entst. 1805) E. M. Arndt: Geist der Zeit (bis 1818)	Sieg Napoleons bei Jena und Auerstedt über Preußen und Rußland Deutsche Fürsten im »Rheinbund« unter Napoleon gegen Österreich und Preußen Kaiser Franz II. legt Kaiserkrone nieder, damit Ende des »Heiligen Römischen Reiches Deutscher Nation«	J. F. Herbart: Allgemeine Pädagogik Ph. O. Runge: Meine Eltern (Gem.); Die vier Jahreszeiten (Rad.)

1807	J. Görres: Die teutschen Volksbücher H. v. Kleist: Erdbeben in Chili (N.) F. Schelling: Über das Verhältnis der bildenden Künste zu der Natur	Friede von Tilsit (zwischen Frankreich, Rußland, Preußen) Napoleon gründet Königreich Westfalen und Herzogtum Warschau Erbuntertänigkeit für Bauern und Adelsvorrechte in Preußen durch den Frhrn. vom Stein abgeschafft.	
1808	J. G. Fichte: Reden an die deutsche Nation Goethe: Faust I G. H. Schubert: Ansichten von der Nachtseite der Naturwissenschaft A. v. Arnim: Zeitung für Einsiedler Kleist: Penthesilea (Dr.)	Wellington siegt in Spanien über Napoleon Städteordnung mit Selbstverwaltung durch den Frhrn. vom Stein; auf Verlangen Napoleons entlassen	Erster Telegraph Ph. O. Runge: Der Morgen (Gem.) C. D. Friedrich: Kreuz im Gebirge (Gem.) L. v. Beethoven: 5. u. 6. Sinfonie
1809	F. Schlegel: Österreichische Zeitung (darin: Über eine merkwürdige Verteidigungsschrift der franz. Grundsätze) A. W. Schlegel: Über dramatische Kunst und Literatur F. Schlegel: Von der Sprache und Weisheit der Inder	Napoleon als Sieger in Wien A. Hofer besiegt im Tiroler Aufstand General Lefebvre	C. D. Friedrich: Mönch am Meer (Gem.) L. v. Beethoven: Klavierkonzert Nr. 5, Es-Dur W. v. Humboldt preuß. Unterrichtsminister J. Haydn gest.

	H. v. Kleist: Prinz von Homburg (abgeschl. 1811) Goethe: Pandora (Festsp.); Die Wahlverwandtschaften (R.) Jean Paul: Dr. Katzenbergers Badereise (R.)		
1810	H. v. Kleist: Käthchen von Heilbronn (Dr.); Erzählungen (bis 1811) A. v. Arnim: Armut, Reichtum, Schuld und Buße der Gräfin Dolores (E.) Z. Werner: Der 24. Februar (Dr.) Mme. de Staël: Deutschland J. Görres: Mythengeschichte der asiatischen Welt	K. A. v. Hardenberg setzt als Nachfolger des Frhrn. vom Stein dessen Reformen fort. Gewerbefreiheit und allgemeine Gewerbesteuer in Preußen	Gründung der Christlich-deutschen Tischgesellschaft (Arnim, Fouqué, Kleist u. a.) L. v. Beethoven: Musik zu Egmont S. Hahnemann begründet die Homöopathie
1811	H. v. Kleist: Der zerbrochne Krug (K.) H. v. Kleists Selbstmord F. de la Motte Fouqué: Undine (M.) A. v. Arnim: Halle und Jerusalem (Dr.) J. v. Eichendorff: Ahnung und Gegenwart (R.; ersch. 1815)	Gründung der Krupp-Werke in Essen Aufhebung der Zünfte und des Frondienstes durch K. A. v. Hardenberg	J. G. Fichte erster Rektor der Universität Berlin

1812	A. v. Arnim: Isabella von Ägypten. Vier Novellen Brüder Grimm: Kinder- und Hausmärchen L. Tieck: Phantasus C. Brentano: Romanzen vom Rosenkranz (seit 1803)	Rußlandfeldzug Napoleons; Brand Moskaus; Napoleon flieht nach Paris Arbeiter zerstören Textilmaschinen in England	L. v. Beethoven: 7. u. 8. Sinfonie
1813	G. Büchner geb. F. Hebbel geb. Chr. M. Wieland gest. S. Kierkegaard geb.	Deutscher Befreiungskrieg gegen Napoleon; Völkerschlacht bei Leipzig. Ende des Rheinbundes	A. Koch: Wasserfälle bei Subiaco (Gem.) R. Wagner geb.
1814	W. Scott: Waverly (R.) E. T. A. Hoffmann: Fantasiestücke in Callots Manier (darin: Ritter Gluck; Nachricht von den neuesten Schicksalen des Hundes Berganza; Der goldne Topf) A. v. Chamisso: Peter Schlemihl G. H. Schubert: Die Symbolik des Traumes F. Rückert: Deutsche Gedichte	Pariser Friede; Napoleon nach Elba verbannt Wiener Kongreß Allgemeine Wehrpflicht in Preußen	F. Schubert: Gretchen am Spinnrad (Lied) Rahel Levin (verh. mit Karl August Varnhagen von Ense) Mittelpunkt eines schöngeistigen Salons in Berlin
1815	K. W. F. Solger: Erwin. Vier Gespräche über das Schöne und die Kunst C. Brentano: Die Gründung Prags (Dr.) L. Uhland: Gedichte	Napoleon kehrt nach Paris zurück; von Blücher und Wellington bei Waterloo endgültig besiegt Zweiter Pariser Friede; Napoleon nach St. Helena verbannt	C. D. Friedrich: Hafen von Greifswald (Gem.)

	E. T. A. Hoffmann: Die Elixiere des Teufels (R.)		
1816	L. Tieck: Phantasus (Abschluß der dreibd. Sammlung) P. B. Shelley: Alastor oder der Geist der Einsamkeit (Ged.)	Großherzog Karl August von Sachsen-Weimar gibt seinem Land als erstem deutschen eine Verfassung	F. Schubert: 4. (Die Tragische) u. 5. Sinfonie L. v. Klenze baut Glyptothek in München (bis 1830) »Rheinischer Merkur« verboten (von J. Görres seit 1814 hrsg.) H. W. Brandes: Erste Wetterkarten
1817	L. Uhland: Vaterländische Gedichte E. T. A. Hoffmann: Nachtstücke C. Brentano: Geschichte vom braven Kasperl und dem schönen Annerl A. v. Arnim: Die Kronenwächter (R.); Die Einquartierung im Pfarrhaus. Eine Erzählung aus dem letzten Kriege J. G. Fichte: Die Tatsachen des Bewußtseins	Wartburgfest der deutschen Burschenschaften	G. W. F. Hegel: Enzyklopädie der philosophischen Wissenschaft K. F. Schinkel: Italienische Landschaft (Gem.)
1818	C. Brentano: Chronika des fahrenden Schülers (E.) A. v. Arnim: Der tolle Invalide auf dem Fort Ratonneau (E.)	Bayern und Baden erhalten Verfassung (Volksvertretung in 2 Kammern)	K. Marx geb.

1819	J. v. Eichendorff: Das Marmorbild (N.) Goethe: West-östlicher Divan E. T. A. Hoffmann: Die Serapionsbrüder (En.; bis 1821) J. Grimm: Deutsche Grammatik (4 Bde. bis 1834) J. Görres: Teutschland und die Revolution	Karlsbader Beschlüsse: Zensur für Zeitungen und alle Schriften unter 20 Druckbogen, Verbot der Burschenschaften, Entlassung revolutionär gesinnter Lehrkräfte In Württemberg einigt sich der König mit den Ständen über eine Verfassung	Th. Géricault: Das Floß der Medusa (Gem.) R. Schumann: Klavierquintett A-Dur
1820	E. T. A. Hoffmann: Lebens-Ansichten des Katers Murr (entst. 1818–21) A. v. Arnim: Die Majoratsherren (E.) W. Scott: Ivanhoe (R.)	In Wien wird die versprochene Verfassung verweigert	A. M. Ampère entdeckt Kraftwirkung zwischen elektrischen Strömen
1821			K. F. Schinkel: Schauspielhaus in Berlin C. M. v. Weber: Der Freischütz (O.)
1822	E. T. A. Hoffmann: Meister Floh (E.) E. T. A. Hoffmann gest. W. v. Humboldt: Über das vergleichende Sprachstudium F. Grillparzer: Das goldene Vlies (Trsp.)	Griechenland, unterstützt durch europäische Freischaren, erklärt Unabhängigkeit von Türkei	C. D. Friedrich: Mondaufgang am Meer (Gem.) Erste Versammlung deutscher Naturforscher und Ärzte in Leipzig A. M. Ampère entdeckt Molekularströme

1823		Revolution in Spanien mit franz. Hilfe niedergeschlagen Verkündigung der Monroe-Doktrin in den USA: Amerika den Amerikanern	L. v. Beethoven: 9. Sinfonie F. G. Waldmüller: Beethoven (Gem.) F. Schubert: Die schöne Müllerin (Liederzyklus)
1824			C. D. Friedrich: Vor Sonnenaufgang im Gebirge (Gem.) Th. Géricault, franz. Maler, gest.
1825	F. Grillparzer: König Ottokar (Dr.)	Ludwig I. König von Bayern	J. L. David, franz. Maler, gest. Gründung der ersten deutschen Technischen Hochschule in Karlsruhe
1826	J. v. Eichendorff: Aus dem Leben eines Taugenichts (N.) W. Hauff: Mitteilungen aus den Memoiren des Satans (R.) J. Kerner: Gedichte L. Uhland und G. Schwab geben Hölderlins Gedichte heraus H. Heine: Reisebilder; Harzreise (Zeitschriftenabdruck) A. v. Platen: Die verhängnisvolle Gabel (Parodie auf Z. Werner u. A. Müllner) J. F. Cooper: The last of the Mohicans (E.)		K. F. Schinkel: Schlösser Charlottenhof und Klein-Glienicke (Potsdam) Gasbeleuchtung Unter den Linden in Berlin J. H. Pestalozzi: Lebensschicksale (Autobiogr.)

	F. R. Chateaubriand: Les Aventures du dernier Abencérages (E.) J. H. Voß gest.		
1027	Goethe prägt in den Gesprächen mit Eckermann den Begriff Weltliteratur H. Heine: Buch der Lieder Chr. D. Grabbe: Scherz, Satire, Ironie und tiefere Bedeutung (Lsp.)		L. v. Beethoven gest. F. Schubert: Die Winterreise (Liederzyklus)
1828	Briefwechsel Goethe–Schiller erschienen	Karl August von Weimar gest. Gründung des Mitteldeutschen Handelsvereins der Kleinstaaten gegen Preußen und Abschluß eines Zollvertrages zwischen Preußen, Hessen, Bayern und Württemberg	Gründung des Verlages Philipp Reclam jun. in Leipzig K. F. Schinkel: Altes Museum in Berlin F. Schubert gest.
1829	Goethe: Wilhelm Meisters Wanderjahre (R.) Chr. D. Grabbe: Don Juan und Faust (Dr.) W. Grimm: Die deutsche Heldensage F. Schlegel gest.		Deutsches Archäologisches Institut in Rom gegründet

1837	J. v. Eichendorff: Gedichte (erste von ihm zusammengest. Sammlung); Das Schloß Dürande (N.) J. Gotthelf: Der Bauernspiegel (E.) Ch. Dickens: Oliver Twist (R.)	Ernst August, Herzog von Cumberland, König von Hannover, hebt Staatsgrundgesetz von 1833 auf und entläßt die »Göttinger Sieben« (u. a. J. und W. Grimm)	S. Morse: Schreibtischtelegraph
1843	B. v. Arnim: Dies Buch gehört dem König (R. mit Dokumenten über die Armut) J. Gotthelf: Geld und Geist (E.) F. de la Motte Fouqué gest. F. Hölderlin gest.	»Tausend Jahre Deutsches Reich« wird festlich gefeiert	»The Economist«, engl. Wirtschaftsblatt

Quellenverzeichnis

Überschriften, die mit einem Sternchen versehen sind, stammen vom Herausgeber, sind aber mitunter dem Text des Autors entnommen.

Achim von Arnim

Die Einquartierung im Pfarrhaus. In: A. v. A., Sämtliche Romane und Erzählungen in drei Bänden. Hrsg. von Walther Migge. Bd. 2. München: Hanser 1963. S. 687–696.
Der Palast des Barbarossa*. Aus: Die Kronenwächter. Ebenda, Bd. 1, 1962, S. 533–540.
(Mit freundlicher Genehmigung des Carl Hanser Verlages.)
Halle und Jerusalem. In: Dramen von Clemens Brentano und Ludwig Achim von Arnim. Hrsg. von Paul Kluckhohn. Leipzig: Reclam 1938. (Deutsche Literatur in Entwicklungsreihen. Reihe Romantik Bd. 21.) S. 113–115.

Arnim und Brentano

Laß rauschen, Lieb, laß rauschen! In: Des Knaben Wunderhorn. Alte deutsche Lieder. Gesammelt von L. Achim von Arnim und Clemens Brentano. Vollständige Ausgabe nach dem Text der Erstausgabe von 1806/1808 Mit einem Nachwort von Willi A. Koch. Darmstadt: Wissenschaftliche Buchgesellschaft 1961. S. 324.
Spinnerlied. Ebenda, S. 646.
Ikarus. Ebenda, S. 400.
Bei der Schusterrechnung zu singen. Ebenda, S. 709.

Bonaventura

Die Vermummung des Dichters*. Aus: Nachtwachen. Im Anhang Des Teufels Taschenbuch. Hrsg. mit Textvarianten, Bibliographie und Nachwort von Wolfgang Paulsen. Stuttgart: Reclam 1964 u. ö. (Universal-Bibliothek Nr. 8926/27.) S. 5–9.

Clemens Brentano

Das Märchen von dem Rhein und dem Müller Radlauf. In: C. B., Werke in vier Bänden. Hrsg. von Friedhelm Kemp. Bd. 3. München: Hanser 1965. S. 9–21.
Wie Godwi und sein Autor aufeinandertreffen*. Aus: Godwi oder Das steinerne Bild der Mutter. Ebenda, Bd. 2, 1963, S. 302–309.
Sprich aus der Ferne. Ebenda, Bd. 1, 1968, S. 55 f.
Hör', es klagt die Flöte wieder. Ebenda, Bd. 1, S. 144 f.
Nachtigall. Ebenda, Bd. 1, S. 247.
Hörst du, wie die Brunnen rauschen. Ebenda, Bd. 1, S. 252.

Wenn der lahme Weber träumt, er webe. Ebenda, Bd. 1, S. 611.
Auf dem Rhein. Ebenda, Bd. 1, S. 98–101.
Romanzen vom Rosenkranz. Ebenda, Bd. 1, S. 657 f.
(Mit freundlicher Genehmigung des Carl Hanser Verlages.)

Adelbert von Chamisso
Peter Schlemihls wundersame Geschichte. Stuttgart: Reclam o. J. (Universal-Bibliothek Nr. 93.) S. 11–18.

Joseph von Eichendorff
Das Marmorbild. In: J. v. E., Das Marmorbild. Das Schloß Dürande. Novellen. Stuttgart: Reclam o. J. (Universal-Bibliothek Nr. 2365.) S. 35–42.
Die Sonne ging eben prächtig auf*. Aus: Ahnung und Gegenwart. In: J. v. E., Werke. Hrsg. von Wolfdietrich Rasch. München: Hanser 1959. S. 819–834. (Interpunktion modernisiert.)
Der frohe Wandersmann. Ebenda, S. 10 f.
Zwielicht. Ebenda, S. 11 f.
Sehnsucht. Ebenda, S. 30 f.
In der Fremde. Ebenda, S. 29 f.
Mondnacht. Ebenda, S. 271 f.
Das kranke Kind. Ebenda, S. 337.

Friedrich de la Motte Fouqué
Die Reise nach Wien. Aus: Undine. Eine Erzählung. Stuttgart: Reclam o. J. (Universal-Bibliothek Nr. 491.) S. 76–82.

E. T. A. Hoffmann
Der goldne Topf. Ein Märchen aus der neuen Zeit. Mit einem Nachwort von Konrad Nußbächer. Stuttgart: Reclam o. J. (Universal-Bibliothek Nr. 101/102.) S. 92–114.
Gefühle des Daseins, die Monate der Jugend. Aus: Lebens-Ansichten des Katers Murr. Mit Anhang und Nachwort hrsg. von Hartmut Steinecke. Stuttgart: Reclam 1972. (Universal-Bibliothek Nr. 153–158.) S. 7–24.

Heinrich von Kleist
Unwahrscheinliche Wahrhaftigkeiten. In: H. v. K., Sämtliche Werke und Briefe. Hrsg. von Helmut Sembdner. Bd. 2. München: Hanser [2]1961. S. 277–281.
Penthesilea. Mit einem Nachwort von Ernst von Reusner. Stuttgart: Reclam o. J. (Universal-Bibliothek Nr. 1305.) S. 57–63.
Prinz Friedrich von Homburg. Mit einem Nachwort von Ernst von Reusner. Stuttgart: Reclam o. J. (Universal-Bibliothek Nr. 178.) S. 60–65.

Novalis

Hyazinth und Rosenblüte. Aus: Die Lehrlinge zu Sais. Gedichte und Fragmente. Mit einem Nachwort hrsg. von Martin Kießig. Stuttgart: Reclam o. J. (Universal-Bibliothek Nr. 3236/37.) S. 18–23.

Die Entwicklung zum Dichter*. Aus: Heinrich von Ofterdingen. Textrevision und Nachwort von Wolfgang Frühwald. Stuttgart: Reclam o. J. (Universal-Bibliothek Nr. 8939–41.) S. 94–109.

Hymnen an die Nacht. In: Novalis, Schriften. Hrsg. von Paul Kluckhohn (†) und Richard Samuel. Bd. 1 Das dichterische Werk. Stuttgart: Kohlhammer ²1960. S. 133, 135.

Ludwig Tieck

Der blonde Eckbert. In: L. T., Der blonde Eckbert. Der Runenberg. Die Elfen. Märchen. Mit einem Nachwort von Konrad Nußbächer. Stuttgart: Reclam o. J. (Universal-Bibliothek Nr. 7732.) S. 3–24.

Die weite Ferne*. Aus: Franz Sternbalds Wanderungen. Studienausgabe. Hrsg. von Alfred Anger. Stuttgart: Reclam 1966 u. ö. (Universal-Bibliothek Nr. 8715–21.) S. 11–20.

Der gestiefelte Kater. Hrsg. von Helmut Kreuzer. Stuttgart: Reclam 1964 u. ö. (Universal-Bibliothek Nr. 8916.) S. 42–47.

Wackenroder/Tieck

Ein wunderbares morgenländisches Märchen von einem nackten Heiligen. In: Wilhelm Heinrich Wackenroder und Ludwig Tieck: Phantasien über die Kunst. Hrsg. von Wolfgang Nehring. Stuttgart: Reclam 1973. (Universal-Bibliothek Nr. 9494/95.) S. 59–63.

Die deutsche Literatur

Ein Abriß in Text und Darstellung in 16 Bänden
Herausgegeben von Otto F. Best und Hans-Jürgen Schmitt

IN RECLAMS UNIVERSAL-BIBLIOTHEK

---

1. **Mittelalter I.** Hrsg. Hans-Jürgen Koch. UB 9601 [4]
2. **Mittelalter II.** Hrsg. Hans-Jürgen Koch. UB 9605 [4]
3. **Renaissance, Humanismus, Reformation.** Hrsg. Josef Schmidt. UB 9609 [4]
4. **Barock.** Hrsg. Renate Fischetti. UB 9613 [4]
5. **Aufklärung und Rokoko.** Hrsg. Otto F. Best. UB 9617 [4]
6. **Sturm und Drang und Empfindsamkeit.** Hrsg. Ulrich Karthaus. UB 9621 [4]
7. **Klassik.** Hrsg. Gabriele Wirsich-Irwin. UB 9625 [4]
8. **Romantik I.** Hrsg. Hans-Jürgen Schmitt. UB 9629 [4]
9. **Romantik II.** Hrsg. Hans-Jürgen Schmitt. UB 9633 [4]
10. **Vormärz.** Hrsg. Florian Vaßen. UB 9637 [4]
11. **Bürgerlicher Realismus.** Hrsg. Andreas Huyssen. UB 9641 [4]
12. **Naturalismus.** Hrsg. Walter Schmähling. UB 9645 [4]
13. **Impressionismus, Symbolismus und Jugendstil.** Hrsg. Ulrich Karthaus. UB 9649 [4]
14. **Expressionismus und Dadaismus.** Hrsg. Otto F. Best. UB 9653 [4]
15. **Neue Sachlichkeit. Literatur im ›Dritten Reich‹ und im Exil.** Hrsg. Henri Roger Paucker. UB 9657 [4]
16. **Gegenwart.** Hrsg. Gerhard R. Kaiser. UB 9661 [4]

Philipp Reclam jun. Stuttgart

Erläuterungen und Dokumente

zu Büchner, *Dantons Tod.* 8104 – zu Büchner, *Woyzeck.* 8117 – zu Droste-Hülshoff, *Die Judenbuche.* 8145 – zu Dürrenmatt, *Der Besuch der alten Dame.* 8130 – zu Fontane, *Effi Briest.* 8119 [2] – zu Fontane, *Frau Jenny Treibel.* 8132 [2] – zu Fontane, *Irrungen, Wirrungen.* 8146 [2] – zu Fontane, *Der Stechlin.* 8144 [2] – – zu Frisch, *Biedermann und die Brandstifter.* 8129 [2] – zu Goethe, *Egmont.* 8126 [2] – zu Goethe, *Götz von Berlichingen.* 8122 [2] – zu Goethe, *Hermann und Dorothea.* 8107 [2] – zu Goethe, *Iphigenie auf Tauris.* 8101 – zu Goethe, *Die Leiden des jungen Werthers.* 8113 [2] – zu Grass, *Katz und Maus.* 8137 [2] – zu Grillparzer, *König Ottokars Glück und Ende.* 8103 – zu Grillparzer, *Weh dem, der lügt!* 8110 – zu Hauptmann, *Bahnwärter Thiel.* 8125 – zu Hauptmann, *Der Biberpelz.* 8141 – zu Hebbel, *Agnes Bernauer.* 8127 [2] – zu Hebbel, *Maria Magdalena.* 8105 – zu Hoffmann, *Das Fräulein von Scuderi.* 8142 [2] – zu Kaiser, *Von morgens bis mitternachts.* 8131 [2] – zu Keller, *Das Fähnlein der sieben Aufrechten.* 8121 – zu Keller, *Romeo und Julia auf dem Dorfe.* 8114 – zu Kleist, *Das Käthchen von Heilbronn.* 8139 [2] – zu Kleist, *Michael Kohlhaas.* 8106 – zu Kleist, *Prinz Friedrich von Homburg.* 8147 [3] – zu Kleist, *Der zerbrochne Krug.* 8123 [2] – zu J. M. R. Lenz, *Die Soldaten.* 8124 – zu Lessing, *Emilia Galotti.* 8111 [2] – zu Lessing, *Minna von Barnhelm.* 8108 – zu Lessing, *Nathan der Weise.* 8118 [2] – zu Th. Mann, *Tristan.* 8115 – zu Meyer, *Das Amulett.* 8140 – zu Mörike, *Mozart auf der Reise nach Prag.* 8135 [2] – zu Nestroy, *Lumpazivagabundus.* 8148 [2] – zu Nestroy, *Der Talisman.* 8128 – zu Schiller, *Don Carlos.* 8120 [3] – zu Schiller, *Kabale und Liebe.* 8149 [2] – zu Schiller, *Maria Stuart.* 8143 [3] – zu Schiller, *Die Räuber.* 8134 [3] – zu Schiller, *Wallenstein.* 8136 [3] – zu Schiller, *Wilhelm Tell.* 8102 – zu Shakespeare, *Hamlet.* 8116 [3] – zu Stifter, *Abdias.* 8112 – zu Stifter, *Brigitta.* 8109 – zu Storm, *Der Schimmelreiter.* 8133 [2] – zu Zuckmayer, *Der Hauptmann von Köpenick.* 8138 [2]

Philipp Reclam jun. Stuttgart